高等教育工程管理与工程造价"十三五"规划教材

刘亚臣　主编

安装工程计量与计价

李亚峰　黄昌铁　李　薇　等编著

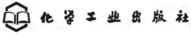

化学工业出版社

·北京·

本书介绍了安装工程计量与计价方法，主要包括工程造价相关的基本知识，工程造价构成，安装工程定额原理与编制，安装工程工程量清单计价，建筑给水排水工程计量与计价，建筑消防工程计量与计价，建筑采暖工程计量与计价，通风空调工程计量与计价，建筑电气工程计量与计价，刷油、绝热、防腐蚀工程的计量与计价等内容。

　　本书可以作为高等院校工程造价专业、工程管理专业学生的教材，也可供从事工程造价、工程管理的工程技术人员使用。

图书在版编目（CIP）数据

安装工程计量与计价/李亚峰等编著．—北京：化学工业出版社，2016.5（2025.2重印）
高等教育工程管理与工程造价"十三五"规划教材
ISBN 978-7-122-26381-0

Ⅰ.①安… Ⅱ.①李… Ⅲ.①建筑安装-工程造价-高等学校-教材 Ⅳ.①TU723.3

中国版本图书馆 CIP 数据核字（2016）第 036867 号

责任编辑：满悦芝　石　磊　　　　　　　文字编辑：荣世芳
责任校对：宋　玮　　　　　　　　　　　装帧设计：尹琳琳

出版发行：化学工业出版社（北京市东城区青年湖南街 13 号　邮政编码 100011）
印　　装：涿州市般润文化传播有限公司
787mm×1092mm　1/16　印张 20　字数 493 千字　2025 年 2 月北京第 1 版第 8 次印刷

购书咨询：010-64518888　　　　　　　　售后服务：010-64518899
网　　址：http://www.cip.com.cn
凡购买本书，如有缺损质量问题，本社销售中心负责调换。

定　　价：57.00 元

本系列教材是在《全国高等学校工程管理专业本科教育培养目标和培养方案及主干课程教学基本要求》和《全国高等学校工程造价专业本科教育培养目标和培养方案及主干课程教学基本要求》的基础上，根据《高等学校工程管理本科指导性专业规范》和《高等学校工程造价本科指导性专业规范》，并结合工程管理和工程造价专业发展实践编制的。

当前，我国正处于新型工业化、信息化、城镇化、农业现代化快速发展时期，工程建设范围广、规模大、领域多，各领域的工程出现了规模大型化、技术复杂化、产业分工专业化和技术一体化的趋势。工程由传统的技术密集型向资本密集型、知识密集型领域延伸。这些发展趋势，要求工程管理和造价人才必须具备工程技术与现代管理知识深度融合的能力，同时具备技术创新和管理创新的综合能力。

根据 2012 年新的本科专业目录，原工程管理专业已分拆为工程管理、工程造价、房地产开发与管理三个专业，根据专业发展规律和新制定的本科指导性专业规范，工程管理专业和工程造价专业的理论体系和知识结构具有较高的重合性和相似性，本系列教材可以兼顾工程管理和工程造价专业的教学需求。

编委会在编写过程中开展了专业调查研究与专题研讨，总结了近年来国内外工程管理和工程造价专业发展的经验，吸收了新的教学研究成果，考虑了国内高校工程管理和工程造价专业建设与发展的实际情况，并征求了相关高校、企业、行业协会的意见，经反复讨论、修改、充实、完善，最后编写和审查完成本系列教材。

系列教材注重跟踪学科和行业发展的前沿，力争将新的理论、新的技能、新的方法充实到课程体系中，培养出具有创新能力、能服务于工程实践的专业管理人才，教材主要针对工程管理和工程造价的核心知识结构，首批设计出版了 8 本教材，包括《工程经济学》《安装工程计量与计价》《工程项目管理》《建筑与装饰工程计量》《建筑与装饰工程计价》《工程招投标与合同管理》《工程建设法》和《项目融资》，涵盖了工程管理和工程造价专业的主要的知识体系、知识领域、知识单元与知识点。系列教材贯穿工程技术、工程经济、管理和法律四大知识领域，并在内容上强调这四大知识领域的深度融合。

系列教材还兼顾了毕业生在工作岗位参加一二级建造师、造价师等执业资格考试的需求，教材知识体系涵盖了相关资格考试的命题大纲要求，确保了教材内容的先进性和可持续性，使学生能将所学知识运用于工程实际，着力培养学生的工程和管理素养，培养学生的工程管理实践能力和工程技术创新能力。

系列教材在编写过程中参考了国内外一些已出版和发表了的著作和文献，吸取和采纳了一些经典的和最新的实践及研究成果，在此一并表示衷心感谢！

由于我们水平及视野的限制，不足和疏漏之处在所难免，诚恳希望广大专家和读者提出指正和建议，以便今后更加完善和提高。

刘亚臣

2015 年 12 月

安装工程计量与计价是高等院校工程造价专业的一门主要专业课程，课程内容也是我国注册造价工程师执业资格考试内容的重要组成部分。近几年安装工程在理论与实践方面都有了很大的发展，对"安装工程计量与计价"课程的教学也提出了新的更高的要求。

本书是按照"安装工程计量与计价"课程教学基本要求编写的。在编写过程中参考了许多相关教材，并参照了现行的国家有关部门颁布的规范和标准，反映了安装工程计量与计价的最新技术发展与实际要求。

本书主要介绍安装工程计量与计价的基本知识、计量与计价方法等。包括工程造价构成，安装工程定额原理与编制，安装工程工程量清单计价，建筑给水排水工程计量与计价，建筑消防工程计量与计价，建筑采暖工程计量与计价，通风空调工程计量与计价，建筑电气工程计量与计价，刷油、绝热、防腐蚀工程的计量与计价等内容。本书针对一般普通高等学校本科学生就业的去向和工作的特点，突出实用性，将基本理论阐述与工程应用紧密结合，注重学生实际应用能力的培养。本书可以作为工程造价专业、工程管理专业的教材，也可供从事工程造价、工程管理的工程技术人员使用。

本书共分为10章，第1、第2、第3、第4章由黄昌铁编写；第5、第6章由李亚峰、丁洁、李婷婷编写；第7、第8章由尚少文、马学文编写；第9章由张凤众、侯静编写；第10章由李薇编写。

由于我们的编写水平有限，对于书中缺点和错误之处，请读者不吝指教。

编著者

2016 年 6 月

目录

第5章　建筑给水排水工程计量与计价　　96

第6章　建筑消防工程计量与计价　　141

第7章　建筑采暖工程计量与计价　176

参考文献 ▰▰▰▰▰▰▰▰▰▰▰▰▰▰▰▰▰▰▰▰ **308**

第1章　工程造价总论

1.1　基本建设

1.1.1　基本建设的含义

基本建设就是形成固定资产的生产活动，或是对一定固定资产的建筑、购置、安装以及与此相关联的其他经济活动的总称。

固定资产是指在其有效使用期内重复使用而不改变其实物形态的主要劳动资料，它是人们生产生活的必要物质条件。固定资产从它在生产和使用过程中所处的地位和作用的社会属性，可分为生产性固定资产和非生产性固定资产两大类。前者是指在生产过程中发挥作用的劳动资料，例如工厂、矿山、油田、电站、铁路、水库、海港码头、路桥工程等。后者是指在较长时间内直接为人民的物质文化生活服务的物质资料，如住宅、学校、医院、体育活动中心和其他生活福利设施等。

人类要生存和发展，就必须进行简单再生产和扩大再生产。前者是指在原来的规模上重复进行，后者是指扩大原来的规模，使生产能力有所提高。从理论上讲，这种生产活动包括固定资产的新建、扩建、改建、恢复建、迁建等多种形式。每一种形式又包含了固定资产形成过程中的建筑、安装、设备购置以及与此相关联的其他生产和管理活动等工作内容。

固定资产的简单再生产是通过固定资产的大修理和固定资产的更新改造等形式来实现的。大修理和更新改造是为了恢复原有性能而对固定资产的主要组成部分进行修理和更换，是对固定资产的某些部分进行修复和更新。固定资产的扩大再生产是通过新建、改建、扩建、迁建、恢复建等形式来实现的。

1.1.2　基本建设的分类

1.1.2.1　按建设性质分类

① 新建项目，指原来没有现在开始建设的项目，或对原有规模较小的项目扩大建设规模，其新增固定资产价值超过原固定资产价值三倍以上的项目。

② 扩建项目，指原企事业单位为扩大原有主要产品的生产能力或增加新产品生产能力，在原有固定资产的基础上，兴建一些主要车间或工程的项目。

③ 改建项目，是指原有企事业单位，为了改进产品质量或产品方向，对原有固定资产进行整体性技术改造的项目。此外，为提高综合生产能力，增加一些附属辅助车间或非生产性工程，也属改建项目。

④ 恢复项目，是指对因重大自然灾害或战争而遭受破坏的固定资产，按原来规模重新建设或在重建的同时进行扩建的项目。

⑤ 迁建项目，是指为改变生产力布局或由于其他原因，将原有单位迁至异地重建的项目，不论其是否维持原来规模，均称为迁建项目。

1.1.2.2 按建设项目用途分类

按建设项目用途分为生产性基本建设和非生产性基本建设。

① 生产性基本建设是用于物质生产和直接为物质生产服务的项目的建设，包括工业、农业、林业、邮电、通信、气象、水利、商业和物资供应设施建设、地质资源勘探建设等。

② 非生产性基本建设是用于人民物质和文化生活项目的建设，包括住宅、学校、医院、托儿所、影剧院以及国家行政机关和金融保险业的建设等。

1.1.2.3 按建设规模分类

按建设项目总规模和投资的多少不同，可分为大型项目、中型项目、小型项目。其划分的标准各行业不相同，一般情况下，生产单一产品的企业，按产品的设计能力来划分；生产多种产品的，按主要产品的设计能力来划分；难以按生产能力划分的按其全部投资额划分。

1.1.3 基本建设程序

基本建设程序是指建设项目从策划、评估、决策、设计、施工到竣工验收、投入生产或交付使用的整个建设过程中各项工作必须遵循的先后次序。这是人们在认识客观规律的基础上制定出来的，是建设项目科学决策和顺利进行的重要保证。项目建设程序及其管理审批制度如图 1-1 所示。

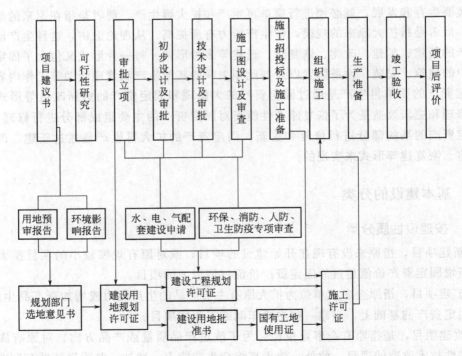

图 1-1 建设项目基本建设程序

1.1.3.1　项目建议书阶段

项目建议书是业主向国家提出的要求建设某一建设项目的建设文件。它是对建设项目的轮廓设想，是从拟建项目的必要性和大的方面的可能性加以考虑，因此，对拟建项目要论证兴建的必要性、可行性以及兴建的目的、要求、计划等内容，并写成报告，建议上级批准。客观上，建设项目要符合国民经济长远规划，符合部门、行业和地区规划的要求。

1.1.3.2　可行性研究阶段

项目建议书批准后，应紧接着进行可行性研究。可行性研究是对建设项目技术上和经济上是否可行而进行科学分析和论证，是技术经济的深入论证阶段，为项目决策提供依据。

可行性研究的内容可概括为市场（供需）研究、技术研究和经济研究三项。具体说，工业项目可行性研究内容包括：项目提出的背景、必要性、经济意义、工作依据与范围；需求预测；拟建规模；建厂条件及厂址方案；资源材料和公用设施情况；进度建议；投资估算和资金筹措；社会效益及经济效益等。在可行性研究基础上，编制可行性研究报告。可行性研究报告批准后，是进行初步设计的依据，不得随意修改或变更。项目可行性研究经过评估审定后，按项目隶属关系，由主管部门组织，计划和设计等单位编制设计任务书。

项目建议书阶段和可行性研究阶段称为"设计前期阶段"或决策阶段。

1.1.3.3　设计阶段

设计文件是安排建设项目和组织施工的主要依据。一般建设项目按初步设计和施工图设计两个阶段进行。对于技术复杂而又缺乏经验的项目，增加技术设计阶段，即按初步设计、技术设计和施工图设计三个阶段进行。

初步设计是设计工作的第一阶段，它是根据批准的可行性研究报告和必要的设计基础资料，对项目进行系统研究，对拟建项目的建设方案、设备方案、平面布置等方面做出总体安排。其目的是为了阐明在指定的时间、地点和投资控制数额内，拟建项目在技术上的可能性和经济上的合理性，并通过对工程项目所作出的基本技术经济规定，编制项目总概算。初步设计可作为主要设备的订货、施工准备工作、土地征用、控制基本建设投资、施工图设计或技术设计、编制施工组织总设计和施工图预算等的依据。

技术设计是进一步解决初步设计的重大技术问题，如工艺流程、建筑结构、设备选型及数量确定等，同时对初步设计进行补充和修正，编制修正总概算。

施工图设计是在批准的初步设计的基础上编制的，是初步设计的具体化。施工图设计的详细程度应能满足建筑材料、构配件及设备的购置和非标准设备的加工、制作要求；满足编制施工图预算和施工、安装、生产的要求，并编制施工图预算。因此，施工图预算是在施工图设计完成后及在施工前编制的，是基本建设过程中重要的经济文件。

1.1.3.4　招投标及施工准备阶段

为了保证施工顺利进行，必须做好以下各项工作。

① 根据计划要求的建设进度和工作实际情况，决定项目的承包方式，确定项目采用自主招标或委托招标公司代理招标的方式，完成项目的施工委托工作，择优选定承包商，成立企业或建设单位建设项目指挥部门，负责建设准备工作。

② 建设前期准备工作的主要内容包括：征地、拆迁和场地平整；完成施工用水、电、路等工程；组织设备、材料订货；准备必要的施工图纸；组织施工招标投标，择优选定施工单位；报批开工报告等。

③ 根据批准的总概算和建设工期，合理地编制建设项目的建设计划和建设年度计划。计划内容要与投资、材料、设备和劳动力相适应，配套项目要同时安排，相互衔接。

1.1.3.5 建设实施阶段

建设项目经批准新开工建设，项目即进入了建设实施阶段。新开工建设的时间是指建设项目设计文件中规定的任何一项永久性工程破土开始施工的日期。不需要开槽的，正式开始打桩日期就是开工日期；需要进行大量土石方工程的，以开始进行土石方工程日期作为正式开工日期；分期建设项目，分别按各期工程开工日期计算。

建设实施阶段是项目决策的实施、建成投产发挥投资效益的关键环节。施工阶段一般包括土建、给排水、采暖通风、电气照明、工业管道及设备安装等。施工活动应按设计要求、合同条款、预算投资、施工程序和顺序、施工组织设计、施工验收规范进行，确保工程质量。对未达到质量要求的，要及时采取措施，不留隐患。不合格的工程不得交工。

在实施阶段还要进行生产准备。生产准备是项目投产前由建设单位进行的一项重要工作，是建设阶段转入生产经营的必要条件。一般包括内容有：组织管理机构，制定有关制度和规定，招收培训生产人员，组织生产人员参加设备的安装、调试设备和工程验收，签订原料、材料、协作产品、燃料、水、电等供应运输协议，进行工具、器具、备品、备件的制造或订货，进行其他必需的准备。

1.1.3.6 竣工验收阶段

当建设项目按设计文件的内容全部施工完成后，达到竣工标准要求，便可组织验收，经验收合格后，移交给建设单位，这是建设程序的最后一步，是投资成果转入生产或服务的标志。通过竣工验收，可以检查建设项目实际形成的生产能力或效益，也可避免项目建成后继续消耗建设费用。竣工验收时，建设单位还必须及时清理所有财产、物资和未花完或应回收的资金，编制工程竣工决算，分析预（概）算执行情况，考核投资效益报主管部门审查。编制竣工决算是基本建设管理工作的重要组成部分，竣工决算是反映建设项目实际造价和投资效益的文件，是办理交付使用新增固定资产的依据，是竣工验收报告的重要组成部分。

1.1.4 基本建设项目划分

一个基本建设项目往往规模大，建设周期长，影响因素复杂。为了便于同类工程之间进行比较和对不同分项工程进行技术经济分析，使编制工程造价项目时不重不漏，保证质量。基本建设工程通常按项目本身的内部组成，将其划分为基本建设项目、单项工程、单位工程、分部工程和分项工程，如图 1-2 所示。

（1）建设项目　建设项目，又称基本建设项目，是指在一定场地范围内具有总体设计和总体规划，行政上具有独立的组织机构，经济上进行独立核算的基本建设单位。例如，一座工厂、一座独立大桥、一条铁路或公路、一所学校、一所医院等都可称为一个建设项目。组建建设项目的单位称为建设单位（或业主）。

（2）单项工程　单项工程又称工程项目，是建设项目的组成部分。一个建设项目可以是一个单项工程，也可能包括几个单项工程。单项工程是指具有独立的设计文件和独立的施工条件，建成后能够独立发挥生产能力或效益的工程。例如，一座工厂建设项目中，办公楼、生产车间、原材料仓库、食堂、宿舍等独立的单体建筑都可称为单项工程。

（3）单位工程　单位工程是单项工程的组成部分，是指具有独立的设计文件和独立的施

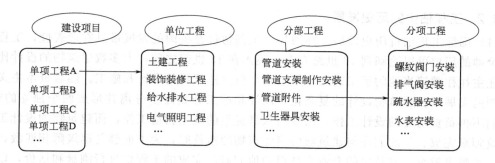

图 1-2 基本建设项目划分

工条件，但建成以后不能独立发挥生产能力或效益的工程。在民用建筑中，一般可按照专业的不同划分单位工程，如一座教学楼可划分为建筑与装饰工程、给排水工程、采暖、燃气工程、电气工程、消防工程等。

（4）分部工程 分部工程是单位工程的组成部分，一般是按单位工程的各个部位、使用材料、主要工种或设备种类等的不同而划分的。例如，土建单位工程一般可划分为土石方工程、基础工程、砌筑工程、脚手架工程、混凝土与钢筋混凝土工程、门窗及木结构工程、楼地面工程、屋面工程、金属结构工程、防腐和保温、隔热工程等。

（5）分项工程 分项工程是分部工程的组成部分。分项工程是指通过较为简单的施工过程可以生产出来、用一定的计量单位可以进行计量计价的最小单元（被称为"假定的建筑安装产品"）。例如，给排水工程可分为给排水管道、支架及其他、管道附件、卫生器具、给排水设备等。

1.2 工程估价与工程造价

1.2.1 工程估价

1.2.1.1 工程估价的含义

"工程估价"一词起源于国外，在国外的基本建设程序中，可行性研究阶段、方案设计阶段、技术设计阶段、详细设计阶段及开标前阶段对建设项目投资所作的测算统称为"工程估价"，但在各个阶段，其详细程度和精度是有差别的。

按照我国的工程项目建设程序，在项目建议书及可行性研究阶段，对建设项目投资所作的测算称为"投资估算"；在初步设计、技术设计阶段，对建设项目投资所作的测算称为"设计概算"；在施工图设计阶段，根据设计图纸、施工方案计算的工程造价称为"施工图预算"；在工程招投标阶段，承包商与业主签订合同时形成的价格称为"合同价"；在合同实施阶段，承包商与业主结算工程价款时形成的价格称为"结算价"；工程竣工验收后，实际的工程造价称为"决算价"；投资估算、设计概算、施工图预算、合同价、结算价、决算价等都符合工程造价的两种含义，因此均可称为"工程造价"。

为了便于理解工程估价的概念，我们将"工程估价"理解为工程项目不同建设阶段所对应的工程造价的估算、确定、控制的结果及其过程。

1.2.1.2　工程估价的历史发展

（1）国际工程估价历史发展　在国外，工程估价在英国的发展最具有代表性，工程估价与估价师的历史可以追溯到 16 世纪左右。英国在 17 世纪之前，大多数建筑物的设计比较简单，业主往往聘请当地的手工艺人（即工匠）负责建筑物的设计和施工。随着资本主义社会化生产的发展以及建筑物设计的复杂化，设计和施工开始逐步分离并形成两个独立的行业。工匠们不再负责房屋的设计工作，而专门从事房屋的施工营造工作，而建筑物的设计工作则由建筑师来完成。工匠们在与建筑师协商建筑物的造价时，为了能够与建筑师相匹敌，往往雇佣一些受过教育、有技术的专业人员帮助他们对已完成的工程量进行测量和估价，以弥补自己的不足，这些专业人员就是受雇于承包商的估价师。在 19 世纪初期，工程建设项目的招标投标开始在英国军营建设过程中推行，竞争性招标需要每个承包商在工程开始前根据图纸计算工程量，然后根据工程情况做出估价。参与投标的承包商往往雇佣一个估价师为自己做此工作，而业主（或代表业主利益的工程师）也需要雇佣一个估价师为自己计算拟建工程的工程量，为承包商提供工程量清单。这样在估价领域里有了两种类型的估价师，一种受雇于业主或作为业主代表的建筑师，另一种则受雇于承包商。从此，工程估价逐渐形成了独立的专业。

到了 19 世纪 30 年代，计算工程量、提供工程量清单发展成为业主估价师的职责。所有的投标都以业主提供的工程量清单为基础，从而使投标结果具有可比性。当发生工程变更后，工程量清单就成为调整工程价款的依据与基础。1881 年，英国皇家特许测量师协会（RICS）成立，这个时期完成了工程估价的第一次飞跃。

1922 年，英国的工程估价领域出版了第一本标准工程量计算规则，使得工程量计算有了统一的标准和基础，加强了工程量清单的使用，进一步促进了竞争性投标的发展。

1950 年，英国教育部为了控制大型教育设施的成本，采用了分部工程成本规划法（Elemental Cost Planning），随后英国皇家特许测量师协会（RICS）的成本研究小组（RICS Cost Research Panel）也提出了其他的成本分析和规划方法，例如比较成本规划法等。成本规划法的提出大大改变了估价工作的意义，使估价从原来一种被动的工作转变成一种主动的工作，从原来设计结束后做估价转变成与设计工作同时进行，甚至在设计之前即可做出估算，并可根据工程项目业主的要求使工程造价控制在限额以内。这样，从 20 世纪 50 年代开始，一个"投资计划和控制制度"就在英国等经济发达的国家应运而生，完成了工程估价的第二次飞跃。

总结国际工程估价的历史发展，可以归纳为以下几个主要特点：

① 从事后算账发展为事先算账；

② 从依附于工匠小组和建筑师发展为一门独立的行业；

③ 从被动地反映设计和施工价格发展为能动地影响设计和施工过程。

（2）我国工程估价历史发展　工程估价在我国具有悠久的历史，早在北宋时期，我国土木建筑家李诚编修的《营造法式》，可谓工料计算方面的巨著。《营造法式》共有三十四卷，分为释名、各作制度、功限、料例和图样五个部分。其中，"功限"就是现在的劳动定额，"料例"就是材料消耗定额。可见，那时已有了工程造价管理的雏形。

中华人民共和国成立以后，我国长期实行计划经济体制。在工程造价管理方面，我国引进了前苏联的概预算定额管理制度，设立了概预算管理部门，并通过颁布一系列文件，建立了概预算制度，同时对概预算的编制原则、内容、方法和审批、修正办法、程序等作出了明确规定。在这一阶段，工程造价的管理主要体现在对概预算、定额管理方面。

改革开放以来，随着社会主义市场经济体制的逐步确立，我国工程建设中传统的工程概预算和定额管理模式已无法适应优化资源配置的需求，将计划经济条件下的工程造价管理模式转变为市场经济条件下的工程造价管理模式已成为必然趋势。从 20 世纪 90 年代开始，我国工程造价管理进行了一系列的重大变革。为了适应社会主义市场经济体制的要求，按照量价分离的原则，建设部在 1995 年发布了《全国统一建筑工程基础定额》（土建工程），同时还发布了《全国统一建筑工程预算工程量计算规则》。上述文件的实行，在全国范围内统一了项目的费用组成，统一了定额的项目划分，统一了工程量的计算规则，使计价的基础性工作得到了统一。"统一量"、"指导价"、"竞争费"成为我国工程造价管理体制改革过渡时期的基本方针。1996 年《造价工程师执业资格制度暂行规定》的颁布，明确了我国在工程造价领域实施造价工程师执业资格制度。2003 年《建设工程工程量清单计价规范》（GB 50500—2003）的颁布及实施，标志着我国工程造价管理体制改革"建立以市场为主导的价格机制"最终目标的实现，同时这也意味着工程承发包国内市场与国际市场的融合，并为我国工程造价行业的发展带来了历史性的机遇。2008 年、2013 年又先后颁布了新的《建设工程工程量清单计价规范》（GB 50500—2013）（以下简称"计价规范"）。与原规范相比，新规范增加了大量的与合同价和工程结算相关的内容。从技术层面上来讲，可防止或避免出现虚假施工合同、工程款拖欠和工程结算难等现象。同时该规范中新设置的内容或规定，是建立解决工程估价诸多问题长效机制的要求，规范作为参与建设各方估价行为的准则，对于规范建设市场的估价活动将产生长远的影响。

在我国建设市场逐步放开的改革中，虽然已经制定并推广了工程量清单计价，但由于各地实际情况的差异，目前的工程造价计价方式不可避免地出现了双轨并行的局面——在保留传统定额计价方式的基础上，又参照国际惯例引入了工程量清单计价方式。目前，我国的建设工程定额还是工程造价管理的重要手段。随着我国工程造价管理体制改革的不断深入以及对国际管理的深入了解，市场自主定价模式必将逐渐占据主导地位。

1.2.1.3 工程估价工作内容

工程估价的工作内容涉及工程项目建设的全过程，根据估价师的服务对象不同，工作内容也有不同的侧重点。

（1）受雇于业主的估价师的工作内容

① 项目的财务分析。在工程项目的提出和规划阶段，业主通常要求估价师对项目在财务上是否可行作出预测，对项目的现金流量、盈利能力和不确定性做出分析，以利于业主进行投资与否的决策。

② 合同签订前的投资控制。工程合同尚未签订的项目初期，估价师按业主要求，初步估算出工程的大致价格，使业主对可能的工程造价有一个大致的了解。在项目的设计过程中，估价师应不断地向设计师提供有关投资控制方面的建议，对不同的建设方案进行投资比较，以投资规划控制设计，选择合理的设计方案。

③ 融资与税收规划。估价师可按业主要求，就项目的资金来源和使用方式提供建议，并凭借自己对国家税收政策和优惠条件的理解，对错综复杂的工程税收问题提供税收规划。

④ 选择合同发包方式，编制合同文件。随着建筑业的发展，发包方式也越来越多。工程条件和业主要求不同，所适用的发包方式也不同。所有的业主，都非常关心工程的进度、投资和质量问题，但他们在这三方面的要求程度往往不同。如果业主最为关心的是投资问

题，那么，应该选择投资能够确定的投标者而不是目前标价最低的投标者。估价师可以利用在发包方面的专业知识帮助业主选择合适的发包方式和承包商。

合同文件的编制是估价师的主要工作内容。合同文件编制的内容根据项目性质、范围和规模的不同而不同，一般包括工程量清单、单价表、技术说明书和成本补偿表四方面的内容。

⑤ 编制工程量清单。业主在工程招标前，估价师需要编制工程量清单，以便于承包商在公平的基础上进行竞争，同时使得承包商的报价更具有可比性，有利于业主的评标工作。编制工程量清单是业主估价师应从事的主要工作之一。

⑥ 投标分析。投标分析是选择承包商的关键步骤。估价师在此阶段起着重要作用，除了检查投标文件中的错误之处，往往还在参与业主与承包商的合同谈判中，起着为业主确定合同单价或合同总价的顾问作用。

⑦ 工程结算及决算。项目完成后，估价师应及时办理与承包商的工程结算，并按业主要求完成工程竣工决算文件的编制。

(2) 受雇于承包商的估价师的工作内容

① 投标报价。承包商在投标过程中，工程量的计算与相应的价格确定是影响能否中标的关键。在这一阶段出现错误，特别是主要项目的报价错误，其损失是难以弥补的。成功的报价依赖于估价师对合同和施工方法的熟悉、对市场价格的掌握和对竞争对手的了解。

② 谈判签约。承包商的估价师要就合同所涉及的项目单价、合同总价、合同形式、合同条款与业主的估价师谈判协商，力争使合同条款对承包商有利。

③ 现场测量、财务管理与成本分析。为了及时进行工程的中期付款（结算）与企业内部的经济核算，估价师应到施工现场实地测量，编制真实的工程付款申请；同时，定期编制财务报告，进行成本分析，将实际值与计划值相比较，判断企业盈亏状况，分析原因，避免企业合理利润的损失。

④ 工程竣工结算。工程竣工时，如果承包商觉得根据合同条款，未得到应该得到的付款的话，竣工结算就会比中期付款花更多的时间和精力，因为双方往往会对合同条款的理解不同而产生分歧，这需要承包商的估价师与业主（或业主估价师）经过艰难的协商，完成竣工结算。

1.2.1.4 主要的国际工程估价组织

目前，主要的国际工程估价组织包括：国际咨询工程师联合会（FIDIC）、英国皇家特许测量师学会（Royal Institute of Chartered Surveyor, RICS）、美国（AACE）、澳大利亚（AIQS）以及加拿大（CIQS）等。

国际咨询工程师联合会 FIDIC 是国际上最有权威的被世界银行认可的咨询工程师组织，目前有近 80 多个成员国，分属于四个地区性组织，即 ASPAC（亚洲及太平洋地区成员协会）、CEDIC（欧共体成员协会）、CAMA（非洲成员协会集团）和 RINORD（北欧成员协会集团）。

FIDIC 总部设在瑞士日内瓦，FIDIC 主要编制了各种合同条件，包括：《土木工程施工合同条件》(红皮书)、《业主/咨询工程师标准服务协议书》(白皮书)、《电气和机械工程合同条件》(黄皮书)、《工程总承包合同条件》(橘黄皮书) 等。

英国皇家特许测量师学会是由社会俱乐部形式发展起来的，最早可以追溯到 1792 年成立的测量师俱乐部、1834 年成立的土地测量师俱乐部以及 1864 年成立的测量师协会。1868

年成立的测量师学会即现在学会的前身。1881年学会被准予皇家注册，并于1930年再次更名为特许测量师学会，1946年启用皇家特许测量师学会（RICS）的名称至今。过去100多年来，学会相继合并了许多相近的组织，如爱尔兰土地代理人协会、爱尔兰测量师协会、苏格兰房地产协会、苏格兰测量师学会、矿业测量师学会，以及近年并入的3个皇家注册的土地协会和1个测量师学会。

1.2.2 工程造价

1.2.2.1 工程造价的含义

工程造价直接的理解就是一项工程的建造价格，从不同的角度出发，工程造价有两种含义。

第一种含义，从投资者——业主的角度而言，工程造价是指进行某项工程建设，预期或实际花费的全部建设投资。投资者为了获得投资项目的预期效益，就需要进行项目策划、决策及实施，直至竣工验收等一系列投资管理活动。在上述活动中所花费的全部费用，就构成了工程造价。

从上述意义上讲，工程造价的第一种含义就是指建设项目总投资中的建设投资费用，包括工程费用、工程建设其他费用和预备费三部分。其中，工程费用由设备及工器具购置费用和建筑安装工程费用组成；工程建设其他费用由土地使用费、与工程建设有关的其他费用和与未来企业生产经营有关的其他费用组成；预备费包括基本预备费和涨价预备费；如果建设投资的部分资金是通过贷款方式获得的，还应包括贷款利息。

第二种含义，从市场交易的角度而言，工程造价是指为完成某项工程的建设，预计或实际在土地市场、设备市场、技术劳务市场以及工程承发包市场等交易活动中所形成的土地费用、建筑安装工程费用、设备及工器具购置费用以及技术与劳务费用等各类交易价格。这里"工程"的概念和范围具有很大的不确定性，既可以是涵盖范围很大的一个建设项目，也可以是其中的一个单项工程，甚至可以是整个建设工程中的某个阶段，如土地开发工程、建筑安装工程、装饰工程，或者其中的某个组成部分，如土方工程、防水工程、电气工程等。随着经济发展中的技术进步、分工细化和市场完善，工程建设的中间产品也会越来越多，商品交换会更加频繁，工程价格的种类和形式也会更为丰富。

通常，人们将工程造价的第二种含义理解为建筑安装工程费用。这是因为，第一，建筑安装工程费用是在建筑市场通过招投标，由需求主体（投资者）和供给主体（承包商）共同认可的价格；第二，建筑安装工程费用在项目建设总投资中占有50%～60%以上的份额，是建设项目投资的主体；第三，建筑安装施工企业是工程建设的实施者并具有重要的市场主体地位。因此，将建筑安装工程费用界定为工程造价的第二种含义，具有重要的现实意义。但同时需要注意的是，这种对工程造价含义的界定是一种狭义的理解。

工程造价的两种含义是以不同角度把握同一事物的本质。对建设工程投资者来说，面对市场经济条件下的工程造价就是项目投资，是"购买"项目要付出的价格，同时也是投资者在作为市场供给主体"出售"项目时定价的基础。对承包商、供应商和规划、设计等机构来说，工程造价是他们作为市场供给主体出售商品和劳务的价格的总和，或者是特指范围的工程造价，如建筑安装工程造价。

1.2.2.2 工程造价计价特点

工程建设活动是一项环节多、影响因素多、涉及面广的复杂活动，因而，工程造价会随项目进行的深度不同而发生变化，即工程造价的确定与控制是一个动态过程。工程造价计价特点是由建设产品本身固有特点及其生产过程的生产特点决定的。

（1）单件性计价　每个建设工程产品都有其特定的用途、功能、规模，每项工程的结构、空间分割、设备配置和内外装饰都有不同的要求。建设工程还必须在结构、造型等方面适应工程所在地的气候、地质、水文等自然条件，这就使工程项目的实物形态千差万别。因此，工程项目只能通过特殊的程序（编制估算、概算、预算、合同价、结算价及最后确定竣工决算等），就每个项目在建设过程中不同阶段的工程造价进行单件性计价。

（2）多次性计价　工程项目建设周期长、规模大、造价高，因此按照建设程序要分阶段进行，工程项目建设程序是建设活动过程中必须遵循的先后次序关系，相应地工程项目也要在不同阶段进行多次性计价，以保证工程造价计价与控制的科学性。多次性计价是个逐步深化、逐步细化和逐步接近实际造价的过程，多次性计价特点见图1-3。

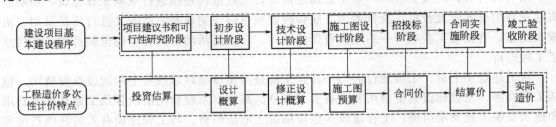

图1-3　工程造价多次性计价示意图

① 投资估算。是指在项目建议书和可行性研究阶段通过编制估算文件测算和确定的工程造价。投资估算是建设项目进行决策、筹集资金和合理控制造价的主要依据。

② 设计概算。是指在初步设计阶段，根据设计意图，通过编制工程概算文件预先测算和确定的工程造价。与投资估算相比，设计概算的准确性有所提高，但受投资估算的控制。

③ 修正设计概算。是指在技术设计阶段，根据技术设计的要求，通过编制修正设计概算预先测算和确定的工程造价。修正设计概算是对初步设计阶段设计概算的修正和调整，比设计概算准确，但受设计概算控制。

④ 施工图预算。是指在施工图设计阶段，根据施工图纸，通过编制预算文件预先测算和确定的工程造价。它比设计概算或修正设计概算更为详尽和准确，但同样要受概算造价的控制。

⑤ 合同价。是指在工程招标投标阶段通过签订总承包合同、建筑安装工程承包合同、设备材料采购合同以及技术和咨询服务合同所确定的价格。合同价属于市场价格，它是由承包发包双方根据市场行情共同议定和认可的成交价格。但应注意：合同价并不等同于最终的工程结算价格。

⑥ 结算价。是指在工程施工过程中或者竣工验收阶段，在工程合同价的基础上，依据合同调价范围和调价方法，对实际发生的设计变更、工程量增减、设备和材料价差等进行调整后计算和确定的价格。结算价一般由承包单位编制，由建设单位审查，也可委托具有相应资质的工程造价咨询机构进行审查。

⑦ 实际造价（决算价）。是指工程竣工验收阶段，以实物数量和货币指标为计量单位，综合反应建设项目从筹建开始到项目竣工交付使用为止的全部建设费用。决算价一般是由建设单位编制，上报相关主管部门审查。

（3）分解组合计价 计算工程项目的造价，首先要将其按照"建设项目—单项工程—单位工程—分部工程—分项工程"完成工程的层次划分，然后计算分项工程量，再根据分项工程的单价汇总成分部工程造价，逐级汇总为建设项目总造价。

（4）计价依据复杂 影响造价的因素多、计价依据复杂、种类繁多，主要可分为以下几类。

① 计算设备和工程量的依据，包括项目建议书、可行性研究报告、设计文件等。

② 计算人工、材料、机械等实物消耗量的依据，包括投资估算指标、概算定额、预算定额等。

③ 计算工程单价的价格依据，包括人工单价、材料价格、机械台班价格等。

④ 计算设备单价的依据，包括设备原价、设备运杂费、进口设备关税等。

⑤ 计算措施费、间接费和工程建设其他费用的依据，主要是相关的费用定额和指标。

⑥ 政府规定的税、费等。

⑦ 物价指数和工程造价指数。

工程造价计价依据的复杂性不仅使计算过程复杂，而且要求计价人员熟悉各类依据，并加以正确利用。

1.3 造价工程师执业资格制度

执业资格制度是市场经济国家对专业技术人才管理的通用规则。随着我国市场经济的发展和经济全球化进程的加快，我国的执业资格制度得到了长足的发展，其中建筑行业涉及的执业资格主要有建筑师、规划师、结构工程师、设备监理师、建造师、监理工程师、造价工程师、房地产估价师等多个执业资格制度，形成了具有中国特色的建筑行业执业资格体系。

我国《建筑法》第十四条规定：从事建筑活动的专业技术人员，应当依法取得相应的执业资格证书，并在执业资格证书许可的范围内从事建筑活动，从法律规定上推动了我国建筑行业执业资格制度的发展。目前，我国已经建立的与建筑行业相关的执业资格见表1-1。

表1-1 我国目前建筑行业主要执业资格制度

序号	名称	考试科目	成绩滚动年限	管理部门	承办机构	实施时间
1	监理工程师	建设工程合同管理、建设工程质量、投资、进度控制、建设工程监理基本理论、建设工程监理案例分析	2	住房和城乡建设部	中国建设监理协会	1992年7月
2	房地产估价师	房地产基本制度与政策，房地产投资经营与管理，房地产估价理论与实务，房地产估价案例与分析	2	住房和城乡建设部	住房和城乡建设部注册中心	1995年3月
3	资产评估师	资产评估，经济法，财务会计，机电设备评估基础，建筑工程评估基础	3	财政部	中国资产评估协会	1996年8月
4	造价工程师	工程造价管理基础理论与相关法规，工程造价计价与控制，建设工程技术与量（分土建和安装两个专业），工程造价案例分析	2	住房和城乡建设部	中国建设工程造价管理协会	1996年8月

序号	名称	考试科目	成绩滚动年限	管理部门	承办机构	实施时间
5	咨询工程师（投资）	工程咨询概论，宏观经济政策与发展规划，工程项目组织与管理，项目决策分析与评价，现代咨询方法与实务	3	国家发展和改革委员会	中国工程咨询协会	2001 年 12 月
6	一级建造师	建设工程经济，建设工程法规与相关知识，建设工程项目管理，项目决策分析与评价，现代咨询方法与实务	2	住房和城乡建设部	住房和城乡建设部注册中心	2003 年 1 月
7	设备监理师	设备工程监理基础及相关知识，设备监理合同管理，质量，投资，进度控制，设备监理综合实务与案例分析	2	国家质量监督检验检疫总局	中国设备监理协会	2003 年 1 月
8	投资建设项目管理师	宏观经济政策，投资建设项目决策，投资建设项目组织，投资建设项目实施	2	国家发展和改革委员会	中国投资协会	2005 年 2 月
9	土地估价师	土地管理基础知识，土地估价理论与方法，土地估价相关经济理论与方法，土地估价实务	3	国土资源部	中国土地估价师协会	2007 年 1 月
10	招标师	招标采购法律法规与政策，项目管理与招标采购，招标采购专业实务，招标采购案例分析	2	人事部、国家发展和改革委员会	人事部人事考试中心、中国招标投标协会	2007 年 1 月

1.3.1 我国造价工程师执业资格制度

为了加强建设工程造价专业技术人员的执业准入管理，确保建设工程造价管理工作的质量，维护国家和社会公共利益，1996 年 8 月，国家人事部、建设部联合发布了《造价工程师执业资格制度暂行规定》，明确国家在工程造价领域实施造价工程师执业资格制度。凡从事工程建设活动的建设、设计、施工、工程造价咨询、工程造价管理等单位和部门，必须在计价、评估、审查（核）、控制及管理等岗位配备有造价工程师执业资格的专业技术人员。

为了规范造价工程师的执业行为，原建设部颁布了《注册造价工程师管理办法》，中国建设工程造价管理协会制订了《造价工程师继续教育实施办法》和《造价工程师职业道德行为准则》，使造价工程师执业资格制度得到逐步完善，如图 1-4 所示。

1.3.2 造价工程师的执业资格考试

造价工程师执业资格考试实行全国统一考试大纲、统一命题、统一组织的办法。原则上每年举行一次。

（1）报考条件 凡中华人民共和国公民，工程造价或相关专业大专及其以上学历毕业，从事工程造价业务工作一定年限后，均可申请参加造价工程师执业资格考试。

（2）考试科目 造价工程师执业资格考试分为四个科目："建设工程造价管理"、"建设工程计价"、"建设工程技术与计量"（土建或安装）和"工程造价案例分析"。

对于长期从事工程造价业务工作的专业技术人员，符合一定的学历和专业年限条件的，可免试"工程造价管理基础理论与相关法规"、"建设工程技术与计量"两个科目，只参加

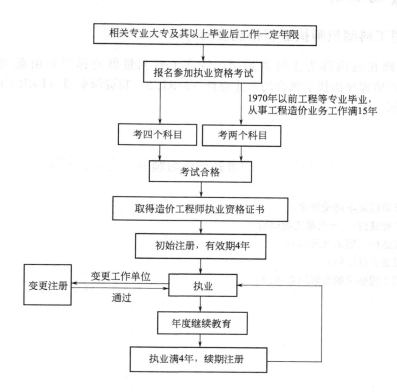

图1-4 造价工程师执业资格制度简图

"工程造价计价与控制"和"工程造价案例分析"两个科目的考试。

造价工程师四个科目分别单独考试、单独计分。参加全部科目考试的人员,须在连续的两个考试年度通过;参加免试部分考试科目的人员,须在一个考试年度内通过应试科目。

(3)证书取得 造价工程师执业资格考试合格者,由省、自治区、直辖市人事(职改)部门颁发国家人事部统一印制、国家人事部和建设部统一用印的造价工程师执业资格证书,该证书全国范围内有效,并作为造价工程师注册的凭证。

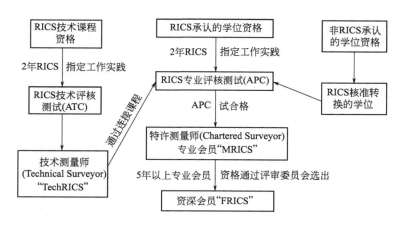

图1-5 英国工料测量师授予程序图

注: RICS—The Royal Institution of Chartered Surveyors; APC—Assessment of Professional Competence; ATC—Assessment of Technical Competence。

1.3.3 英国工料测量师执业资格制度简介

造价工程师在英国称为工料测量师，特许工料测量师的称号是由英国测量师学会（RICS）经过严格程序而授予该会的专业会员（MRICS）和资深会员（FRICS）的。整个程序如图 1-5 所示。

:::::::::::::::::::::::::::::::::: 思考题与练习题 ::::::::::::::::::::::::::::::::::

1. 简述建设项目基本建设程序。
2. 什么是工程造价？ 什么是工程估价？
3. 简述工程估价的历史发展特点。
4. 综述工程造价计价特点。
5. 简述我国工程估价的发展历史特点。

第2章 工程造价构成

工程造价直接的理解就是一项"工程"的建造价格。这里的"工程"是指一个完整的建筑安装产品，即单项工程，例如，一幢教学楼、一幢住宅楼等。同时，随着经济发展中技术的进步、分工的细化和市场的完善，工程建设中的中间产品也会越来越多，商品交换会更加频繁，工程价格的种类和形式也会更为丰富，实际工作中"工程"又经常表现为一个单项工程中的某个单位工程，例如，一幢教学楼的土建工程、装饰工程、配电工程等，或者一个单位工程中的分部（分项）工程，例如，土建工程中的土方工程、防水工程、保温工程等。这些都可以成为生产交易的对象，对应着相应的交易价格，即工程造价。

工程造价有两种含义。第一种含义，从投资者——业主的角度而言，工程造价是指进行某项工程建设，预期或实际花费的全部建设投资。第二种含义，从市场交易的角度而言，工程造价是指为完成某项工程的建设，预计或实际在土地市场、设备市场、技术劳务市场以及工程承发包市场等交易活动中所形成的各类交易价格。

建设项目总投资由建设投资（固定资产投资）、建设期贷款利息和流动资产投资三部分组成。工程造价基本构成中，包括用于购买工程项目所含各种设备的费用，用于建筑施工和安装施工所需支出的费用，用于委托工程勘察设计应支付的费用，用于购置土地所需的费用，也包括用于建设单位自身进行项目筹建和项目管理所花费费用等。总之，工程造价是工程项目按照确定的建设内容、建设规模、建设标准、功能要求和使用要求等全部建成并验收合格交付使用所需的全部费用，具体构成内容如图2-1所示。

建设投资是以货币表现的基本建设完成的工作量，是指利用国家预算内拨款、自筹资

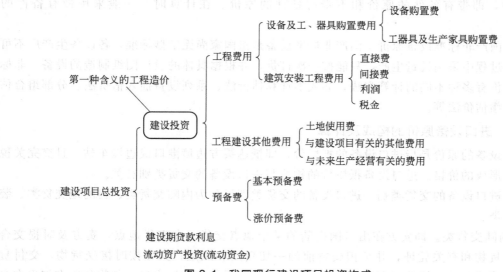

图2-1 我国现行建设项目投资构成

金、国内外基本建设贷款以及其他专项资金进行的，以扩大生产能力（或新增工程效益）为主要目的的新建、扩建工程及有关的工作量。它是反映一定时期内基本建设规模和建设进度的综合性指标。建设投资包括工程费用、工程建设其他费用和预备费，其中工程费用是指一个单项工程能够完全发挥生产能力或生产效益所需要的全部投资，包括设备及工、器具购置费用和建筑安装工程费用。

2.1 设备及工、器具购置费

设备及工、器具购置费用是由设备购置费和工具、器具及生产家具购置费组成的，它是固定资产投资中的积极部分。在生产性工程建设中，设备及工、器具购置费用占工程造价比重的增大，意味着生产技术的进步和资本有机构成的提高。

2.1.1 设备购置费的构成及计算

设备购置费是指为建设项目购置或自制的达到固定资产标准的各种国产或进口设备、工具、器具的购置费用。它由设备原价和设备运杂费构成。

$$设备购置费＝设备原价＋设备运杂费 \tag{2-1}$$

式中，设备原价指国产设备或进口设备的原价；设备运杂费指除设备原价之外的关于设备采购、运输、途中包装及仓库保管等方面支出费用的总和。

2.1.1.1 国产设备原价的构成及计算

国产设备原价一般指的是设备制造厂的交货价，或订货合同价。它一般根据生产厂或供应商的询价、报价、合同价确定，或采用一定的方法计算确定。国产设备原价分为国产标准设备原价和国产非标准设备原价。

（1）国产标准设备原价 国产标准设备是指按照主管部门颁布的标准图纸和技术要求，由我国设备生产厂批量生产的，符合国家质量检测标准的设备。国产标准设备原价有两种，即带有备件的原价和不带有备件的原价。在计算时，一般采用带有备件的原价。

（2）国产非标准设备原价 国产非标准设备是指国家尚无定型标准，各设备生产厂不可能在工艺过程中采用批量生产，只能按一次订货，并根据具体的设计图纸制造的设备。非标准设备原价有多种不同的计算方法，如成本计算估价法、系列设备插入估价法、分部组合估价法、定额估价法等。

2.1.1.2 进口设备原价的构成及计算

进口设备的原价是指进口设备的抵岸价，即抵达买方边境港口或边境车站，且交完关税等税费后形成的价格。进口设备抵岸价的构成与进口设备的交货类别有关。

（1）进口设备的交货类别 进口设备的交货类别可分为内陆交货类、目的地交货类、装运港交货类。

① 内陆交货类。即卖方在出口国内陆的某个地点交货。在交货地点，卖方及时提交合同规定的货物和有关凭证，并负担交货前的一切费用和风险；买方按时接受货物，交付货款，负担接货后的一切费用和风险，并自行办理出口手续和装运出口。货物的所有权也在交

货后由卖方转移给买方。

② 目的地交货类。即卖方在进口国的港口或内地交货，有目的港船上交货价、目的港船边交货价（FOS）和目的港码头交货价（关税已付）及完税后交货价（进口国的指定地点）等几种交货价。它们的特点是：买卖双方承担的责任、费用和风险是以目的地约定交货点为分界线，只有当卖方在交货点将货物置于买方控制下才算交货，才能向买方收取货款。这种交货类别对卖方来说承担的风险较大，在国际贸易中卖方一般不愿采用。

③ 装运港交货类。即卖方在出口国装运港交货，主要有装运港船上交货价（FOB），习惯称离岸价格，运费在内价（C&F）和运费、保险费在内价（CIF），习惯称到岸价格。它们的特点是：卖方按照约定的时间在装运港交货，只要卖方把合同规定的货物装船后提供货运单据便完成交货任务，可凭单据收回货款。

装运港船上交货价（FOB）是我国进口设备采用最多的一种货价。采用船上交货价时卖方的责任是：在规定的期限内，负责在合同规定的装运港口将货物装上买方指定的船只，并及时通知买方；负担货物装船前的一切费用和风险，负责办理出口手续；提供出口国政府或有关方面签发的证件；负责提供有关装运单据。买方的责任是：负责租船或订舱，支付运费，并将船期、船名通知卖方；负担货物装船后的一切费用和风险；负责办理保险及支付保险费，办理在目的港的进口和收货手续；接受卖方提供的有关装运单据，并按合同规定支付货款。

（2）进口设备抵岸价的构成及计算　进口设备采用最多的是装运港船上交货价（FOB），其抵岸价的构成可概括为：

$$进口设备抵岸价 = 货价 + 国际运费 + 运输保险费 + 银行财务费 + 外贸手续费 + 关税 + 增值税 +$$
$$消费税 + 海关监管手续费 + 车辆购置附加费 \qquad (2\text{-}2)$$

① 货价。一般指装运港船上交货价（FOB）。设备货价分为原币货价和人民币货价，原币货价一律折算为美元表示，人民币货价按原币货价乘以外汇市场美元兑换人民币中间价确定。进口设备货价按有关生产厂商询价、报价、订货合同价计算。

② 国际运费。即从装运港（站）到达我国抵达港（站）的运费。我国进口设备大部分采用海洋运输，小部分采用铁路运输，个别采用航空运输。进口设备国际运费计算公式为：

$$国际运费（海、陆、空）= 原币货价（FOB）\times 运费率$$
$$国际运费（海、陆、空）= 运量 \times 单位运价 \qquad (2\text{-}3)$$

其中，运费率或单位运价参照有关部门或进出口公司的规定执行。

③ 运输保险费。对外贸易货物运输保险是由保险人（保险公司）与被保险人（出口人或进口人）订立保险契约，在被保险人交付议定的保险费后，保险人根据保险契约的规定对货物在运输过程中发生的承保责任范围内的损失给予经济上的补偿。这是一种财产保险。计算公式为：

$$运输保险费 = \frac{原币货价（FOB）+ 国外运费}{1 - 保险费率} \times 保险费率 \qquad (2\text{-}4)$$

其中，保险费率按保险公司规定的进口货物保险费率计算。

④ 银行财务费。一般是指中国银行手续费，可按下式简化计算：

$$银行财务费＝人民币货价（FOB）×银行财务费率 \qquad (2-5)$$

⑤ 外贸手续费。指按对外经济贸易部规定的外贸手续费率计取的费用，外贸手续费率一般取 1.5%。计算公式为：

$$外贸手续费＝[装运港船上交货价（FOB）＋国际运费＋运输保险费]×外贸手续费率$$
$$\qquad (2-6)$$

⑥ 关税。由海关对进出国境或关境的货物和物品征收的一种税。计算公式为：

$$关税＝到岸价格（CIF）×进口关税税率 \qquad (2-7)$$

其中，到岸价格（CIF）包括离岸价格（FOB）、国际运费、运输保险费，它作为关税完税价格。进口关税税率分为优惠和普通两种。优惠税率适用于与我国签订关税互惠条款的贸易条约或协定的国家的进口设备；普通税率适用于与我国未签订关税互惠条款的贸易条约或协定的国家的进口设备。进口关税税率按我国海关总署发布的进口关税税率计算。

⑦ 增值税。是对从事进口贸易的单位和个人，在进口商品报关进口后征收的税种。我国增值税条例规定，进口应税产品均按组成计税价格和增值税税率直接计算应纳税额。即：

$$进口产品增值税额＝组成计税价格×增值税税率$$
$$组成计税价格＝关税完税价格＋关税＋消费税 \qquad (2-8)$$

增值税税率根据规定的税率计算。

⑧ 消费税。对部分进口设备（如轿车、摩托车等）征收，一般计算公式为：

$$应纳消费税额＝\frac{到岸价＋关税}{1－消费税税率}×消费税税率 \qquad (2-9)$$

其中，消费税税率根据规定的税率计算。

⑨ 海关监管手续费。指海关对进口减税、免税、保税货物实施监督、管理、提供服务的手续费。对于全额征收进口关税的货物不计本项费用。其公式如下：

$$海关监管手续费＝到岸价×海关监管手续费率（一般为 0.3%） \qquad (2-10)$$

⑩ 车辆购置附加费：进口车辆需缴进口车辆购置附加费。其公式如下：

$$进口车辆购置附加费＝（到岸价＋关税＋消费税＋增值税）×进口车辆购置附加费率$$
$$\qquad (2-11)$$

2.1.1.3 设备运杂费的构成及计算

（1）设备运杂费的构成　设备运杂费通常由下列各项构成。

① 运费和装卸费。国产设备由设备制造厂交货地点起至工地仓库（或施工组织设计指定的需要安装设备的堆放地点）止所发生的运费和装卸费；进口设备则由我国到岸港口或边境车站起至工地仓库（或施工组织设计指定的需安装设备的堆放地点）止所发生的运费和装卸费。

② 包装费。在设备原价中没有包含的，为运输而进行的包装支出的各种费用。

③ 设备供销部门的手续费。按有关部门规定的统一费率计算。

④ 采购与仓库保管费。指采购、验收、保管和收发设备所发生的各种费用，包括设备采购人员、保管人员和管理人员的工资、工资附加费、办公费、差旅交通费，设备供应部门办公和仓库所占固定资产使用费、工具用具使用费、劳动保护费、检验试验费等。这些费用可按主管部门规定的采购与保管费费率计算。

（2）设备运杂费的计算　设备运杂费按设备原价乘以设备运杂费率计算，其公式为：

$$设备运杂费＝设备原价×设备运杂费率 \qquad (2-12)$$

其中，设备运杂费率按各部门及省、市等的规定计取。

2.1.2 工具、器具及生产家具购置费的构成及计算

工具、器具及生产家具购置费，是指新建或扩建项目初步设计规定的，保证初期正常生产必须购置的没有达到固定资产标准的设备、仪器、工卡模具、器具、生产家具和备品备件等的购置费用。一般以设备购置费为计算基数，按照部门或行业规定的工具、器具及生产家具费率计算。计算公式为：

$$工具、器具及生产家具购置费＝设备购置费×定额费率 \tag{2-13}$$

2.2 建筑安装工程费用构成

建筑安装工程费用是指建筑安装施工企业在完成建筑安装施工任务过程中，发生在现场的各种直接工程费用、管理费用、间接费用、企业为自己创造的利润以及企业需上缴的各种税、费的总和。

根据住房和城乡建设部、财政部颁布的《建筑安装工程费用项目组成》(建标〔2013〕44号) 文件的规定，我国现行建筑安装工程费用可以按照费用构成要素和造价形成形式两种方式划分，并规定了以下内容。

① 建筑安装工程费用项目按费用构成要素组成划分为人工费、材料费、施工机具使用费、企业管理费、利润、规费和税金。

② 建筑安装工程费用按工程造价形成划分为分部分项工程费、措施项目费、其他项目费、规费和税金。

③ 依据国家发展改革委、财政部等 9 部委发布的《标准施工招标文件》的有关规定，将工程设备费列入材料费；原材料费中的检验试验费列入企业管理费。

④ 将仪器仪表使用费列入施工机具使用费；大型机械进出场及安拆费列入措施项目费。

⑤ 按照《社会保险法》的规定，将原企业管理费中劳动保险费中的职工死亡丧葬补助费、抚恤费列入规费中的养老保险费；在企业管理费中的财务费和其他中增加担保费用、投标费、保险费。

⑥ 按照《社会保险法》、《建筑法》的规定，取消原规费中危险作业意外伤害保险费，增加工伤保险费、生育保险费。

⑦ 按照财政部的有关规定，在税金中增加地方教育附加。

2.2.1 建筑安装工程费用内容

建筑工程费用内容：

① 各类房屋建筑工程和列入房屋建筑工程预算的供水、供暖、卫生、通风、煤气等设备费用及其装设、油饰工程的费用，列入建筑工程预算的各种管道、电力、电信和电缆导线敷设工程的费用。

② 设备基础、支柱、工作台、烟囱、水塔、水池、灰塔等建筑工程以及各种炉窑的砌筑工程和金属结构工程的费用。

③ 为施工而进行的场地平整，工程和水文地质勘察，原有建筑物和障碍物的拆除以及施工临时用水、电、气、路和完工后的场地清理，环境绿化、美化等工作的费用。

④ 矿井开凿、井巷延伸、露天矿剥离，石油、天然气钻井，修建铁路、公路、桥梁、水库、堤坝、灌渠及防洪等工程的费用。

安装工程费用内容：

① 生产、动力、起重、运输、传动和医疗、实验等各种需要安装的机械设备的装配费用，与设备相连的工作台、梯子、栏杆等设施的工程费用，附属于被安装设备的管线敷设工程费用，以及被安装设备的绝缘、防腐、保温、油漆等工作的材料费和安装费。

② 为测定安装工程质量，对单台设备进行单机试运转、对系统设备进行系统联动无负荷试运转工作的调试费。

2.2.2 建筑安装工程费用项目组成（按费用构成要素划分）

建筑安装工程费按照费用构成要素划分：由人工费、材料（包含工程设备，下同）费、施工机具使用费、企业管理费、利润、规费和税金组成。其中人工费、材料费、施工机具使用费、企业管理费和利润包含在分部分项工程费、措施项目费、其他项目费中（见图2-2）。

2.2.2.1 人工费

是指按工资总额构成规定，支付给从事建筑安装工程施工的生产工人和附属生产单位工人的各项费用。内容包括：

① 计时工资或计件工资。是指按计时工资标准和工作时间或对已做工作按计件单价支付给个人的劳动报酬。

② 奖金。是指对超额劳动和增收节支支付给个人的劳动报酬，如节约奖、劳动竞赛奖等。

③ 津贴补贴。是指为了补偿职工特殊或额外的劳动消耗和因其他特殊原因支付给个人的津贴，以及为了保证职工工资水平不受物价影响支付给个人的物价补贴。如流动施工津贴、特殊地区施工津贴、高温（寒）作业临时津贴、高空津贴等。

④ 加班加点工资。是指按规定支付的在法定节假日工作的加班工资和在法定日工作时间外延时工作的加点工资。

⑤ 特殊情况下支付的工资。是指根据国家法律、法规和政策规定，因病、工伤、产假、计划生育假、婚丧假、事假、探亲假、定期休假、停工学习、执行国家或社会义务等原因按计时工资标准或计时工资标准的一定比例支付的工资。

2.2.2.2 材料费

是指施工过程中耗费的原材料、辅助材料、构配件、零件、半成品或成品、工程设备的费用。内容包括：

① 材料原价。是指材料、工程设备的出厂价格或商家供应价格。

② 运杂费。是指材料、工程设备自来源地运至工地仓库或指定堆放地点所发生的全部费用。

③ 运输损耗费。是指材料在运输装卸过程中不可避免的损耗。

④ 采购及保管费。是指为组织采购、供应和保管材料、工程设备的过程中所需要的各项费用。包括采购费、仓储费、工地保管费、仓储损耗。

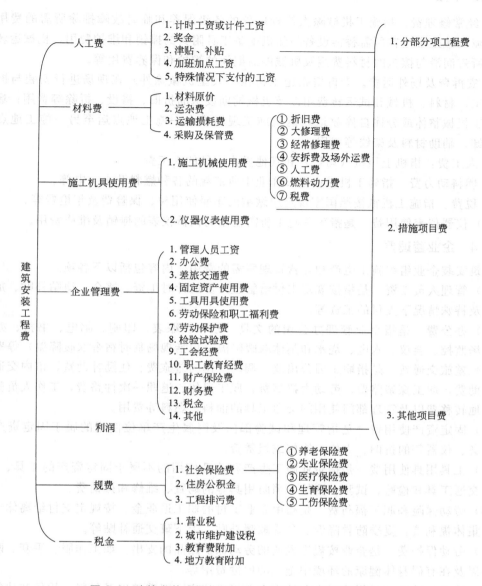

图 2-2　建筑安装工程费用构成（按费用构成要素划分）

工程设备是指构成或计划构成永久工程一部分的机电设备、金属结构设备、仪器装置及其他类似的设备和装置。

2.2.2.3　施工机具使用费

是指施工作业所发生的施工机械、仪器仪表使用费或其租赁费，包括施工机械使用费和仪器仪表使用费。

（1）施工机械使用费　以施工机械台班耗用量乘以施工机械台班单价表示，施工机械台班单价应由下列七项费用组成：

① 折旧费。指施工机械在规定的使用年限内，陆续收回其原值的费用。

② 大修理费。指施工机械按规定的大修理间隔台班进行必要的大修理，以恢复其正常功能所需的费用。

③ 经常修理费。指施工机械除大修理以外的各级保养和临时故障排除所需的费用。包括为保障机械正常运转所需替换设备与随机配备工具附具的摊销和维护费用，机械运转中日常保养所需润滑与擦拭的材料费用及机械停滞期间的维护和保养费用等。

④ 安拆费及场外运费。安拆费指施工机械（大型机械除外）在现场进行安装与拆卸所需的人工、材料、机械和试运转费用以及机械辅助设施的折旧、搭设、拆除等费用；场外运费指施工机械整体或分体自停放地点运至施工现场或由一施工地点运至另一施工地点的运输、装卸、辅助材料及架线等费用。

⑤ 人工费：指机上司机（司炉）和其他操作人员的人工费。

⑥ 燃料动力费。指施工机械在运转作业中所消耗的各种燃料及水、电等。

⑦ 税费。指施工机械按照国家规定应缴纳的车船使用税、保险费及年检费等。

（2）仪器仪表使用费　是指工程施工所需使用的仪器仪表的摊销及维修费用。

2.2.2.4　企业管理费

建筑安装企业组织施工生产和经营管理所需的费用，内容包括以下各项。

（1）管理人员工资　是指按规定支付给管理人员的计时工资、奖金、津贴补贴、加班加点工资及特殊情况下支付的工资等。

（2）办公费　是指企业管理办公用的文具、纸张、账表、印刷、邮电、书报、办公软件、现场监控、会议、水电、烧水和集体取暖降温（包括现场临时宿舍取暖降温）等费用。

（3）差旅交通费　是指职工因公出差、调动工作的差旅费、住勤补助费，市内交通费和误餐补助费，职工探亲路费，劳动力招募费，职工退休、退职一次性路费，工伤人员就医路费，工地转移费以及管理部门使用的交通工具的油料、燃料等费用。

（4）固定资产使用费　是指管理和试验部门及附属生产单位使用的属于固定资产的房屋、设备、仪器等的折旧、大修、维修或租赁费。

（5）工具用具使用费　是指企业施工生产和管理使用的不属于固定资产的工具、器具、家具、交通工具和检验、试验、测绘、消防用具等的购置、维修和摊销费。

（6）劳动保险和职工福利费　是指由企业支付的职工退职金、按规定支付给离休干部的经费，集体福利费，夏季防暑降温、冬季取暖补贴，上下班交通补贴等。

（7）劳动保护费　是企业按规定发放的劳动保护用品的支出。如工作服、手套、防暑降温饮料以及在有碍身体健康的环境中施工的保健费用等。

（8）检验试验费　是指施工企业按照有关标准规定，对建筑以及材料、构件和建筑安装物进行一般鉴定、检查所发生的费用，包括自设试验室进行试验所耗用的材料等费用。不包括新结构、新材料的试验费，对构件做破坏性试验及其他特殊要求检验试验的费用和建设单位委托检测机构进行检测的费用，对此类检测发生的费用，由建设单位在工程建设其他费用中列支。但对施工企业提供的具有合格证明的材料进行检测不合格的，该检测费用由施工企业支付。

（9）工会经费　是指企业按《工会法》规定的全部职工工资总额比例计提的工会经费。

（10）职工教育经费　是指按职工工资总额的规定比例计提，企业为职工进行专业技术和职业技能培训，专业技术人员继续教育、职工职业技能鉴定、职业资格认定以及根据需要对职工进行各类文化教育所发生的费用。

（11）财产保险费　是指施工管理用财产、车辆等的保险费用。

（12）财务费　是指企业为施工生产筹集资金或提供预付款担保、履约担保、职工工资支付担保等所发生的各种费用。

（13）税金　是指企业按规定缴纳的房产税、车船使用税、土地使用税、印花税等。

（14）其他　包括技术转让费、技术开发费、投标费、业务招待费、绿化费、广告费、公证费、法律顾问费、审计费、咨询费、保险费等。

2.2.2.5　利润

施工企业完成所承包工程获得的盈利。

2.2.2.6　规费

是指按国家法律、法规规定，由省级政府和省级有关权力部门规定必须缴纳或计取的费用。包括以下几项。

（1）社会保险费　主要包括：

① 养老保险费。是指企业按照规定标准为职工缴纳的基本养老保险费。

② 失业保险费。是指企业按照规定标准为职工缴纳的失业保险费。

③ 医疗保险费。是指企业按照规定标准为职工缴纳的基本医疗保险费。

④ 生育保险费。是指企业按照规定标准为职工缴纳的生育保险费。

⑤ 工伤保险费。是指企业按照规定标准为职工缴纳的工伤保险费。

（2）住房公积金　是指企业按规定标准为职工缴纳的住房公积金。

（3）工程排污费　是指按规定缴纳的施工现场工程排污费。

其他应列而未列入的规费，按实际发生计取。

2.2.2.7　税金

国家税法规定的应计入建筑安装工程造价内的营业税、城市维护建设税、教育费附加以及地方教育附加。

（1）营业税　营业税是按营业额乘以营业税税率确定。其中建筑安装企业营业税税率为3%。计算公式为：

$$应纳营业税＝营业额×3\% \tag{2-14}$$

营业额是指从事建筑、安装、修缮、装饰及其他工程作业收取的全部收入，还包括建筑、修缮、装饰工程所用原材料及其他物资和动力的价款。当安装的设备的价值作为安装工程产值时，亦包括所安装设备的价款。但建筑安装工程总承包方将工程分包或转包给他人的，其营业额中不包括付给分包或转包方的价款。

（2）城市维护建设税　城市维护建设税是为筹集城市维护和建设资金，稳定和扩大城市、乡镇维护建设的资金来源，而对有经营收入的单位和个人征收的一种税。

城市维护建设税是按应纳营业税额乘以适用税率确定，计算公式为：

$$应纳税额＝应纳营业税额×适用税率 \tag{2-15}$$

城市维护建设税的纳税人所在地为市区的，其适用税率为营业税的7%；所在地为县镇的，其适用税率为营业税的5%，所在地为农村的，其适用税率为营业税的1%。

（3）教育费附加　教育费附加是按应纳营业税额乘以3%确定，计算公式为：

$$应纳税额＝应纳营业税额×3\% \tag{2-16}$$

建筑安装企业的教育费附加要与其营业税同时缴纳。即使办有职工子弟学校的建筑安装企业，也应当先缴纳教育费附加，教育部门可根据企业的办学情况，酌情返还给办学单位，为对办学经费的补助。

在税金的实际计算过程，通常是三种税金一并计算，又由于在计算税金时，往往已知条件是税前造价，因此税金的计算公式可以表达为：

$$税金=税前造价×综合税率(\%) \tag{2-17}$$

综合税率的计算因企业所在地的不同而不同。

① 纳税地点在市区的企业综合税率的计算：

$$综合税率(\%)=\frac{1}{1-3\%-(3\%×7\%)-(3\%×3\%)-(3\%×2\%)}-1 \tag{2-18}$$

② 纳税地点在县城、镇的企业综合税率的计算：

$$综合税率(\%)=\frac{1}{1-3\%-(3\%×5\%)-(3\%×3\%)-(3\%×2\%)}-1 \tag{2-19}$$

③ 纳税地点不在市区、县城、镇的企业综合税率的计算：

$$综合税率(\%)=\frac{1}{1-3\%-(3\%×1\%)-(3\%×3\%)-(3\%×2\%)}-1 \tag{2-20}$$

④ 实行营业税改增值税的，按纳税地点现行税率计算。

2.2.3 建筑安装工程费用项目组成（按工程造价形成划分）

建筑安装工程费按照工程造价形成由分部分项工程费、措施项目费、其他项目费、规费、税金组成，分部分项工程费、措施项目费、其他项目费包含人工费、材料费、施工机具使用费、企业管理费和利润，具体构成见图2-3。

2.2.3.1 分部分项工程费

是指各专业工程的分部分项工程应予列支的各项费用。

(1) 专业工程 是指按现行国家计量规范划分的房屋建筑与装饰工程、仿古建筑工程、通用安装工程、市政工程、园林绿化工程、矿山工程、构筑物工程、城市轨道交通工程、爆破工程等各类工程。

(2) 分部分项工程 指按现行国家计量规范对各专业工程划分的项目。如房屋建筑与装饰工程划分的土石方工程、地基处理与桩基工程、砌筑工程、钢筋及钢筋混凝土工程等。

各类专业工程的分部分项工程划分见现行国家或行业计量规范。

2.2.3.2 措施项目费

是指为完成建设工程施工，发生于该工程施工前和施工过程中的技术、生活、安全、环境保护等方面的费用，内容包括以下几项。

(1) 安全文明施工费

① 环境保护费。是指施工现场为达到环保部门要求所需要的各项费用。主要包括：现场施工机械设备降低噪声、防扰民措施；水泥和其他易飞扬细颗粒建筑材料密闭存放或采取覆盖措施等；工程防扬尘洒水；土石方、建渣外运车辆防护措施等；现场污染源的控制、生活垃圾清理外运、场地排水排污措施；其他环境保护措施。

② 文明施工费。是指施工现场文明施工所需要的各项费用。主要措施包括："五牌一图"；现场围挡的墙面美化（包括内外粉刷、刷白、标语等）、压顶装饰；现场厕所便槽刷白、贴面砖，水泥砂浆地面或地砖，建筑物内临时便溺设施；其他施工现场临时设施的装饰装修、美化措施；现场生活卫生设施；符合卫生要求的饮水设备、淋浴、消毒等设施；生活

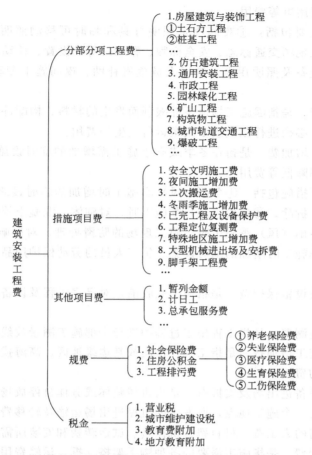

图 2-3　建筑安装工程费用构成（按工程造价形成划分）

用洁净燃料；防煤气中毒、防蚊虫叮咬等措施；施工现场操作场地的硬化；现场绿化、治安综合治理；现场配备医药保健器材、物品和急救人员培训；现场工人的防暑降温、电风扇、空调等设备及用电；其他文明施工措施。

③ 安全施工费。是指施工现场安全施工所需要的各项费用。安全施工措施包括：安全资料、特殊作业专项方案的编制，安全施工标志的购置及安全宣传；"三宝"（安全帽、安全带、安全网）、"四口"（楼梯口、电梯井口、通道口、预留洞口）、"五临边"（阳台围边、楼板围边、屋面围边、槽坑围边、卸料平台两侧），水平防护架、垂直防护架、外架封闭等防护措施；施工安全用电，包括配电箱三级配电、两级保护装置要求、外电防护措施；起重机、塔吊等起重设备（含井架、门架）及外用电梯的安全防护措施（含警示标志）及卸料平台的临边防护、层间安全门、防护棚等设施；建筑工地起重机械的检验检测；施工机具防护棚及其围栏的安全保护设施；施工安全防护通道；工人的安全防护用品、用具购置；消防设施与消防器材的配置；电气保护、安全照明设施；其他安全防护措施。

④ 临时设施费。是指施工企业为进行建设工程施工所必须搭设的生活和生产用的临时建筑物、构筑物和其他临时设施费用。包括临时设施的搭设、维修、拆除、清理费或摊销费等。

（2）夜间施工增加费　是指因夜间施工所发生的夜班补助费、夜间施工降效、夜间施工照明设备摊销及照明用电等费用。

夜间施工措施主要包括：①夜间固定照明灯具和临时可移动照明灯具的设置、拆除。②夜间施工时，施工现场交通标志、安全标牌、警示灯等的设置、移动、拆除。夜间施工增加费包括夜间照明设备及照明用电、施工人员夜班补助、夜间施工劳动效率降低产生的费用等。

（3）二次搬运费　是指因施工场地条件限制而发生的材料、构配件、半成品等一次运输不能到达堆放地点，必须进行二次或多次搬运所发生的费用。

（4）冬雨季施工增加费　是指在冬季或雨季施工需增加的临时设施、防滑、排除雨雪、人工及施工机械效率降低等费用。

冬雨季施工主要措施包括：①冬雨（风）季施工时增加的临时设施（防寒保温、防雨、防风设施）的搭设、拆除。②冬雨（风）季施工时，对砌体、混凝土等采用的特殊加温、保温和养护措施。③冬雨（风）季施工时，施工现场的防滑处理、对影响施工的雨雪的清除。④包括冬雨（风）季施工时增加的临时设施、施工人员的劳动保护用品、冬雨（风）季施工劳动效率降低等。

（5）已完工程及设备保护费　是指竣工验收前，对已完工程及设备采取的必要保护措施所发生的费用。

（6）工程定位复测费　是指工程施工过程中进行全部施工测量放线和复测工作的费用。

（7）特殊地区施工增加费　是指工程在沙漠或其边缘地区、高海拔、高寒、原始森林等特殊地区施工增加的费用。

（8）大型机械设备进出场及安拆费　是指机械整体或分体自停放场地运至施工现场或由一个施工地点运至另一个施工地点，所发生的机械进出场运输及转移费用及机械在施工现场进行安装、拆卸所需的人工费、材料费、机械费、试运转费和安装所需的辅助设施的费用。

（9）脚手架工程费　是指施工需要的各种脚手架搭、拆、运输费用以及脚手架购置费的摊销（或租赁）费用。

措施项目及其包含的内容详见各类专业工程的现行国家或行业计量规范。

2.2.3.3　其他项目费

其他项目费包括暂列金额、计日工和总承包服务费。

（1）暂列金额　是指建设单位在工程量清单中暂定并包括在工程合同价款中的一笔款项。用于施工合同签订时尚未确定或者不可预见的所需材料、工程设备、服务的采购，施工中可能发生的工程变更、合同约定调整因素出现时的工程价款调整以及发生的索赔、现场签证确认等的费用。

暂列金额是招标人暂定并包括在合同中的一笔款项。不管采用何种合同形式，其理想的标准是，一份合同的价格就是其最终的竣工结算价格，或者至少两者应尽可能接近。我国规定对政府投资工程实行概算管理，经项目审批部门批复的设计概算是工程投资控制的刚性指标，即使商业性开发项目也有成本的预先控制问题，否则，无法相对准确预测投资的收益和科学合理地进行投资控制。但工程建设自身的特性决定了工程的设计需要根据工程进展不断地进行优化和调整，业主需求可能会随工程建设进展出现变化，工程建设过程还会存在一些不能预见、不能确定的因素。消化这些因素必然会影响合同价格的调整，暂列金额正是为这类不可避免的价格调整而设立，以便达到合理确定和有效控制工程造价的目标。

（2）计日工　是指在施工过程中，施工企业完成建设单位提出的施工图纸以外的零星项目或工作所需的费用。

（3）总承包服务费　是指总承包人为配合、协调建设单位进行的专业工程发包，对建设单位自行采购的材料、工程设备等进行保管以及施工现场管理、竣工资料汇总整理等服务所需的费用。

（4）规费（同上）

（5）税金（同上）

2.3　工程建设其他费用构成

工程建设其他费用，是指从工程筹建起到工程竣工验收交付使用止的整个建设期间，除建筑安装工程费用和设备及工、器具购置费用以外的，为保证工程建设顺利完成和交付使用后能够正常发挥效用而发生的各项费用。

工程建设其他费用，按其内容大体可分为三类。第一类指土地使用费；第二类指与工程建设有关的其他费用；第三类指与未来企业生产经营有关的其他费用。

2.3.1　土地使用费

任何一个建设项目都固定于一定地点与地面相连接，必须占用一定量的土地，也就必然要发生为获得建设用地而支付的费用，这就是土地使用费。它是指通过划拨方式取得土地使用权而支付的土地征用及迁移补偿费，或者通过土地使用权出让方式取得土地使用权而支付的土地使用权出让金。

土地征用及迁移补偿费，是指建设项目通过划拨方式取得无限期的土地使用权，依照《中华人民共和国土地管理法》等规定所支付的费用。土地使用权出让金，是指建设项目通过土地使用权出让方式，取得有限期的土地使用权，依照《中华人民共和国城镇国有土地使用权出让和转让暂行条例》规定，支付的土地使用权出让金。

2.3.2　与项目建设有关的其他费用

根据项目的不同，与项目建设有关的其他费用的构成也不尽相同，一般包括以下各项。在进行工程估算及概算中可根据实际情况进行计算。

2.3.2.1　建设单位管理费

建设单位管理费是指建设单位从项目立项、筹建、建设、联合试运转、竣工验收交付使用及后评估等全过程管理所需费用。

$$建设单位管理费 = 工程费用 \times 建设单位管理费费率 \tag{2-21}$$

$$其中，工程费用 = （建筑安装工程费用 + 设备及工器具购置费） \tag{2-22}$$

建设单位管理费费率按照建设项目的不同性质、不同规模确定。一般取 $1.5\% \sim 2.5\%$。

2.3.2.2　勘察设计费

勘察设计费是指为本建设项目提供项目建议书、可行性研究报告及设计文件等所需费用，内容包括：

① 编制项目建议书、可行性研究报告及投资估算、工程咨询、评价以及为编制上述文

件所进行勘察、设计、研究试验等所需费用；

②委托勘察、设计单位进行初步设计、施工图设计及概预算编制等所需费用；

③在规定范围内由建设单位自行完成的勘察、设计工作所需费用。

勘察设计费中，项目建议书、可行性研究报告按国家颁布的收费标准计算，设计费按国家颁布的工程设计收费标准计算；勘察费一般民用建筑 6 层以下的按 $3\sim5$ 元$/m^2$ 计算，高层建筑按 $8\sim10$ 元$/m^2$ 计算，工业建筑按 $10\sim12$ 元$/m^2$ 计算。

2.3.2.3 研究试验费

研究试验费是指为建设项目提供和验证设计参数、数据、资料等所进行的必要的试验费用以及设计规定在施工中必须进行试验、验证所需费用。包括自行或委托其他部门研究试验所需人工费、材料费、试验设备及仪器使用费等。这项费用按照设计单位根据本工程项目的需要提出的研究试验内容和要求计算。

2.3.2.4 建设单位临时设施费

建设单位临时设施费是指建设期间建设单位所需临时设施的搭设、维修、摊销费用或租赁费用。

临时设施包括临时宿舍、文化福利及公用事业房屋与构筑物、仓库、办公室、加工厂以及规定范围内的道路、水、电、管线等临时设施和小型临时设施。

2.3.2.5 工程监理费

工程监理费是指建设单位委托工程监理单位对工程实施监理工作所需费用。根据国家有关文件规定，选择下列方法或按市场实际价格计算。

① 一般情况应按工程建设监理收费标准计算，即按所监理工程概算或预算的百分比计算，通常情况下设计阶段监理收费费率为概（预）算的 $0.03\%\sim0.20\%$，施工阶段监理收费费率为概（预）算的 $0.60\%\sim2.5\%$。

② 对于单工种或临时性项目可根据参与监理的年度平均人数按 3 万～5 万元/(人·年)计算。

2.3.2.6 工程保险费

工程保险费是指建设项目在建设期间根据需要实施工程保险所需的费用。包括以各种建筑工程及其在施工过程中的物料、机器设备为保险标的的建筑工程一切险，以安装工程中的各种机器、机械设备为保险标的的安装工程一切险，以及机器损坏保险等。根据不同的工程类别，分别以其建筑、安装工程费乘以建筑、安装工程保险费率计算。民用建筑（住宅楼、综合性大楼、商场、旅馆、医院、学校）占建筑工程费的 $2\permil\sim4\permil$；其他建筑（工业厂房、仓库、道路、码头、水坝、隧道、桥梁、管道等）占建筑工程费的 $3\permil\sim6\permil$；安装工程（农业、工业、机械、电子、电器、纺织、矿山、石油、化学及钢铁工业、钢结构桥梁）占建筑工程费的 $3\permil\sim6\permil$。

2.3.2.7 引进技术和进口设备其他费用

（1）出国人员费用 指为引进技术和进口设备派出人员在国外培训和进行设计联络、设备检验等的差旅费、制装费、生活费等。这项费用根据设计规定的出国培训和工作的人数、时间及派往国家，按财政部、外交部规定的临时出国人员费用开支标准及中国民用航空公司现行国际航线票价等进行计算，其中使用外汇部分应计算银行财务费用。

（2）国外工程技术人员来华费用　指为安装进口设备，引进国外技术等聘用外国工程技术人员进行技术指导工作所发生的费用。包括技术服务费、外国技术人员的在华工资、生活补贴、差旅费、医药费、住宿费、交通费、宴请费、参观游览等招待费用。这项费用按每人每月费用指标计算。

（3）技术引进费　指为引进国外先进技术而支付的费用。包括专利费、专有技术费（技术保密费）、国外设计及技术资料费、计算机软件费等。这项费用根据合同或协议的价格计算。

（4）分期或延期付款利息　指利用出口信贷引进技术或进口设备采取分期或延期付款的办法所支付的利息。

（5）担保费　指国内金融机构为买方出具保函的担保费。这项费用按有关金融机构规定的担保费率计算（一般可按承保金额的 5‰ 计算）。

（6）进口设备检验鉴定费用　指进口设备按规定付给商品检验部门的进口设备检验鉴定费。这项费用按进口设备货价的 3‰～5‰ 计算。

2.3.2.8　工程承包费

工程承包费是指具有总承包条件的工程公司，对工程建设项目从开始建设至竣工投产全过程的总承包所需的管理费用。具体内容包括组织勘察设计、设备材料采购、非标设备设计制造与销售、施工招标、发包、工程预决算、项目管理、施工质量监督、隐蔽工程检查、验收和试车直至竣工投产的各种管理费用。该费用按国家主管部门或省、自治区、直辖市协调规定的工程总承包费取费标准计算。如无规定时，一般工业建设项目为投资估算的 6%～8%，民用建筑（包括住宅建设）和市政项目为 4%～6%。不实行工程总承包的项目不计算本项费用。

2.3.2.9　市政配套费

是指政府为建设和维护管理城市道路、桥涵、给水、排水、防洪、道路照明、公共交通、市容环境卫生、城市燃气、园林绿化、垃圾处理、消防设施及天然气、集中供热等市政公用设施（含附属设施）所开征的费用，是市政基础设施建设资金的补充。某地区市政配套费标准如表 2-1 所列。

表 2-1　某地区市政配套费标准

序号	住宅标准/(元/m²)	公建标准/(元/m²)	厂房标准/(元/m²)
1	小学校 18	教育附加 10	
2	托儿所 10		
3	活动室 2		
4	居委会、派出所 4		
5	医疗点 2		
6	排水 12	排水 11	排水 9
7	给水 10	给水 12	给水 12
8	污水处理 16	污水处理 12	污水处理 12
9	公共交通 6	公共交通 6	公共交通 6
10	道路 15	道路 15	道路 15

序号	住宅标准/(元/m²)	公建标准/(元/m²)	厂房标准/(元/m²)
11	绿化 6	绿化 8	
12	环卫 6	环卫 9	
13	路灯 7	路灯 5	
14	邮电所 3	邮电所 3	
15	消防 6	消防 8	消防 6
16	电信工程 4.5		
17	有线电视 1		
18	通邮 0.5		
19	线杆迁移 4.5		
20	水池防疫 0.5		
21	人防 40	人防 40	
22	墙改费 8		
23	散装水泥 1	散装水泥 1	
	163	140	60

注：考虑到时间、地域的差别，该表中所列的费用标准不能作为实际工作的依据。

2.3.2.10 其他

（1）环境影响评价费　环境影响评价费是指按照《中华人民共和国环境保护法》、《中华人民共和国环境影响评价法》等规定，为全面、详细评价某建设项目对环境可能产生的污染或造成的重大影响所需的费用。包括编制环境影响报告书（含大纲）、环境影响报告表以及对环境影响报告书（含大纲）、环境影响报告表等进行评估等所需的费用。此项费用可参照《关于规范环境影响咨询收费有关问题的通知》（计价格［2002］125 号）的规定计算。

（2）劳动安全卫生评价费　劳动安全卫生评价费是指按照劳动部《建设项目（工程）劳动安全卫生监察规定》和《建设项目（工程）劳动安全卫生预评价管理办法》的规定，为预测和分析建设项目存在的职业危险、危害因素的种类和危险危害程度，并提出先进、科学、合理可行的劳动安全卫生技术和管理对策所需的费用。包括编制建设项目劳动安全卫生预评价大纲、劳动安全卫生预评价报告书以及为编制上述文件所进行的工程分析和环境现状调查等所需费用。

此外，有些工程还需根据项目的具体情况结合地方规定确定其他与项目建设有关的费用。

2.3.3　与未来企业生产经营有关的其他费用

2.3.3.1　联合试运转费

联合试运转费是指新建企业或新增加生产工艺过程的扩建企业在竣工验收前，按照设计规定的工程质量标准，进行整个车间的负荷或无负荷联合试运转发生的费用支出大于试运转收入的亏损部分。费用内容包括：试运转所需的原料、燃料、油料和动力的费用，机械使用费用，低值易耗品及其他物品的购置费用和施工单位参加联合试运转人员的工资等。试运转收入包括试运转产品销售和其他收入。不包括应由设备安装工程费项下开支的单台设备调试费及试车费用。联合试运转费一般根据不同性质的项目按需要试运转车间的工艺设备购置费的百分比计算。

2.3.3.2 生产准备费

生产准备费是指新建企业或新增生产能力的企业，为保证竣工交付使用进行必要的生产准备所发生的费用。费用内容包括：

① 生产人员培训费。包括自行培训、委托其他单位培训的人员的工资、工资性补贴、职工福利费、差旅交通费、学习资料费、学习费、劳动保护费等。

② 生产单位提前进厂参加施工、设备安装、调试等以及熟悉工艺流程及设备性能等人员的工资、工资性补贴、职工福利费、差旅交通费、劳动保护费等。

生产准备费一般根据需要培训和提前进厂人员的人数及培训时间按生产准备费指标进行估算。

2.3.3.3 办公和生活家具购置费

办公和生活家具购置费是指为保证新建、改建、扩建项目初期正常生产、使用和管理所必须购置的办公和生活家具、用具的费用。改、扩建项目所需的办公和生活用具购置费，应低于新建项目。其范围包括办公室、会议室、资料档案室、阅览室、文娱室、食堂、浴室、理发室、单身宿舍和设计规定必须建设的托儿所、卫生所、招待所、中小学校等家具用具购置费。

2.4 预备费

预备费是在编制投资估算或设计概算时，考虑到投资决策阶段或设计阶段与工程实施阶段相比较，可能发生设计变更、工程量增减、价格变化、工程风险等诸因素，而对原有投资的预测预留费用。按我国现行规定，预备费包括基本预备费和涨价预备费。

2.4.1 基本预备费

基本预备费是指在初步设计及概算内难以预料的工程费用，费用内容包括：

① 在批准的初步设计范围内，技术设计、施工图设计及施工过程中所增加的工程费用；设计变更、局部地基处理等增加的费用。

② 一般自然灾害造成的损失和预防自然灾害所采取的措施费用。实行工程保险的工程项目费用应适当降低。

③ 竣工验收时为鉴定工程质量对隐蔽工程进行必要的挖掘和修复费用。

$$基本预备费＝（工程费用＋工程建设其他费用）×基本预备费费率 \qquad (2\text{-}23)$$

基本预备费费率编制投资估算时的参考费率为 $10\%～15\%$；编制设计概算时的参考费率为 $7\%～10\%$。

2.4.2 涨价预备费

涨价预备费是指建设项目在建设期间内由于价格等变化引起工程造价变化的预测预留费

用。费用内容包括：人工、设备、材料、施工机械的价差费，建筑安装工程费及工程建设其他费用调整，利率、汇率调整等增加的费用。

$$PF = \sum_{t=0}^{n} I_t \left[(1+f)^t - 1 \right] \tag{2-24}$$

式中　PF——涨价预备费；

$\quad\quad n$——建设期年份数；

$\quad\quad I_t$——建设期中第 t 年的投资计划额，包括设备及工器具购置费、建筑安装工程费、工程建设其他费用及基本预备费；

$\quad\quad f$——预测年均投资价格上涨率。

【例 2-1】 某建设项目计划投资额 2200 万元人民币（包括工程费用、设备费用、工程建设其它费用、基本预备费）。建设期三年。根据投资计划，三年的投资比例分别为 40%、40%、20%，预测年均价格上涨率为 6%，试估算该建设项目的涨价预备费。

解　（1）每年计划投资额

$$I_1 = 2200 \times 40\% = 880 \ (万元)$$
$$I_2 = 2200 \times 40\% = 880 \ (万元)$$
$$I_3 = 2200 \times 20\% = 440 \ (万元)$$

（2）第一年涨价预备费：

$$PF_1 = I_1 [(1+f) - 1] = 880 \times 0.6 = 52.8 \ (万元)$$

第二年涨价预备费：

$$PF_2 = I_2 [(1+f)^2 - 1] = 880 \times (1.06^2 - 1) = 108.768 \ (万元)$$

第三年涨价预备费：

$$PF_3 = I_2 [(1+f)^3 - 1] = 3600 \times (1.06^3 - 1) = 84.047 \ (万元)$$

所以，建设期的涨价预备费 $PF = PF_1 + PF_2 + PF_3 = 52.8 + 108.768 + 84.047 = 245.62$ （万元）

2.5　建设期贷款利息

建设期贷款利息包括向国内银行和其他非银行金融机构贷款、出口信贷、外国政府贷款、国际商业银行贷款以及在境内外发行的债券等在建设期间内应偿还的借款利息。

国外贷款利息的计算中，还应包括国外贷款银行根据贷款协议向贷款方以年利率的方式收取的手续费、管理费、承诺费；以及国内代理机构经国家主管部门批准的以年利率的方式向贷款单位收取的转贷费、担保费、管理费等。

当总贷款是分年均衡发放时，建设期利息的计算可按当年借款在年中支用考虑，即当年贷款按半年计息，上年贷款按全年计息。计算公式为：

$$q_j = \left(P_{j-1} + \frac{1}{2} A_j \right) i \tag{2-25}$$

式中　q_j——建设期第 j 年应计利息；

$\quad\quad P_{j-1}$——建设期第 $(j-1)$ 年末贷款累计金额与利息累计金额之和；

$\quad\quad A_j$——建设期第 j 年贷款金额；

i——年利率。

【例 2-2】 某新建项目，建设期为 3 年，分年均衡进行贷款，第一年贷款 300 万元，第二年 600 万元，第三年 400 万元，年利率为 12%，建设期内利息只计息不支付，计算建设期贷款利息。

解 在建设期，各年利息计算如下：

$$q_1 = \frac{1}{2}A_1 i = \frac{1}{2} \times 300 \times 12\% = 18 \text{（万元）}$$

$$q_2 = \left(P_1 + \frac{1}{2}A_2\right) i = \left(300 + 18 + \frac{1}{2} \times 600\right) \times 12\% = 74.16 \text{（万元）}$$

$$q_3 = \left(P_2 + \frac{1}{2}A_3\right) i = \left(318 + 600 + 74.16 + \frac{1}{2} \times 400\right) \times 12\% = 143.06 \text{（万元）}$$

所以，建设期贷款利息 $= q_1 + q_2 + q_3 = 18 + 74.16 + 143.06 = 235.22$（万元）

::::::::::::: 思考题与练习题 :::::::::::::

1. 什么是设备及工器具购置费？
2. 什么是进口设备原价？
3. 什么是建筑安装工程费用，由哪几部分组成？
4. 什么是规费？规费包括哪些内容？
5. 什么是工程建设其他费用？由哪几部分费用组成？
6. 什么是基本预备费？什么是涨价预备费？
7. 什么是建设期贷款利息？如何计算？

第 3 章 安装工程定额原理与编制

3.1 概述

3.1.1 定额的产生及其发展

定额的含义就是规定的额度或者限额。定额是客观存在的,但人们对这种数量关系的认识却不是与其存在和发展同步的,而是随着生产力的发展、生产经验的积累和人类自身认识能力的提高,随着社会生产管理的客观需要由自发到自觉,又由自觉到定额的制定和管理这样一个逐步深化和完善的过程。

在人类社会发展的初期,以自给自足为特征的自然经济其目的在于满足生产者家庭或经济单位(如原始氏族、奴隶主或封建主)的消费需要,生产者是分散的、孤立的,生产规模小,社会分工不发达,这使得个体生产者并不需要什么定额,他们往往凭借个人的经验积累进行生产。随着简单商品经济的发展,以交换为目的进行的商品生产日益扩大,生产方式也发生了变化,出现了作坊和手工场。此时,作坊主或工场的工头依据他们自己的经验指挥和监督他人劳动和物资消耗。但这些劳动和物资消耗同样是依据个人经验而建立,并不能科学地反映生产和生产消耗之间的数量关系。这一时期是定额产生的萌芽阶段,是从自发走向自觉形成定额和定额管理雏形的阶段。

19 世纪末期 20 世纪初,随着科学管理理论的产生和发展,定额与定额管理才由自觉管理走向了科学制定与科学管理的阶段。具体说来,定额的制定和管理成为科学始于泰勒制,创始人是美国工程师弗·温·泰罗 (F. W. Taylor, 1856—1915)。当时,美国资本主义发展正处于上升时期,但受制于原始、传统、简单的管理方法,工人的劳动生产率很低,生产能力得不到充分发挥,劳资双方矛盾激烈。与广阔的工业市场相比,美国最迫切的问题就是缓解企业管理与经济发展不相适应的矛盾——提高劳动生产率。泰罗认为企业管理的根本目的在于提高劳动生产率,他在《科学管理》一书中说过:"科学管理如同节省劳动的机器一样,其目的在于提高每一单位劳动的产量"。而提高劳动生产率的目的是为了增加企业的利润或实现利润最大化的目标。

但是泰勒的研究是基于"经济人"的人性假说,完全没有考虑人作为价值创造者得主观能动性和创造性,且研究的范围较小、内容狭窄,具有很大的局限性。继泰勒的科学管理之后,西方管理理论又有了许多新发展。20 世纪 20 年代出现的行为科学,将社会学和心理学引入企业管理的研究领域,从社会学和心理学的角度对工人在生产中的行为以及这些行为产生的原因进行分析研究,强调重视社会环境、人际关系对人的行为的影响。行为科学弥补了以泰勒为代表人物的科学管理在人性假设上的不足,但它并不能取代科学管理,不能取消定额。定额符合社会化大生产对于效率的追求。就工时定额而言，它不仅是一种强制力量，也是一种引导和激励的力量。而且定额所包含的信息，对于计划、组织、指挥、协调、控制等管理活动以至决策都是不可或缺的。同时，一些新的技术方法在制定定额中得到运用，制定定额的范围，大大突破了工时定额的内容。

综上所述，定额与科学管理是须臾不可分离的。定额伴随着管理科学的产生而产生，伴随着管理科学的发展而发展；定额是管理科学的基础，科学管理的发展又极大地促进了定额的发展。

3.1.2　工程定额与定额水平

3.1.2.1　工程定额

工程定额是指在一定生产条件下，用科学的方法测定出生产质量合格的单位建筑工程产品所需消耗的人工、材料和机械台班的数量标准。

工程定额是工程估价最重要的依据之一，新中国成立以来，我国曾发布多种用途、各个层次、不同专业的工程定额多部，但就其内容来讲，都是"三量一价"。"三量"是指完成合格单位产品的人工工日、材料、机械台班的消耗量，"一价"是指完成合格单位产品的资金消耗量，也就是人们常说的定额基价。随着我国加入 WTO 以及社会主义市场经济体制的确立和发展，工程定额的这种"三量一价"模式已远远不能适应市场经济体制的要求。1995年底，按照我国工程造价管理体制过渡期改革的"统一量、指导价、竞争费"的方针，建设部发布了《全国统一建筑工程基础定额》。定额的内容只有"三量"，属于实物量定额。这部定额的颁发，在全国范围内统一了人工、材料、机械台班的消耗量标准，有利于建筑施工企业跨地区流动及公平竞争，促进了建筑业的体制的进一步改革。由于我国地域辽阔，各地区的物价水平差异较大，因此全国不再编制统一的定额基价，而由各地区依据本地的人工工日单价、材料单价、机械台班单价编制地区统一单位估价表，作为工程造价的指导性价格。

工程造价管理体制改革的最终目标是企业在国家定额的指导下，依据自身的技术、管理水平，建立内部定额；同时依据工程造价管理部门定期发布的工程造价指数和本地区的人工、材料、机械台班单价，建立企业内部的单位估价表；在投标竞争中，企业根据工程项目的具体情况，自主测算及确定各项费用的取费费率，进而形成以市场为主导的工程价格确定机制。

3.1.2.2　定额水平

定额水平是指定额中规定的各项资源消耗数量的多少。定额水平是由生产力水平及定额的用途决定的，同时定额水平又能够反映出一定时期的生产力水平。拟定定额水平时，除了考虑该时期的社会生产力水平外，还应结合该定额的使用用途及特性。例如，施工定额的定额水平为平均先进水平；预算定额的定额水平为社会平均水平。这是由二者不同的使用用途所决定的。

3.1.3　工程定额作用与特点

3.1.3.1　工程定额的作用

建设工程定额是经济生活中诸多定额中的一类。建设工程定额是一种计价依据，既是投资决策依据，又是价格决策依据，能够从这两方面规范市场主体的经济行为，对完善我国固定资产投资市场和建筑市场都能起到作用。

在市场经济中，信息是其中不可或缺的要素，它的可靠性、完备性和灵敏性是市场成熟和市场效率的标志。工程建设定额就是把处理过的工程造价数据积累转化成的一种工程造价信息，它主要是指资源要素消耗量的数据，包括人工、材料、施工机械的消耗量。定额管理是对大量市场信息的加工，也是对大量信息进行市场传递，同时也是市场信息的反馈。

在工程承发包过程中招标投标双方之间存在信息不对称问题。投标者知道自己的实力，而招标者不知道，因此两者之间存在信息不对称问题。根据信息传递模型，投标者可以采取一定的行动来显示自己的实力。然而，为了使这种行动起到信号传递的功能，投标者必须为此付出足够的代价。也就是说，只有付出成本的行动才是可信的。根据这一原理，可以根据甲乙双方的共同信息和投标企业的私人信息设计出某种市场进入壁垒机制，把不合格的竞争者排除在市场之外。这样形成的市场进入壁垒不同于地方保护主义所形成的市场进入壁垒，可以保护市场的有序竞争。

根据工程招投标信息传递模型，造价管理部门一方面要制定统一的工程量清单中的项目和计算规则，另一方面要加强工程造价信息的收集与发布。同时，还要加快建立企业内部定额体系，并把是否具备完备的私人信息作为企业的市场准入条件。施工企业内部定额既可以作为企业进行成本控制和自主报价的依据，还可以发挥企业实力的信号传递功能。

3.1.3.2 工程定额的特点

（1）科学性 工程建设定额的科学性包括两重含义。一重含义是指工程建设定额和生产力发展水平相适应，反映出工程建设中生产消费的客观规律。另一重含义，是指工程建设定额管理在理论、方法和手段上适应现代科学技术和信息社会发展的需要。

工程建设定额的科学性，首先表现在用科学的态度制定定额，尊重客观实际，力求定额水平合理；其次表现在制定定额的技术方法上，利用现代科学管理的成就，形成一套系统的、完整的、在实践中行之有效的方法；第三，表现在定额制定和贯彻的一体化。制定是为了提供贯彻的依据，贯彻是为了实现管理的目标，也是对定额的信息反馈。

（2）系统性 工程建设定额是相对独立的系统。它是由多种定额结合而成的有机的整体。它的结构复杂、层次鲜明、目标明确。

工程建设定额的系统性是由工程建设的特点决定的。按照系统论的观点，工程建设就是庞大的实体系统。工程建设定额是为这个实体系统服务的。因而工程建设本身的多种类、多层次决定了以它为服务对象的工程建设定额的多种类、多层次。从整个国民经济来看，进行固定资产生产和再生产的工程建设，是一个有多项工程集合体的整体。其中包括农林水利、轻纺、机械、煤炭、电力、石油、冶金、化工、建材工业、交通运输、邮电工程，以及商业物资、科学教育文化、卫生体育、社会福利和住宅工程等。这些工程的建设又有严格的项目划分，如建设项目、单项工程、单位工程、分部分项工程；在计划和实施过程中有严密的逻辑阶段，如规划、可行性研究、设计、施工、竣工交付使用，以及投入使用后的维修。与此相适应必然形成工程建设定额的多种类、多层次。

（3）统一性 工程建设定额的统一性，主要是由国家对经济发展的有计划的宏观调控职能决定的。为了使国民经济按照既定的目标发展，就需要借助于某些标准、定额、参数等，对工程建设进行规划、组织、调节、控制。

工程建设定额的统一性按照其影响力和执行范围来看，有全国统一定额、地区统一定额和行业统一定额等；按照定额的制定、颁布和贯彻使用来看，有统一的程序、统一的原则、统一的要求和统一的用途。

我国工程建设定额的统一性和工程建设本身的巨大投入和巨大产出有关。它对国民经济的影响不仅表现在投资的总规模和全部建设项目的投资效益等方面，还表现在具体建设项目的投资数额及其投资效益方面。

(4) 指导性 随着我国建设市场的不断成熟和规范，工程建设定额尤其是统一定额原具备的法令性特点逐渐弱化，转而成为对整个建设市场和具体建设产品交易的指导作用。

工程建设定额的指导性的客观基础是定额的科学性，只有科学的定额才能正确地指导客观的交易行为。工程建设定额的指导性体现在两个方面：一方面工程建设定额作为国家各地区和行业颁布的指导性依据，可以规范建设市场的交易行为，在具体的建设产品定价过程中也可以起到相应的参考性作用，同时统一定额还可以作为政府投资项目定价以及造价控制的重要依据；另一方面，在现行的工程量清单计价方式下，体现交易双方自主定价的特点，承包商报价的主要依据是企业定额，但企业定额的编制和完善仍然离不开统一定额的指导。

(5) 稳定性与时效性 工程建设定额中的任何一种都是一定时期技术发展和管理水平的反映，因而在一段时间内都表现出稳定的状态。稳定的时间有长有短，一般在 5～10 年之间。保持定额的稳定性是维护定额的权威性所必需的，更是有效贯彻定额所必要的。如果某种定额处于经常修改变动之中，那么必然造成执行中的困难和混乱，使人们感到没有必要去认真对待它，很容易导致定额权威性的丧失。工程建设定额的不稳定也会给定额的编制工作带来极大的困难。

但是工程建设定额的稳定性是相对的。当生产力向前发展时，定额就会与生产力不相适应。这样，它原有的作用就会逐步减弱以至消失，需要重新编制或修订。

3.1.4 工程定额的分类

工程定额体系涵盖了不同内容、编制程序、专业性质和用途的工程定额。各类建设工程的性质、内容和实物形态有其差异性，建设与管理的内容和要求也不同，工程管理中使用的定额种类也就各有差异。按建设工程定额的内容、编制程序、用途、适用范围、专业性质的不同，可对其进行分类。

(1) 按生产要素内容分类 工程定额按照生产要素可分为劳动（人工）定额、材料消耗定额和机械台班使用定额，见图 3-1。

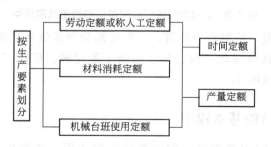

图 3-1 工程定额按生产要素分类

(2) 按编制程序和用途分类 工程定额按照编制程序和用途可分施工定额、预算定额、概算定额、概算定额、概算指标、投资估算指标等，见图 3-2。

上述各种定额的区别与联系见表 3-1。

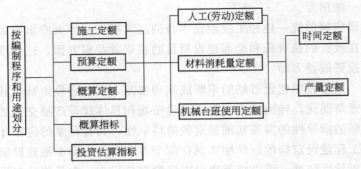

图 3-2　工程定额按编制程序和用途分类

表 3-1　各种定额区别与联系比较

项目	施工定额	预算定额	概算定额	概算指标	投资估算指标
对象	工序	分部分项工程	扩大的分部分项工程	整个建筑物或构筑物	独立的单项工程或完整的工程项目
用途	编制施工预算	编制施工图预算	编制设计概算	编制初步设计概算	编制投资估算
项目划分	最细	细	较粗	粗	很粗
定额水平	平均先进	平均	平均	平均	平均
定额性质	生产性定额	计价性定额			

（3）按编制单位和适用范围分类　工程定额按照编制单位和适用范围可分全国统一定额、行业（专业部委）定额、地方定额、企业定额和临时定额等，见图 3-3。

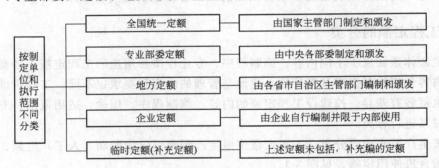

图 3-3　工程定额按照编制单位和适用范围分类

（4）按专业性质分类　按照专业性质，工程定额分为建筑与装饰工程定额、安装工程定额、市政工程定额、园林与绿化工程定额、修缮工程定额、矿山工程定额、构筑物工程定额、水利工程定额等，见图 3-4。

3.1.5　工程定额计价的基本程序

我国在很长一段时间内采用单一的定额计价模式形成工程价格，即按预算定额规定的分部分项子目，逐项计算工程量，套用预算定额单价（或单位估价表）确定直接工程费，然后按规定的取费标准确定措施费、间接费、利润和税金，加上材料调差系数和适当的不可预见费，经汇总后即为工程预算或标底，而标底则作为评标定标的主要依据。

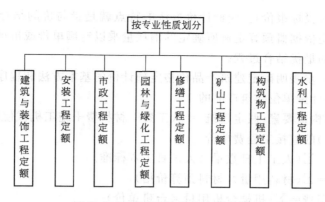

图 3-4 工程定额按专业性质分类

以定额单价法确定工程造价，是我国采用的一种与计划经济相适应的工程造价管理制度。定额计价实际上是国家通过颁布统一的计价定额或指标，对建筑产品价格进行有计划的管理。国家以假定的建筑安装产品为对象，制定统一的预算和概算定额。计算出每一单元子项的费用后，再综合形成整个工程的价格。工程计价的基本程序如图 3-5 所示。

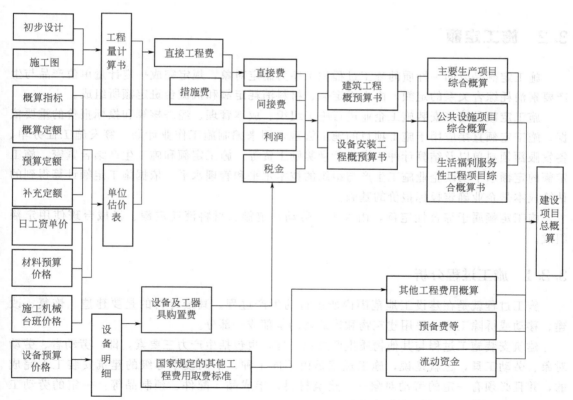

图 3-5 工程造价定额计价程序示意图

从上述定额计价的过程示意图中可以看出，编制建设工程造价最基本的过程有两个：工程量计算和工程计价。为统一口径，工程量的计算均按照统一的项目划分和工程量计算规则计算。工程量确定以后，就可以按照一定的方法确定出工程的成本及盈利，最终就可以确定出工程预算造价（或投标报价）。定额计价方法的特点就是量与价的结合。概预算的单位价格的形成过程，就是依据概预算定额所确定的消耗量乘以定额单价或市场价，经过不同层次的计算达到量与价的最优结合过程。

可以用公式进一步表明确定建筑产品价格定额计价的基本方法和程序：

① 每一计量单位建筑产品的基本构造要素（假定建筑产品）的直接工程费单价 ＝人工费＋材料费＋施工机械使用费　　　（3-1）

式中　人工费＝∑（人工工日数量×人工日工资标准）

材料费＝∑（材料用量×材料预算价格）

机械使用费＝∑（机械台班用量×台班单价）

② 单位工程直接费＝∑（假定建筑产品工程量×直接工程费单价）＋措施费

③ 单位工程概预算造价＝单位工程直接费＋间接费＋利润＋税金

④ 单项工程概算造价＝∑单位工程概预算造价＋设备、工器具购置费

⑤ 建筑项目全部工程概算造价＝∑单项工程的概算造价＋预备费＋有关的其他费用

3.2　施工定额

施工定额是以同一性质的施工过程和工序为制定对象，规定完成一定计量单位产品与生产要素消耗综合关系的定额，由人工定额、材料消耗定额和机械台班定额所组成。

施工定额是建筑安装施工企业进行施工组织、成本管理、经济核算和投标报价的重要依据。施工定额直接应用于施工项目的施工管理，用来编制施工作业计划、签发施工任务单、签发限额领料单以及结算计件工资或计量奖励工资等。施工定额和施工生产结合紧密，施工定额的定额水平反映企业施工生产与组织的技术水平和管理水平。依据施工定额计算得到的估算成本是企业确定投标报价的基础。

施工定额属于综合性定额，由人工（劳动）定额、材料消耗定额、机械台班使用定额组成。

3.2.1　施工过程分析

施工过程就是在建设工地范围内所进行的生产过程。其最终目的是要建造、恢复、改建、移动或拆除工业、民用建筑物和构筑物的全部或一部分。

建筑安装施工过程与其他物质生产过程一样，也包括生产力三要素，即：劳动者、劳动对象、劳动工具，也就是说，施工过程是由不同工种、不同技术等级的建筑安装工人完成的，并且必须有一定的劳动对象——建筑材料、半成品、配件、预制品等；一定的劳动工具——手动工具、小型机具和机械等。

每个施工过程的结束，获得了一定的产品，这种产品或者是改变了劳动对象的外表形态、内部结构或性质（由于制作和加工的结果），或者是改变了劳动对象在空间的位置（由于运输和安装的结果）。

施工过程包括若干施工工序。工序是在组织上不可分割的，在操作过程中技术上属于同

类的施工过程。工序的特征是：工作者不变，劳动对象、劳动工具和工作地点也不变。在工作中如有一项改变，那就说明已经由一项工序转入另一项工序了。

从施工的技术操作和组织观点看，工序是工艺方面最简单的施工过程。但是如果从劳动过程的观点看，工序又可以分解为更小的组成部分——操作和动作。例如，弯曲钢筋的工序可分为下列操作：把钢筋放在工作台上，将旋钮旋紧，弯曲钢筋，放松旋钮，将弯好的钢筋搁在一边。操作本身又包括了最小的组成部分——动作。如把"钢筋放在工作台上"这个操作，可以分解为以下"动作"：走向钢筋堆放处，拿起钢筋，返回工作台，将钢筋移到支座前面。而动作又是由许多动素组成的。动素是人体动作的分解。每一个操作和动作都是完成施工工序的一部分。

在编制施工定额时，工序是基本的施工过程，是主要的研究对象。测定定额时只需分解和标定到工序为止。如果进行某项先进技术或新技术的工时研究，就要分解到操作甚至动作为止，从中研究可改进操作或节约工时。

工序可以由一个人来完成，也可以由小组或施工队内的几名工人协同完成；可以手动完成，也可以由机械操作完成。在机械化的施工工序中，还可以包括由工人自己完成的各项操作和由机器完成的工作两部分。

以焊接施工为例，施工过程、施工工序之间关系如图 3-6 所示。

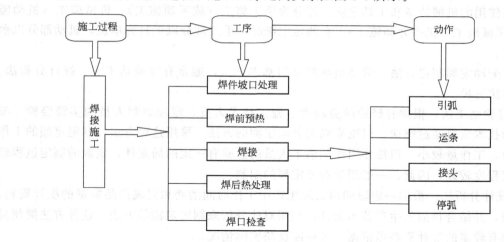

图 3-6　施工过程、工序关系图

3.2.2　人工（劳动）定额

3.2.2.1　人工（劳动）定额的概念

人工定额，也称劳动定额，是指在正常施工技术和合理的劳动组织条件下，完成合格单位产品所必需的劳动消耗量标准。

人工（劳动）定额的按其表现形式的不同，可分为时间定额和产量定额两种，采用复式表示时，其分子为时间定额，分母为产量定额。

时间定额就是某种专业，某种技术等级工人班组或个人，在合理的生产组织和合理使用材料的条件下，完成单位合格产品所必需的工作时间，包括准备与结束时间、基本生产时间，辅助生产时间、不可避免的中断时间及工人必需的休息时间。时间定额以工日为单位，每一工日按八小时计算。

产量定额，是在合理的生产组织和合理使用材料的条件下，某种专业、某种技术等级的工人班组或个人在单位工日中所应完成的合格产品的数量标准。

时间定额与产量定额互为倒数，即，时间定额×产量定额＝1。

3.2.2.2 人工（劳动）定额的作用

① 是施工企业编制施工作业计划的依据；

② 是施工企业向工人班组签发施工任务书的依据；

③ 是施工企业实行内部经济核算，向工人支付劳动报酬的依据；

④ 是施工企业考核企业劳动生产率高低的依据；

⑤ 是确定预算定额中人工消耗量指标的依据。

3.2.2.3 人工（劳动）定额的编制

建筑安装工程产品由许多不同专业性质的施工项目组成，必须根据平均先进合理的施工条件，对这些单项的施工全过程进行实际观察、研究、分析、对比后，才能制定符合实际水平的劳动定额。

按照使用的机械装备和工具程度，可分为手工施工（或手动施工）、机械施工（机动施工）、半机械施工（机手并动施工）。在测定定额时，手工部分以工日为单位，机动部分以台班为单位。

（1）劳动定额制定方法　劳动定额制定的基本方法，通常有经验估工法、统计分析法、技术测定法三种。

① 经验估工法。根据有经验的劳动者、施工技术人员、定额编制人员的实践经验，参照有关的技术资料通过座谈、讨论来确定劳动定额的方法。采用这种方法，制定定额的工作过程较短，工作量较小，但往往因参加估工人员的经验有一定的局限性，定额的制定过程较短，准确程度较差。因此，一般用于补充定额的编制。

② 统计分析法。根据一定时期内实际生产中工作时间消耗和完成产品数量的统计资料，经过整理，并结合目前的生产技术条件，利用对比分析来制定定额的方法。这种方法简便易行，但须有较多的统计资料做依据，才更能反映实际情况。

③ 技术测定法。根据先进合理的技术条件、组织条件，对施工过程各道工序的时间组成，进行工作日写实、测时观察，分别对每一道工序进行工时消耗测定，将测定结果进行分析、计算来制定定额的方法。该方法通过测定得出结论，具有较高的准确度，较充分的依据，是一种科学方法。

技术测定法是制定新定额和典型定额的主要方法，其核心工作是进行工人工作时间分析。

（2）工人工作时间分析　工作时间分析，是将劳动者整个生产过程中所消耗的工作时间，根据其性质、范围和具体情况进行科学划分、归类，明确规定哪些属于定额时间，哪些属于非定额时间，找出非定额时间损失的原因，以便拟定技术组织措施，消除产生非定额时间的因素，充分利用工作时间，提高劳动生产率。

工人在工作班内消耗的工作时间，按其消耗的性质，基本可以分为两大类：必需消耗的时间和损失时间。

必需消耗的时间是工人在正常施工条件下，为完成一定产品（工作任务）所消耗的时间。它是制定定额的主要根据。

损失时间，是与产品生产无关，而与施工组织和技术上的缺点有关，与工人在施工过程的个人过失或某些偶然因素有关的时间消耗。

工人工作时间的分类如图 3-7 所示：

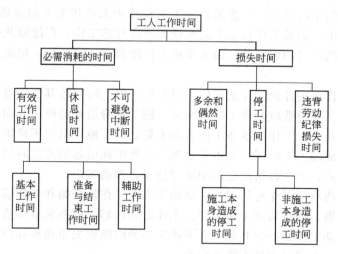

图 3-7 工人工作时间分类图

必需消耗的工作时间，包括有效工作时间、休息时间和不可避免中断时间的消耗。

有效工作时间是从生产效果来看与产品生产直接有关的时间消耗。其中包括基本工作时间、辅助工作时间、准备与结束工作时间的消耗。

基本工作时间是工人完成能生产一定产品的施工工艺过程所消耗的时间。通过这些工艺过程可以使材料改变外形，如钢筋煨弯等；可以改变材料的结构与性质，如混凝土制品的养护干燥等；可以使预制构配件安装组合成型；也可以改变产品外部及表面的性质，如粉刷、油漆等。基本工作时间所包括的内容依工作性质各不相同。基本工作时间的长短和工作量大小成正比例。

辅助工作时间是为保证基本工作能顺利完成所消耗的时间。在辅助工作时间里，不能使产品的形状大小、性质或位置发生变化。辅助工作时间的结束，往往就是基本工作时间的开始。辅助工作一般是手工操作。但如果在机手并动的情况下，辅助工作是在机械运转过程中进行的，为避免重复则不应再计辅助工作时间的消耗。辅助工作时间长短与工作量大小有关。

准备与结束工作时间是执行任务前或任务完成后所消耗的工作时间。如工作地点、劳动工具和劳动对象的准备工作时间；工作结束后的整理工作时间等。准备和结束工作时间的长短与所担负的工作量大小无关，但往往和工作内容有关。这项时间消耗可以分为班内的准备与结束工作时间和任务的准备与结束工作时间。

不可避免的中断所消耗的时间是由于施工工艺特点引起的工作中断所必需的时间。与施工过程工艺特点有关的工作中断时间，应包括在定额时间内，但应尽量缩短此项时间消耗。与工艺特点无关的工作中断所占用时间，是由于劳动组织不合理引起的，属于损失时间，不能计入定额时间。

休息时间是工人在工作过程中为恢复体力所必需的短暂休息和生理需要的时间消耗。这种时间是为了保证工人精力充沛地进行工作，所以在定额时间中必须进行计算。休息时间的长短和劳动条件有关，劳动越繁重紧张、劳动条件越差（如高温），则休息时间需越长。

损失时间中包括有多余和偶然工作、停工、违背劳动纪律所引起的工时损失。

多余工作，就是工人进行了任务以外而又不能增加产品数量的工作。如重砌质量不合格的墙体。多余工作的工时损失，一般都是由于工程技术人员和工人的差错而引起的，因此，不应计入定额时间中。偶然工作也是工人在任务外进行的工作，但能够获得一定产品。如抹灰工不得不补上偶然遗留的墙洞等。由于偶然工作能获得一定产品，拟定定额时要适当考虑它的影响。

停工时间是工作班内停止工作造成的工时损失。停工时间按其性质可分为施工本身造成的停工时间和非施工本身造成的停工时间两种。施工本身造成的停工时间，是由于施工组织不善、材料供应不及时、工作面准备工作做得不好、工作地点组织不良等情况引起的停工时间。非施工本身造成的停工时间，是由于水源、电源中断引起的停工时间。前一种情况在拟定定额时不应该计算，后一种情况定额中则应给予合理的考虑。

违背劳动纪律造成的工作时间损失，是指工人在工作班开始和午休后的迟到、午饭前和工作班结束前的早退、擅自离开工作岗位、工作时间内聊天或办私事等造成的工时损失。由于个别工人违背劳动纪律而影响其他工人无法工作的时间损失也包括在内，此项工时损失不应允许存在，因此，在定额中是不能考虑的。

3.2.3 材料消耗定额

3.2.3.1 材料消耗定额的概念

材料消耗定额是指在合理和节约使用材料的条件下，完成单位合格产品所需消耗的一定品种、规格的原材料、成品、半成品、配件、燃料等资源的数量标准。

工程材料根据其消耗特性的不同可分为直接性消耗材料和周转性消耗材料两大类。

（1）直接性消耗材料　直接性消耗材料是指根据工程的需要构成工程实体、一次性消耗掉的材料，如通常所见的砖、砂浆、钢筋等。

（2）周转性消耗材料　周转性消耗材料是指在施工过程中不是一次性消耗掉的、可多次周转使用的工具性材料，如模板、挡土板、脚手架等。

3.2.3.2 材料消耗定额的作用

材料消耗定额在施工企业的生产经营活动中具有重要的作用：

① 是施工企业编制材料需用量的依据；

② 是施工企业向工人班组签发限额领料单的依据；

③ 是施工企业编制进度计划、施工备料的依据；

④ 是确定预算定额中材料消耗量指标的依据。

3.2.3.3 材料消耗定额的编制

（1）直接性消耗材料消耗定额的制定　直接性消耗材料纳入定额的量为消耗量，由净耗量和损耗量组成。

净耗量是指构成工程实体的部分；损耗量是指施工中不可避免的合理损耗量，包括场内运输损耗、加工制作损耗、施工操作损耗，各类常见建筑材料损耗率见表3-2。

表 3-2 各类常见建筑材料损耗率

材料名称	工程项目	损耗率/%	材料名称	工程项目	损耗率/%
标准砖	基础	0.4	石灰砂浆	抹墙及墙裙	1
标准砖	实砖墙	1	水泥砂浆	抹天棚	2.5
标准砖	方砖柱	3	水泥砂浆	抹墙及墙裙	2
白瓷砖		1.5	水泥砂浆	地面、屋面	1
陶瓷锦砖	（马赛克）	1	混凝土（现制）	地面、屋面	1
铺地砖	（缸砖）	0.8	混凝土（现制）	其余部分	1.5
砂	混凝土工程	1.5	混凝土（预制）	桩基础、梁、柱	1
砾石		2	混凝土（预制）	其余部分	1.5
生石灰		1	钢筋	现、预制混凝土	2
水泥		1	铁件	成品	1
砌筑砂浆	砖砌体	1	钢材		6
混合砂浆	抹墙及墙裙	2	木材	门窗	6
混合砂浆	抹天棚	3	玻璃	安装	3
石灰砂浆	抹天棚	1.5	沥青	操作	1

消耗量＝净耗量＋损耗量　　　　　　　　　　　　　　　　　　　　　　（3-2）

损耗量＝消耗量×损耗率　　　　　　　　　　　　　　　　　　　　　　（3-3）

所以，消耗量＝净耗量÷（1－损耗率）　　　　　　　　　　　　　　　　（3-4）

直接性消耗材料消耗定额的编制方法有观测法、试验法、统计分析法和理论计算法。

① 观测法。观测法是在现场对施工过程进行观察、记录，通过分析与计算来确定材料消耗指标的方法。

此法通常用于制定材料的损耗定额。因为只有通过现场观测，获得必要的现场资料，才能测定出哪些材料是施工过程中不可避免的损耗，应该计入定额内；哪些材料是施工过程中可以避免的损耗，不应计入定额内。

② 试验法。也叫实验室试验法，是在试验室里，用专门的设备和仪器来进行模拟试验，测定材料消耗量的一种方法，通常用于确定材料的不同强度等级与其材料消耗的数量关系，如混凝土、砂浆等。

③ 统计分析法。是以长期现场积累的分部分项工程的拨付材料数量、完成产品数量及完工后剩余材料数量的统计资料为基础，经过分析、计算得出单位产品材料消耗量的方法。统计法准确程度较差，应该结合实际施工过程，经过分析研究后，确定材料消耗指标。

④ 理论计算法。有些建筑材料，可以根据施工图中所标明的材料及构造，结合理论公式计算消耗量，适用于板、块类建筑材料消耗定额的制定。

例如，单位体积砌筑工程中砖和砂浆的消耗量可按公式(3-5)和公式(3-6)计算。

$$A = \frac{2K}{墙厚 \times (砖长 + 灰缝) \times (砖厚 + 灰缝)} \quad\quad (3\text{-}5)$$

$$B = 1 - 砖的净用量 \times 标准砖体积 \quad\quad (3\text{-}6)$$

式中　A——砖的净用量，块；

　　　B——砂浆的净用量，m³；

    K——用砖长倍数表示的墙厚，例如，一砖墙，$K=1$；一砖半墙，$K=1.5$。

【例 3-1】 某建筑墙面采用的 1：3 水泥砂浆贴瓷砖，瓷砖尺寸为 150mm×150mm×5mm，水泥砂浆结合层的厚度为 10mm，灰缝宽 2mm，试计算 100m² 墙面中瓷砖、水泥砂浆的消耗量（已知：瓷砖损耗率为 3％；水泥砂浆损耗率为 2％）。

  解 100m² 墙面瓷砖净耗量＝100÷(0.152×0.152)＝4328.3（块）

    100m² 墙面砂浆净耗量＝100×0.015－4328.3×(0.15×0.15×0.005)＝1.01（m³)

    所以，瓷砖消耗量＝4328.3÷(1－3％)＝4463（块）

    砂浆消耗量＝1.01÷(1－2％)＝1.03（m³)

  （2）周转性消耗材料消耗定额的制定　周转性消耗材料在施工中不是一次消耗完，而是多次使用，逐渐消耗，并在使用过程中不断补充。周转性材料纳入定额的量应为其摊销量，摊销量是指周转性消耗材料每使用一次在单位合格产品上的消耗量。

$$摊销量＝周转使用量－回收量 \tag{3-7}$$

  周转使用量是指周转性材料在周转使用和不断补充的前提下，平均一次投入量；回收量是指周转性材料在周转使用和不断补充的前提下，平均一次回收量。

3.2.4　机械台班使用定额

  机械台班使用定额是指在正常的施工条件下，完成单位合格产品所需消耗的机械台班数量（时间定额）或单位台班内所应完成的合格产品的数量标准（产量定额）。

  机械台班使用定额按其表现形式可分为机械时间定额和机械产量定额两种。一般采用分式形式表示，分子为机械时间定额，分母为机械产量定额。

  机械时间定额是指在合理劳动组织和合理使用机械及正常的施工条件下，完成单位合格产品所必需消耗的机械工作时间。其计量单位用"台班"表示。

$$单位产品的机械时间定额（台班）＝1/台班产量 \tag{3-8}$$

  机械产量定额是指在合理劳动组织与合理使用机械及正常的施工条件下，机械在单位时间（每个台班）内应完成的合格产品数量标准。

3.2.4.1　机械工作时间分析

  在机械化施工过程中，对工作时间消耗的分析和研究，除了要对工人工作时间的消耗进行分类研究之外，还需要分类研究机械工作时间的消耗。

  机械工作时间的消耗，按其性质分类如图 3-8 所示。

3.2.4.2　机械台班使用定额的制定

  （1）确定正常的施工条件　拟定机械工作正常条件，主要是拟定工作地点的合理组织和合理的工人编制。

  工作地点的合理组织，就是对施工地点机械和材料的放置位置、工人从事操作的场所，作出科学合理的平面布置和空间安排。它要求施工机械和操纵机械的工人在最小范围内移动，但又不阻碍机械运转和工人操作；应使机械的开关和操纵装置尽可能集中地装置在操纵工人的近旁，以节省工作时间和减轻劳动强度；应最大限度发挥机械的效能，减少工人的手工操作。

  拟定合理的工人编制，就是根据施工机械的性能和设计能力，工人的专业分工和劳动工效，合理确定操纵机械的工人和直接参加机械化施工过程的工人的编制人数。

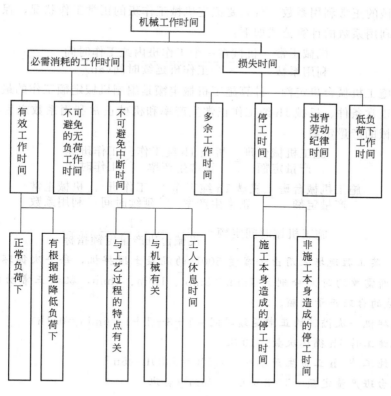

图 3-8 机械工作时间分类图

（2）确定机械一小时纯工作正常生产率 确定机械正常生产率时，必须首先确定出机械纯工作一小时的正常生产效率。

机械纯工作时间，就是指机械的必需消耗时间。机械一小时纯工作正常生产率，就是在正常施工组织条件下，具有必需的知识和技能的技术工人操纵机械一小时的生产率。

根据机械工作特点的不同，机械一小时纯工作正常生产率的确定方法也有所不同。对于循环动作机械，确定机械纯工作一小时正常生产率的计算公式如下：

$$
\begin{array}{ll}
\text{机械一次循环的} \\
\text{正常延续时间}
\end{array} = \sum\left(\begin{array}{l}\text{循环各组成部分}\\\text{正常延续时间}\end{array}\right) - \text{交叠时间} \tag{3-9}
$$

$$
\text{机械纯工作 1h 循环次数} = \frac{60\times60(\text{s})}{\text{一次循环的正常延续时间}} \tag{3-10}
$$

$$
\begin{array}{l}\text{机械纯工作 1h}\\\text{正常生产率}\end{array} = \begin{array}{l}\text{机械纯工作 1h}\\\text{正常循环次数}\end{array} \times \begin{array}{l}\text{一次循环生产}\\\text{的产品数量}\end{array} \tag{3-11}
$$

对于连续动作机械，确定机械纯工作一小时正常生产率要根据机械的类型和结构特征以及工作过程的特点来进行。计算公式如下：

$$
\text{连续动作机械纯工作 1h 正常生产率} = \frac{\text{工作时间内生产的产品数量}}{\text{工作时间（h）}} \tag{3-12}
$$

工作时间内的产品数量和工作时间的消耗，要通过多次现场观察和机械说明书来取得数据。

（3）确定施工机械的正常利用系数 确定施工机械的正常利用系数，是指机械在工作班内对工作时间的利用率。机械的利用系数和机械在工作班内的工作状况有着密切的关系。所以，要确定机械的正常利用系数，首先要拟定机械工作班的正常工作状况，保证合理利用工时。机械正常利用系数的计算公式如下：

$$\frac{机械正常}{利用系数} = \frac{机械在一个工作班内纯工作时间}{一个工作班延续时间（8h）} \tag{3-13}$$

（4）计算施工机械台班定额　计算施工机械定额是编制机械定额工作的最后一步。在确定了机械工作正常条件、机械 1h 纯工作正常生产率和机械正常利用系数之后，采用下列公式计算施工机械的产量定额：

$$\frac{施工机械台班}{产量定额} = \frac{机械 1h 纯工作}{正常生产率} \times \frac{工作班纯}{工作时间} \tag{3-14}$$

或

$$\frac{施工机械台班}{产量定额} = \frac{机械 1h 纯工作}{正常生产率} \times \frac{工作班}{延续时间} \times \frac{机械正常}{利用系数} \tag{3-15}$$

$$施工机械时间定额 = \frac{1}{机械台班产量定额指标} \tag{3-16}$$

【例 3-2】　某工程现场采用出料容量 500L 的混凝土搅拌机，每一次循环中，装料、搅拌、卸料、中断需要的时间分别为 1min、3min、1min、1min，机械正常功能利用系数为 0.9，求该机械的台班产量定额。

解　该搅拌机一次循环的正常延续时间＝1＋3＋1＋1＝6min＝0.1h

该搅拌机纯工作 1h 循环次数＝10 次

该搅拌机纯工作 1h 正常生产率＝10×500＝5000L＝5m³

该搅拌机台班产量定额＝5×8×0.9＝36m³/台班

3.3　预算定额

3.3.1　预算定额的概念及作用

3.3.1.1　预算定额的概念

预算定额是由国家编制的、在正常的施工条件下完成一定计量单位的分项工程或结构构件所需的人工、材料和机械台班的消耗数量指标。

预算定额是以施工定额为基础编制的，预算定额属综合性计价定额，通过预算定额可以获得在当前社会平均生产水平下，完成合格的单位"假定的建筑安装产品"（分项工程或结构构件）所消耗的人工、材料和机械台班消耗数量。

预算定额不仅规定了每项子目的资源消耗标准，还规定了计量单位、工作内容、施工方法、工作范围等，并对应了一定的质量标准，某地区地板辐射采暖管道定额见表 3-3。

3.3.1.2　预算定额的作用

预算定额规定了生产一个规定计量单位合格结构件、分项工程所需的人工、材料和机械台班的社会平均消耗量标准。预算定额是工程建设中的一项重要的技术经济文件，是编制施工图预算的主要依据，是确定和控制工程造价的基础，预算定额的主要作用有以下几点。

① 预算定额是编制施工图预算、确定建筑安装工程造价的基础。

② 预算定额是编制施工组织设计的依据。

表 3-3　地板辐射采暖管道定额　　　　　　　　　　单位：10m

工作内容：划线、定位、切管、调直、煨弯、管道固定、水压试验及冲洗

定额编号			8—70	8—71	8—72	8—73
项目			管外径/mm			
			<16	<20	<25	<32
名称		单位	数量			
人工	综合工日	工日	0.211	0.295	0.352	0.370
材料	管材	m	(10.15)	(10.15)	(10.15)	(10.15)
	塑料卡丁20以内	个	18.00	15.00	—	—
	塑料卡丁30以内	个	—	—	13.00	12.00
	锯条各种规格	根	0.100	0.100	0.120	0.150
	水	m³	0.060	0.060	0.110	0.170
	电	kW·h	0.800	0.800	1.000	1.200
	其他材料费占辅材费	%	10.000	10.000	10.000	10.000

③ 预算定额是工程结算的依据。

④ 预算定额是施工单位进行经济活动分析的依据。

⑤ 预算定额是编制概算定额的基础。

⑥ 预算定额是合理编制招标控制价、投标报价的基础。

3.3.2　预算定额的编制原则和依据

3.3.2.1　预算定额的编制原则

（1）按社会平均水平确定预算定额的原则。预算定额是确定和控制建筑安装工程造价的主要依据。因此它必须遵照价值规律的客观要求，即按生产过程中所消耗的社会必要劳动时间确定定额水平。即按照"在现有的社会正常的生产条件下，在社会平均的劳动熟练程度和劳动强度下制造某种使用价值所需要的劳动时间"来确定定额水平。所以预算定额的平均水平，是在正常的施工条件下，合理的施工组织和工艺条件、平均劳动熟练程度和劳动强度下，完成单位分项工程基本构造要素所需要的劳动时间。

预算定额的水平以大多数施工单位的施工定额水平为基础。但是，预算定额绝不是简单地套用施工定额的水平。首先，在比施工定额的工作内容综合扩大的预算定额中，也包含了更多的可变因素，需要保留合理的幅度差。其次，预算定额应当是平均水平，而施工定额是平均先进水平，两者相比，预算定额水平相对要低一些，但是应限制在一定范围之内。

（2）简明适用的原则　预算定额项目是在施工定额的基础上进一步综合，通常将建筑物分解为分部、分项工程。简明适用是指在编制预算定额时，对于那些主要的、常用的、价值量大的项目，分项工程划分宜细；次要的、不常用的、价值量相对较小的项目则可以粗一些。

定额项目的多少，与定额的步距有关。步距大，定额的子目就会减少，精确度就会降低；步距小，定额子目则会增加，精确度也会提高。所以，确定步距时，对主要工种、主要项目、常用项目，定额步距要小一些；对于次要工种、次要项目、不常用项目，定额步距可以适当大一些。

简明适用还要求合理确定预算定额的计算单位，简化工程量的计算，尽可能地避免同一

种材料用不同的计量单位和一量多用。尽量减少定额附注和换算系数。

（3）统一性和差别性相结合原则 所谓统一性，就是从培育全国统一市场规范计价行为出发，计价定额的制定规划和组织实施由国务院建设行政主管部门归口，并负责全国统一定额制定或修订，颁发有关工程造价管理的规章制度办法等。这样就有利于通过定额和工程造价的管理实现建筑安装工程价格的宏观调控。通过编制全国统一定额，使建筑安装工程具有一个统一的计价依据，也使考核设计和施工的经济效果具有一个统一尺度。

所谓差别性，就是在统一性的基础上，各部门和省、自治区、直辖市主管部门可以在自己的管辖范围内，根据本部门和地区的具体情况，制定部门和地区性定额、补充性制度和管理办法，以适应我国幅员辽阔，地区间部门发展不平衡和差异大的实际情况。

3.3.2.2 预算定额的编制依据

① 现行劳动定额和施工定额。预算定额是在现行劳动定额和施工定额的基础上编制的。预算定额中人工、材料、机械台班消耗水平，需要根据劳动定额或施工定额取定；预算定额的计量单位的选择，也要以施工定额为参考，从而保证两者的协调和可比性，减轻预算定额的编制工作量，缩短编制时间。

② 现行设计规范、施工及验收规范、质量评定标准和安全操作规程。

③ 具有代表性的典型工程施工图及有关标准图。对这些图纸进行仔细分析研究，并计算出工程数量，作为编制定额时选择施工方法确定定额含量的依据。

④ 新技术、新结构、新材料和先进的施工方法等。这类资料是调整定额水平和增加新的定额项目所必需的依据。

⑤ 有关科学实验、技术测定和统计、经验资料。这类工程是确定定额水平的重要依据。

⑥ 现行的预算定额、材料预算价格及有关文件规定等。包括过去定额编制过程中积累的基础资料，也是编制预算定额的依据和参考。

3.3.3 预算定额消耗量指标的确定

3.3.3.1 人工消耗量指标的确定

预算定额中人工工日消耗量是指在正常施工条件下，生产单位合格产品所必需消耗的人工工日数量，是由分项工程所综合的各个工序劳动定额包括的基本用工、其他用工两部分组成的。

（1）基本用工 基本用工指完成单位合格产品所必需消耗的技术工种用工。按技术工种相应劳动定额工时定额计算，以不同工种列出定额工日。

（2）超运距用工 超运距是指劳动定额中已包括的材料、半成品场内水平搬运距离与预算定额所考虑的现场材料、半成品堆放地点到操作地点的水平运输距离之差。

$$超运距＝预算定额取定运距－劳动定额已包括的运距 \tag{3-17}$$

需要指出，实际工程现场运距超过预算定额取定运距时，应作为二次搬运费用考虑。

（3）辅助用工 指技术工种劳动定额内不包括而在预算定额内又必须考虑的用工。例如机械土方工程配合用工、材料加工（筛砂、洗石、淋化石膏），电焊点火用工等，计算公式如下：

$$辅助用工＝\sum（材料加工数量×相应的加工劳动定额） \tag{3-18}$$

（4）人工幅度差 即预算定额与劳动定额的差额，主要是指在劳动定额中未包括而在正常施工情况下不可避免但又很难准确计量的用工和各种工时损失。内容包括：

① 各工种间的工序搭接及交叉作业相互配合或影响所发生的停歇用工。

② 施工机械在单位工程之间转移及临时水电线路移动所造成的停工。

③ 质量检查和隐蔽工程验收工作的影响。

④ 班组操作地点转移用工。

⑤ 工序交接时对前一工序不可避免的修整用工。

⑥ 施工中不可避免的其他零星用工。

人工幅度差计算公式如下：

$$人工幅度差 = (基本用工 + 辅助用工 + 超运距用工) \times 人工幅度差系数 \qquad (3-19)$$

人工幅度差系数一般按 10% 考虑。

【例 3-3】　完成 $10m^3$ 的基础砌筑工程，根据施工定额确定：基本用工消耗 10.5 工日，超运距用工消耗 2.4 工日，辅助用工消耗 1.2 工日，人工幅度差系数按 10% 考虑，则预算定额中该分项工程的人工消耗量指标应为多少工日？

解　人工消耗量指标 = 基本用工 + 辅助用工 + 超运距用工 + 人工幅度差 = (10.5 + 2.4 + 1.2) × (1 + 10%) = 15.11 (工日)

3.3.3.2　材料消耗量指标的确定

完成单位合格产品所必需消耗的材料，按用途划分为以下三种。

(1) 主要材料　指直接构成工程实体的材料，其中也包括成品、半成品的材料。

(2) 辅助材料　也是构成工程实体除主要材料以外的其他材料。如垫木钉子、铅丝等。

(3) 其他材料　指用量较少，难以计量的零星用料。如棉纱、编号用的油漆等。

材料消耗量计算方法主要有：

① 凡有标准规格的材料，按规范要求计算定额计量单位的耗用量，如砖、防水卷材、块料面层等。

② 凡设计图纸标注尺寸及下料要求的按设计图纸尺寸计算材料净用量，如门窗制作用材料、方、板料等。

③ 换算法。各种胶结、涂料等材料的配合比用料，可以根据要求条件换算，得出材料用量。

④ 测定法。包括试验室试验法和现场观察法。指各种强度等级的混凝土及砌筑砂浆配合比的耗用原材料数量的计算，须按照规范要求试配经过试压合格以后并经过必要的调整后得出的水泥、砂子、石子、水的用量。对新材料、新结构又不能用其他方法计算定额消耗用量时，须用现场测定方法来确定，根据不同条件可以采用写实记录法和观察法，得出定额的消耗量。

材料损耗量，指在正常条件下不可避免的材料损耗，如现场内材料运输及施工操作过程中的损耗等。其关系式如下：

$$材料损耗率 = 损耗量 / 消耗量 \times 100\% \qquad (3-20)$$

$$材料损耗量 = 材料消耗量 \times 损耗率 \qquad (3-21)$$

$$材料消耗量 = 材料净用量 + 损耗量 \qquad (3-22)$$

或

$$材料消耗量 = 材料净用量 \div (1 - 损耗率) \qquad (3-23)$$

3.3.3.3　机械台班消耗量指标的确定

预算定额中的机械台班消耗量指标是指在正常施工条件下，生产单位合格产品（分部分项工程或结构构件）必需消耗的某种型号施工机械的台班数量。

机械台班消耗量按下式计算：

$$预算定额机械耗用台班 = 施工定额机械耗用台班 \times (1 + 机械幅度差系数) \tag{3-24}$$

机械台班幅度差一般包括正常施工组织条件下不可避免的机械空转时间，施工技术原因的中断及合理停滞时间，应供电供水故障及水电线路移动检修而发生的运转中断时间，因气候变化或机械本身故障影响工时利用的时间，施工机械转移及配套机械相互影响损失的时间，配合机械施工的工人因与其他工种交叉造成的间歇时间，因检查工程质量造成的机械停歇的时间，工程收尾和工作量不饱满造成的机械停歇时间等。

大型机械幅度差系数为：土方机械 25%，打桩机械 33%，吊装机械 30%。砂浆、混凝土搅拌机由于按小组配用，以小组产量计算机械台班产量，不另增加机械幅度差。其他分部工程中如钢筋加工、木材、水磨石等各项专用机械的幅度差为 10%。

3.3.4 单位估价表

3.3.4.1 单位估价表与定额基价

单位估价表又称工程预算单价表，是以预算定额为基础，汇总各单项工程所需人工费、材料费、机械费及其合价（定额基价）的费用文件。

定额基价是以预算定额中资源消耗量指标为基础，结合资源单价（人、材、机单价），以货币形式表现的一定计量单位的分部分项工程或结构构件的直接工程费用，包括人工费、材料费、机械费。

$$定额基价 = 人工费 + 材料费 + 机械费 \tag{3-25}$$

其中：

$$人工费 = 人工消耗量指标 \times 人工单价 \tag{3-26}$$

$$材料费 = \sum(材料消耗量指标 \times 材料预算价格) \tag{3-27}$$

$$机械费 = \sum(机械台班消耗量指标 \times 机械台班预算价格) \tag{3-28}$$

3.3.4.2 人工单价的确定

人工单价是指建筑工人完成每工日的施工生产平均应获得的基本工资及其各项附加之和，内容包括：计时工资或计件工资、奖金、津贴补贴、加班加点工资、特殊情况下支付的工资。可以按以下两个公式计算人工单价。

（1）按平均工资计算人工单价：

$$日工资单价 = \frac{生产工人平均月工资(计时、计件) + 平均月(奖金 + 津贴补贴 + 特殊情况下支付的工资)}{年平均每月法定工作日} \tag{3-29}$$

公式(3-29)适用于施工企业投标报价时自主确定人工费，也是工程造价管理机构编制计价定额确定定额人工单价或发布人工成本信息的参考依据。

（2）按工种工资确定人工单价　按工种工资确定人工单价适用于工程造价管理机构编制计价定额时确定定额人工费，是施工企业投标报价的参考依据。

日工资单价是指施工企业平均技术熟练程度的生产工人在每工作日（国家法定工作时间内）按规定从事施工作业应得的日工资总额。

工程造价管理机构确定日工资单价应通过市场调查、根据工程项目的技术要求，参考实物工程量人工单价综合分析确定，最低日工资单价不得低于工程所在地人力资源和社会保障部门所发布的最低工资标准的倍数为：普工 1.3 倍、一般技工 2 倍、高级技工 3 倍。

工程计价定额不可只列一个综合工日单价，应根据工程项目技术要求和工种差别适当划分多种日人工单价，确保各分部工程人工费的合理构成。

3.3.4.3 材料单价的确定

材料单价也称材料预算价格，是指工程材料由其来源地运抵工地仓库后的出库价格。

材料单价其内容包括材料原价（或供应价格）、材料运杂费、运输损耗费、采购及保管费。

在建筑工程中，材料费约占中造价的 $60\% \sim 70\%$，在金属结构工程中所占比重还要大，是工程直接费的主要组成部分。因此，合理确定材料价格构成，正确计算材料价格，有利于合理确定和有效控制工程造价。

（1）材料价格的构成　材料价格是指材料（包括构件、成品及半成品等）从其来源地（或交货地点供应者仓库提货地点）到达施工工地仓库（施工地点内存放材料的地点）后出库的综合平均价格。材料价格一般由材料原价（或供应价格）、材料运杂费、运输损耗费、采购及保管费组成。

（2）材料价格的编制依据和确定方法

① 材料原价（或供应价格）。材料原价是指材料的出厂价格、进口材料抵岸价或销售部门的批发牌价和市场采购价格（或信息价）。

在确定原价时，凡同一种材料应来源地、交货地、供货单位、生产厂家不同而有几种价格（原价）时，根据不同来源地供货数量比例，采取加权平均的方法确定其综合原价，计算公式如下：

$$加权平均原价 = (K_1 C_1 + K_2 C_2 + \cdots + K_n C_n) / (K_1 + K_2 + \cdots + K_n) \qquad (3-30)$$

式中　$K_1, K_2, \cdots, K_n$——各不同供应地点的供应量或各不同使用地点的需要量；

$C_1, C_2, \cdots, C_n$——各不同供应地点的原价。

② 材料运杂费。材料运杂费是指材料自来源地运至工地仓库或指定堆放地点所发生的全部费用。含外埠中转运输过程中所发生的一切费用和过境过桥费用，包括调车和驳船费、装卸费、运输费及附加工作费等。

同一品种的材料有若干个来源地，应采用加权平均的方法计算材料运杂费，计算公式如下：

$$加权平均运杂费 = (K_1 T_1 + K_2 T_2 + \cdots + K_n T_n) / (K_1 + K_2 + \cdots + K_n) \qquad (3-31)$$

式中　$K_1, K_2, \cdots, K_n$——各不同供应点的供应量或各不同使用地点的需求量；

$T_1, T_2, \cdots, T_n$——各不同运距的运费。

另外，在运杂费中需要考虑为了便于材料运输和保护而发生的包装费。材料包装费用有两种情况：一种情况是包装费已计入材料原价中，此种情况不再计算包装费，如袋装水泥、水泥纸袋已包括在水泥原价中；另一种情况是材料原价中未包含包装费，如需包装时包装费则应计入材料价格内。

③ 运输损耗。在材料的运输中应考虑一定的场外运输损耗费用。这是指材料在运输装卸过程中不可避免的损耗。运输损耗的计算公式是：

$$运输损耗 = (材料原价 + 运杂费) \times 相应材料损耗率 \qquad (3-32)$$

④ 采购及保管费。采购及保管费是指材料供应部门（包括工地仓库及其以上各级材料主管部门）在组织采购、供应和保管材料过程中所需的各项费用，包含采购费、仓储费、工地管理费和仓储损耗。

采购及保管费一般按照材料到库价格以费率取定。材料采购及保管费计算公式如下：

$$采购及保管费＝材料运到工地仓库价格×采购及保管费率 \tag{3-33}$$

或：
$$采购及保管费＝（材料原价＋运杂费＋运输损耗费）×采购及保管费率 \tag{3-34}$$

综上所述，材料基价的一般计算公式为：

$$材料单价＝\{（材料原价＋运杂费）×[1＋运输损耗率（\%）]\}×[1＋采购及保管费率（\%）] \tag{3-35}$$

3.3.4.4 机械台班单价的确定

机械台班单价也称机械台班预算价格，是指某类型机械每工作一个台班所必需消耗的人工、物料和应分摊的费用。

施工机械台班单价由七项费用组成，包括折旧费、大修理费、经常修理费、安拆费及场外运费、人工费、燃料动力费、养路费及车船使用税。

（1）折旧费的组成及确定　折旧费是指施工机械在规定使用期限内，陆续收回其原值及购置资金的时间价值，计算公式如下：

$$台班折旧费＝\frac{机械预算价格×（1－残值率）×时间价值系数}{耐用总台班} \tag{3-36}$$

① 机械预算价格

a. 国产机械的预算价格。国产机械预算价格按照机械原值、供销部门手续费和一次运杂费以及车辆购置税之和计算。

b. 进口机械的预算价格。进口机械的预算价格按照机械原值、关税、增值税、消费税、外贸手续费和国内运杂费、财务费、车辆购置税之和计算。

② 残值率。残值率是指机械报废时回收的残值占机械原值的百分比。残值率按目前有关规定执行：运输机械 2％，掘进机械 5％，特大型机械 3％，中小型机械 4％。

③ 时间价值系数。时间价值系数指购置施工机械的资金在施工生产过程中随着时间的推移而产生的单位增值，其公式如下：

$$时间价值系数＝1＋\frac{（折旧年限＋1）}{2}年折现率 \tag{3-37}$$

其中年折现率应按编制期银行年贷款利率确定。

④ 耐用总台班。耐用总台班指施工机械从开始投入使用至报废前使用的总台班数，应按施工机械的技术指标及寿命期等相关参数确定。

机械耐用总台班的计算公式为：

$$耐用总台班＝折旧年限×年工作台班＝大修间隔台班×大修周期 \tag{3-38}$$

（2）大修理费的组成及确定　大修理费是指机械设备按规定的大修间隔台班进行必要的大修理，以恢复机械正常功能所需的费用。台班大修理费是机械使用期限内全部大修理费之和在台班费用中的分摊额，它取决于一次大修理费用、大修理次数和耐用总台班的数量，其计算公式为：

$$台班大修理费＝\frac{一次大修理费×寿命期内大修理次数}{耐用总台班} \tag{3-39}$$

（3）经常修理费的组成及确定　指施工机械除大修理以外的各级保养和临时故障排除所需的费用。包括为保障机械正常运转所需替换与随机配备工具附具的摊销和维护费用，机械运转及日常保养所需润滑与擦拭的材料费用及机械停滞期间的维护和保养费用等。分摊到台班费中，即为台班经修费。其计算公式为：

$$台班经修费 = \frac{\sum(各级保养一次费用 \times 寿命期各级保养总次数) + 临时故障排除费}{耐用总台班} +$$

$$替换设备和工具附具台班摊销费 + 例保辅料费 \tag{3-40}$$

（4）安拆费及场外运输费的组成和确定　安拆费指施工机械在现场进行安装与拆卸所需的人工、材料、机械和试运转费用以及机械辅助设施的折旧、搭设、拆除等费用；场外运费指施工机械整体或分体自停放地点运至施工现场或由一施工地点运至另一施工地点的运输、装卸、辅助材料及架线等费用。

（5）人工费的组成及确定　人工费指机上司机（司炉）和其他操作人员的工作日人工费及上述人员在施工机械规定的年工作台班以外的人工费。

（6）燃料动力费的组成和确定　燃料动力费是指施工机械在运转作业中所耗用的固体燃料（煤、木柴）、液体燃料（汽油、柴油）及水、电等费用。

（7）养路费及车船使用费的组成和确定　养路费及车船使用费指施工机械按照国家和有关部门规定应交纳的养路费、车船使用税、保险费及年检费用等。

工程造价管理机构在确定计价定额中的施工机械使用费时，应根据《建筑施工机械台班费用计算规则》结合市场调查编制施工机械台班单价。施工企业可以参考工程造价管理机构发布的台班单价，自主确定施工机械使用费的报价，如租赁施工机械，公式为：施工机械使用费＝Σ（施工机械台班消耗量×机械台班租赁单价）。

3.3.5　全国统一安装工程预算定额简介

2000 年 3 月，建设部以建标（2000）60 号文批准发布了《全国统一安装工程预算定额》（GYD-201—2000～GYD-211—2000）和《全国统一安装工程预算工程量计算规则》（GYDGZ-201—2000），于 2000 年 3 月 17 日施行。

《全国统一安装工程预算定额》共分 14 册，分别为：

第一册《机械设备安装工程》GYD-201—2000；

第二册《电气设备安装工程》GYD-202—2000；

第三册《热力设备安装工程》GYD-203—2000；

第四册《炉窑砌筑工程》GYD-204—2000；

第五册《静置设备与工艺金属结构制作安装工程》GYD-205—2000；

第六册《工业管道工程》GYD-206—2000；

第七册《消防及安全防范设备安装工程》GYD-207—2000；

第八册《给排水、采暖、燃气工程》GYD-208—2000；

第九册《通风空调工程》GYD-209—2000；

第十册《自动化控制仪表安装工程》GYD-210—2000；

第十一册《刷油、防腐蚀、绝热工程》GYD-211—2000；

第十二册《通信设备及线路工程》GYD-212—2000；

第十三册《建筑智能化系统设备安装工程》；

第十四册《长距离输送管道工程》。

《全国统一安装工程预算定额》的基本内容由目录、总说明、册说明、章说明、节说明、定额单价表和附录等组成。

① 目录为查找、检索安装工程子目定额提供方便，同时也为工程造价人员在计算造价时提供连贯性的参考，在立项计算消耗量时不致漏项或错算。

② 总说明说明了预算定额的编制原则、编制依据、作用、基础单价、编制定额内容时已考虑的因素和有关问题。

③ 册说明阐述了该册定额适用范围、编制依据和标准、不包括的内容、有关按规定系数计算的费用项目的规定等。

④ 章说明介绍各章定额的适用范围、包括和不包括的内容、工程量计算规则等。

⑤ 节说明说明该节的工作内容，一般列于定额表的表头部分。

⑥ 定额单价表也称定额估价表，是预算定额的主要组成部分。它以表格的形式列出了各分项工程项目完成一定工程量所需的人工、材料、机械台班的消耗量和定额单价，由"量"和"价"两大部分构成，既有实物消耗量标准，又有货币消耗量标准。

⑦ 附录一般编在预算定额各分册最后面，主要供编制预算时查阅有关数据和计算工程量和费用时参考。

3.4 概算定额与概算指标

3.4.1 概算定额

3.4.1.1 概算定额的概念

概算定额，是在预算定额基础上确定完成合格的单位扩大分项工程或单位扩大结构构件所需消耗的人工、材料和机械台班的数量标准，所以概算定额有时也被称为扩大结构定额。

概算定额是预算定额的合并与扩大。它将预算定额中有联系的若干个分项工程项目综合为一个概算定额项目。比如砖基础概算定额项目，就是以砖基础为主，综合了平整场地、挖地槽、铺设垫层、砌砖基础、铺设防潮层、回填土及运土等预算定额中的分项工程项目。

3.4.1.2 概算定额的作用

① 概算定额是初步设计阶段编制概算、扩大初步设计阶段编制修正概算的主要依据。

② 概算定额是对设计项目进行技术经济分析比较的基础资料之一。

③ 概算定额是编制建设工程主要材料需要量的依据。

④ 概算定额是编制概算指标的依据。

3.4.1.3 概算定额的内容和形式

概算定额由总说明、分部工程说明和概算定额表三部分组成。在总说明中，主要阐述概算定额的编制依据、适用范围、包括的内容及作用、应遵守的规则及建筑面积计算规则等。分部工程说明主要阐述本分部工程包括的综合工作内容及分部分项工程的工程量计算规则等。

概算定额表是概算定额手册的主要内容，由若干分节定额组成。各节定额由工程内容、定额表及附注说明组成。定额表中列有定额编号、计量单位、概算价格、人工、材料、机械台班消耗量指标，综合了预算定额的若干项目与数量。表 3-4 所列的是某地区空气分布器塑料风口制作安装概算定额。

表 3-4　塑料风口制作安装

工作内容：制作、安装等。 计量单位：100kg

定额编号			GA3-4-3	GA3-4-4	GA3-4-5	GA3-4-6	GA3-4-7	GA3-4-8
项目			楔形空气分布器				圆形空气分布器	
			网格式		活动百叶式		10kg 以下	10kg 以上
			5kg 以下	5kg 以上	10kg 以下	10kg 以上		
基价/元			7987.47	5566.02	7355.41	4872.68	5449.46	4060.17
其中	人工费/元		3136.76	1981.32	2803.24	1711.60	2053.04	1426.48
	材料费/元		2044.30	1877.32	1686.88	1544.49	1704.06	1514.97
	机械费/元		2806.41	1707.38	2865.29	1616.59	1692.36	1118.72
名称	单位	单价/元	数量					
人工	综合工日	工日	44.00	71.290	45.030	63.710	38.900	46.660	32.420
材料	硬聚乙烯板 δ2～30	kg	10.50	120.000	120.000	120.000	120.000	120.000	120.000
	角钢 L60	kg	4.12	26.416	28.080	17.992	15.288	14.040	15.392
	其他材料费	元	1.00	675.47	501.630	352.750	221.500	386.220	191.550
机械	机械费	元	1.00	2806.410	1707.380	2865.290	1616.590	1692.360	1118.720

3.4.2　概算指标

3.4.2.1　概算指标的概念

概算指标通常是以整个建筑物或构筑物为对象，以建筑面积、建筑体积或成套设备的台或组为计量单位而规定的人工、材料和机械台班的消耗量标准和造价指标。概算指标比概算定额具有更加概括与扩大的特点。

3.4.2.2　概算指标的作用

① 概算指标可以作为编制投资估算的参考。
② 概算指标中的主要材料指标可作为匡算主要材料用量的依据。
③ 概算指针是设计单位进行设计方案比较的依据。
④ 概算指标是编制固定资产投资计划，确定投资额和主要材料计划的主要依据。

3.4.2.3　概算指标的内容和形式

概算指标一般由文字说明和列表形式两部分组成。

文字说明包括总说明和分册说明，其内容一般包括：概算指标的编制范围、编制依据、分册情况、指标包括的内容、指标未包括的内容、指标的使用方法、指标允许调整的范围及调整方法等。

建筑工程概算指标的列表形式是指必要的建筑物轮廓示意图或单线平面图，列出综合指标，如元/m² 或元/m³，房屋建筑、构筑物一般是以建筑面积、建筑体积、"座"、"个" 等为计算单位，还应考虑自然条件（如地耐力、地震裂度等）、建筑物的类型、结构形式及结构主要特点、主要工程量等。

表3-5　某住宅工程概算指标表

工程特征	
结构及层数：混合结构5层	基础：钢筋混凝土带形基础
建筑物总高度：15.40m	墙体：砖墙240厚，180厚
楼层高度：底层3.20m，二层至四层3.00m，五层	楼地面：C10混凝土地面，现浇钢筋混凝土楼板，地面铺防潮砖，楼面大厅原色水磨石，楼面房间1：2.5水泥砂浆抹面
	装饰：内外墙石灰砂浆底，1：2.5水泥砂浆面。阳台、栏板、外墙面水刷石
	门窗：木门，钢窗
	屋面：现浇钢筋混凝土屋面板，面铺预制混凝土板隔热层

经济指标

土建工程总造价/元	其中/元			建筑面积/m²	每平方米造价（元/m²）
	定额工料机械费	各项费用	材料价差		
860712.72	644641.34	145392.40	70678.98	1755.00	490.44

分部工程	基础工程	混凝土及钢筋混凝土工程	砖石工程	脚手架工程	门窗工程	楼地面工程	装饰工程	其他工程
定额工料机械费/元	81676.06	197711.50	115906.51	20435.13	79097.49	56083.80	76970.18	16760.67
占百分比/%	12.67	30.67	17.98	3.17	12.27	8.70	11.94	2.60

每100m³建筑面积各分部工程量

分部工程	基础工程		混凝土及钢筋混凝土工程					砖石工程		门窗工程		楼地面工程			装饰工程		
项目	桩/m³	基础/m³	柱/m³	板/m³	梁/m³	雨篷挑檐/m²	楼梯/m²	柱/m³	墙/m³	门/m²	窗/m²	地面/m²	楼面/m²	屋面/m²	外墙/m²	内墙/m²	天棚/m²
工程量	—	14.59	1.49	10.07	3.10	6.15	3.58	—	32.79	17.92	14.70	16.96	71.27	21.00	85.28	287.58	96.48

每100m³建筑面积主要工料指标

名称	定额用工/工日	钢筋/t	周转用材/m³	工程用材/m³	水泥/t	红砖/千匹	碎石/m³	砂/m³	石灰/t	石米/t	玻璃/m²	陶瓷锦砖/m²	瓷片/千块
数量	620.40	2.80	2.34	3.05	14.83	22.50	25.27	49.75	1.29	0.69	18.63	11.64	1.54

表 3-5 是某住宅工程的概算指标，具体的列表形式包括示意图（略）、工程特征、经济指标、每 100m² 建筑面积各分部工程量指标、每 100m² 建筑面积主要工料指标。

3.5　投资估算指标

3.5.1　投资估算指标的概念与作用

投资估算指标的制订是工程建设管理的一项重要基础工作。估算指标是编制项目建议书和可行性研究报告投资估算的依据，也可作为编制固定资产长远规划投资额的参考。估算指标中的主要材料消耗也是一种扩大材料消耗定额，可作为计算建设项目主要材料消耗量的基础。科学、合理地制订估算指标，对于保证投资估算的准确性和项目决策的科学化，都具有重要意义。

3.5.2　投资估算指标的编制原则

① 投资估算指标编制的内容、范围和深度，应与规定的建设项目建议书和可行性研究报告编制的内容、范围和深度相适应，应能满足以后一定时期编制投资估算的需要。估算指标的编制资料应选择符合行业发展政策，有代表性、有重复使用价值的资料。

② 投资估算指标的分类要结合各专业工程特点。项目划分要反映建设项目总造价、单项工程造价确切构成和分项的比例，要简明列出工作项目、工作内容、表现形式，要便于使用，应有与项目建议书、可行性研究报告深度适应的各项指标的量化值。

③ 投资估算指标的制订要遵循国家有关工程建设的方针政策，符合近期技术发展方向和技术政策，反映正常情况下的造价水平，并适当留有余地。

④ 投资估算指标要有粗、有细、有量、有价，附有必要的调整、换算办法，以便根据工程的具体情况灵活使用。

3.5.3　投资估算指标的分类及表现形式

由于建设项目建议书、可行性研究报告编制深度不同，本着方便使用的原则，估算指标应结合行业工程特点，按各项指标的综合程度相应分类。一般可分为：建设项目指标、单项工程指标和单位工程指标。

3.5.3.1　建设项目指标

一般是指以按照一个总体设计进行施工的、经济上统一核算、行政上有独立组织形式的建设工程为对象的总造价指标，也可表现为以单位生产能力（或其他计量单位）为计算单位的综合单位造价指标。总造价指标（或综合单位造价指标）的费用构成包括按照国家有关规定列入建设项目总造价的全部建筑安装工程费、设备工器具购置费、其他费用、预备费等。

建设期贷款利息和铺底流动资金，应根据建设项目资金来源的不同，按照主管部门规定，在编制投资估算时单算，并列入项目总投资中。

3.5.3.2　单项工程指标

一般是指以组成建设项目、能够单独发挥生产能力和使用功能的各单项工程为对象的造价指标。应包括单项工程的建筑安装工程费，设备、工器具购置费和应列入单项工程投资的其他费用。还应列有单项工程占总造价的比例。

建设项目指标和单项工程指标应分别说明与指标相应的工程特征，工程组成内容，主要工艺、技术指标，主要设备名称、型号、规格、重量、数量和单价，其他设备费占主要设备费的百分比，主要材料用量和价格等。

3.5.3.3 单位工程指标

一般是指组成单项工程、能够单独组织施工的工程，如以建筑物、构筑物等为对象的指标。一般是以 m^2、m^3、延长米、座、套等为计算单位的造价指标。

单位工程指标应说明工程内容，建筑结构特征，主要工程量，主要材料量，其他材料费占主要材料费比例，人工工日数以及人工费、材料费、施工机械费占单位工程造价的比例。

估算指标应有附录。附录应列出不同建设地点、自然条件以及设备材料价格变化等情况下，对估算指标进行调整换算的调整办法和各种附表。

某地区某框剪结构单项工程投资估算指标见表3-6。

表3-6 某框剪结构单项工程投资估算指标

一、工程概况					
建设地点		檐高		83.58	
编制时间	2007.8	建筑面积		36118m²	
工程用途	写字楼	层数	24	地上	22
				地下	2
结构类型	框剪结构	层高		首层5.1m,标准层3.5m	
建筑工程	基础	满堂红基础			
	结构	墙体:300mm厚现浇混凝土剪力墙,填充墙为240mm厚空心砖墙			
		板:120mm厚、180mm厚的现浇混凝土有梁板			
		屋面:30mm厚聚苯乙烯挤塑泡沫板保温层,防水层作法为1:5厚水泥基渗透结晶型防水卷材一道,1.5mm厚水泥基渗透结晶型防水涂膜一道			
	装饰	楼地面:楼地面铺1000×1000地砖,地下层为水泥砂浆地面			
		门窗:铝合金门窗			
		天棚:天棚刷乳胶漆涂料,局部铝合金条板吊顶			
		内墙:办公区域刷乳胶漆涂料,公共区域轻钢龙骨纸面石膏板吊顶			
		外墙:无			
安装工程	电气	照明:焊接钢管、线缆敷设、配电箱、普通灯具			
		动力:焊接钢管、线缆敷设、配电箱(柜)			
		防雷接地:卫生间等电位联接,避雷网敷设,利用底板钢筋及母线作接地极			
		弱电:焊接钢管、线缆敷设			
	给排水	给水管道为不锈钢复合管,排水管道为焊接钢管、UPVC排水管			
	采暖	采暖管道为铝合金衬塑管、钢塑成品散热器安装			
	通风空调	无			
	消防	无			

二、单位工程指标

项目	总价/元	每平方米造价/元	百分比/%
建筑装饰工程	36272084	1004.27	64.56
安装工程	5439323	150.6	9.68
措施项目	10227332	283.16	18.2
其他项目	5309.95	0.15	0.01
规费	2389418	66.16	4.25
税金	1852765	51.3	3.3
合计	56186231	1555.64	100

三、单位工程造价构成(各分部工程每平方米造价)

建筑工程	土方、土方回填/元	混凝土桩/元	砌筑/元	现浇混凝土/元	钢筋/元	防水/元	屋面及屋面防水/元
1004.27 (100.00%)	5.47	61.63	35.54	257.96	365.84	4.98	4
	0.54%	6.14%	3.54%	25.69%	36.43%	0.50%	0.40%
	防腐、隔热、保温/元	螺栓及铁件/元	楼地面/元	墙柱面/元	天棚/元	门窗/元	其他工程/元
	3.83	0.12	131.42	58.52	20.78	50.87	1.03
	0.38%	0.01%	13.09%	5.83%	2.07%	5.07%	0.10%

安装工程/元	给排水/元	采暖/元	电气/元
150.6 (100.00%)	22.19	44.91	83.49
	14.74%	29.82%	55.44%

四、实物工程量指标

指标名称	百平米工程量	指标名称	百平米工程量
挖土方量/m³	76	回填土量/m³	6.75
混凝土量/m³	54.06	砖砌筑量/m³	12.16
现浇混凝土钢筋/t	8.54	砌筑加筋/t	0.015
楼地面整体面层面积/m²	15.48	楼地面块料面层面积/m²	70.2
外墙面装饰面积/m²	0	内墙面涂料面积/m²	294.37
天棚涂料面积/m²	52.22	天棚吊顶面积/m²	20.57

五、人材机消耗指标

指标名称	百平米数量	指标名称	百平米数量
钢筋/t	9.39	铝合金窗/m²	6.41
砂子/t	11.02	铝合金门/m²	1.73
石子/t	0.85	塑料给水管/m	5.05
防水卷材/m²	6.48	塑料排水管/m	7.41
地面砖/m²	82.85	散热器/组	2.92
模版用木材/m²	0.91	石膏装饰板/m²	15.58
水泥/t	5.2	焊接钢管/m	181.39
多孔砖/块	880.79	电缆/m	27.77
防水涂料/kg	46.46	电线/m	215.22

思考题与练习题

1. 名词解释
   工程定额、定额水平、劳动定额、材料消耗定额、机械台班使用定额、预算定额
2. 什么是定额基价？ 如何编制定额基价？
3. 画图说明个人工作时间分析。
4. 简述机械台班工作时间分析。
5. 简述各种资源单价的构成。

第4章 安装工程工程量清单计价

4.1 工程量清单概念及术语

4.1.1 工程量清单概念

工程量清单（bill of quantity，BQ）是由建设工程招标人发出的，载明建设工程分部分项工程项目、措施项目、其他项目的名称和相应数量以及规费、税金项目等内容的明细清单。

工程量清单（BQ）是在 19 世纪 30 年代产生的，西方国家把计算工程量、提供工程量清单专业化为业主估价师的职责，所有的投标都要以业主提供的工程量清单为基础，从而使得最后的投标结果具有可比性。在国际工程施工承发包中，使用 FIDIC 合同条款时一般配套使用 FIDIC 工程量计算规则。它是在英国工程量计算规则（SMM）的基础上，根据工程项目、合同管理中的要求，由英国皇家特许测量师学会指定的委员会编写的。

建筑工程招标中，为了评标时有统一的尺度和依据，便于承包商公平地进行竞争，在招标文件中列出工程量清单，此举的目的并不是禁止承包商计算、复核工程量，但对承包商的要求是：必须按照工程量清单中的数量进行投标报价。如果工程量清单中的工程量与承包商自己计算复核的数量差别不大时，承包商的估价比较容易操作；但当业主工程量清单中的工程量与承包商计算复核的工程量差别较大时，承包商应尽可能在标前会议上提出加以解决。如果承包商认为该差异部分能够加以利用并可能为自己带来额外的利润时，承包商则可能通过相应的报价技巧加以处理。工程量清单中的数量属于"估量"的性质，只能作为承包商投标报价的参考，而不能作为承包商完成实际工程的依据，因而也不能作为业主结算工程价款的依据。

工程量清单基本涵盖了工程施工阶段的全过程：在建设前期用于招标控制价、投标报价的编制、合同价款的约定；在建设中期用于工程量的计量和价款支付、索赔与现场签证，工程价款调整等；在建设后期用于竣工结算的办理及工程计价争议的处理。

4.1.2 术语

① 招标工程量清单，招标人依据国家标准、招标文件、设计文件以及施工现场实际情况编制的，随招标文件发布供投标报价的工程量清单，包括其说明和表格。

② 已标价工程量清单，构成合同文件组成部分的投标文件中已标明价格，经算术性错误修正（如有）且承包人已确认的工程量清单，包括其说明和表格。

③ 分部分项工程，分部工程是单项或单位工程的组成部分，是按结构部位、路段长度

及施工特点或施工任务将单项或单位工程划分为若干分部的工程；分项工程是分部工程的组成部分，是按不同施工方法、材料、工序及路段长度等将分部工程划分为若干个分项或项目的工程。

④ 措施项目，为完成工程项目施工，发生于该工程施工准备和施工过程中的技术、生活、安全、环境保护等方面的项目。

⑤ 项目编码，分部分项工程和措施项目清单名称的阿拉伯数字标识。

⑥ 项目特征，构成分部分项工程项目、措施项目自身价值的本质特征。

⑦ 综合单价，完成一个规定清单项目所需的人工费、材料和工程设备费、施工机具使用费和企业管理费、利润以及一定范围内的风险费用。

⑧ 风险费用，隐含于已标价工程量清单综合单价中，用于化解发承包双方在工程合同中约定内容和范围内的市场价格波动风险的费用。

⑨ 工程变更，合同工程实施过程中由发包人提出或由承包人提出经发包人批准的合同工程任何一项工作的增、减、取消或施工工艺、顺序、时间的改变；设计图纸的修改；施工条件的改变；招标工程量清单的错、漏从而引起合同条件的改变或工程量的增减变化。

⑩ 工程量偏差，承包人按照合同工程的图纸（含经发包人批准由承包人提供的图纸）实施，按照现行国家计量规范规定的工程量计算规则计算得到的完成合同工程项目应予计量的工程量与相应的招标工程量清单项目列出的工程量之间出现的量差。

⑪ 暂列金额，招标人在工程量清单中暂定并包括在合同价款中的一笔款项。用于工程合同签订时尚未确定或者不可预见的所需材料、工程设备、服务的采购，施工中可能发生的工程变更、合同约定调整因素出现时的合同价款调整以及发生的索赔、现场签证确认等的费用。

⑫ 暂估价，招标人在工程量清单中提供的用于支付必然发生但暂时不能确定价格的材料、工程设备以及专业工程的金额。

⑬ 计日工，在施工过程中，承包人完成发包人提出的工程合同范围以外的零星项目或工作，按合同中约定的单价计价的一种方式。

⑭ 总承包服务费，总承包人为配合协调发包人进行的专业工程发包，对发包人自行采购的材料、工程设备等进行保管以及施工现场管理、竣工资料汇总整理等服务所需的费用。

⑮ 安全文明施工费，在合同履行过程中，承包人按照国家法律、法规、标准等规定，为保证安全施工、文明施工，保护现场内外环境和搭拆临时设施等所采用的措施而发生的费用。

⑯ 提前竣工（赶工）费，承包人应发包人的要求而采取加快工程进度措施，使合同工程工期缩短，由此产生的应由发包人支付的费用。

⑰ 误期赔偿费，承包人未按照合同工程的计划进度施工，导致实际工期超过合同工期（包括经发包人批准的延长工期），承包人应向发包人赔偿损失的费用。

⑱ 不可抗力，发承包双方在工程合同签订时不能预见的，对其发生的后果不能避免，并且不能克服的自然灾害和社会性突发事件。

⑲ 缺陷责任期，指承包人对已交付使用的合同工程承担合同约定的缺陷修复责任的期限。

⑳ 质量保证金，发承包双方在工程合同中约定，从应付合同价款中预留，用以保证承包人在缺陷责任期内履行缺陷修复义务的金额。

㉑ 工程计量，发承包双方根据合同约定，对承包人完成合同工程的数量进行的计算和

确认。

㉒ 招标控制价，招标人根据国家或省级、行业建设主管部门颁发的有关计价依据和办法，以及拟定的招标和招标工程量清单，结合工程具体情况编制的招标工程的最高投标限价。

㉓ 投标价，投标人投标时响应招标文件要求所报出的对已标价工程量清单汇总后标明的总价。

㉔ 签约合同价（合同价款），发承包双方在工程合同中约定的工程造价，即包括了分部分项工程费、措施项目费、其他项目费、规费和税金的合同总金额。

㉕ 预付款，在开工前，发包人按照合同约定，预先支付给承包人用于购买合同工程施工所需的材料、工程设备，以及组织施工机械和人员进场等的款项。

㉖ 进度款，在合同工程施工过程中，发包人按照合同约定对付款周期内承包人完成的合同价款给予支付的款项，也是合同价款期中结算支付。

㉗ 合同价款调整，在合同价款调整因素出现后，发承包双方根据合同约定，对合同价款进行变动的提出、计算和确认。

㉘ 竣工结算价，发承包双方依据国家有关法律、法规和标准规定，按照合同约定确定的，包括在履行合同过程中按合同约定进行的合同价款调整，是承包人按合同约定完成了全部承包工作后，发包人应付给承包人的合同总金额。

㉙ 安装工程，是指各种设备、装置的安装工程。通常包括：工业、民用设备、电气、智能化控制设备、自动化控制仪表、通风空调、工业管道、消防管道及给排水燃气管道以及通信设备安装等。

4.2　工程量清单编制

4.2.1　工程量清单编制一般规定

① 招标工程量清单应由具有编制能力的招标人或受其委托、具有相应资质的工程造价咨询人编制。

② 招标工程量清单必须作为招标文件的组成部分，其准确性和完整性应由招标人负责。

采用工程量清单方式招标发包工程，招标工程量清单必须作为招标文件的组成部分。招标人应将工程量清单连同招标文件的其他内容一并发（或发售）给投标人，招标人对编制的招标工程量清单的准确性和完整性负责。作为投标人报价的共同平台，招标工程量清单准确性、完整性均应由招标人负责。如招标人委托工程造价咨询人编制，责任仍应由招标人承担。

投标人依据招标工程量清单进行投标报价，对工程量清单不负有核实的义务，更不具有修改和调整的权利。

③ 招标工程量清单是工程量清单计价的基础，应作为编制招标控制价、投标报价、计算或调整工程量、索赔等的依据之一。

④ 招标工程量清单应以单位（项）工程为单位编制，应由分部分项工程项目清单、措施项目清单、其他项目清单、规费和税金项目清单组成。

⑤ 编制招标工程量清单应依据：

a. 《建设工程工程量清单计价规范》（GB 50500—2013）、《通用安装工程工程量计算规范》（GB 50856—2013）。

b. 国家或省级、行业建设主管部门颁发的计价定额和办法。

c. 建设工程设计文件及相关资料。

d. 与建设工程有关的标准、规范、技术资料。

e. 拟定的招标文件。

f. 施工现场情况、地勘水文资料、工程特点及常规施工方案。

g. 其他相关资料。

⑥ 编制工程量清单出现附录中未包括的项目，编制人应作补充，并报省级或行业工程造价管理机构备案。安装工程补充项目的编码由《通用安装工程工程量计算规范》的代码 03 与 B 和三位阿拉伯数字组成，并应从 03B001 起顺序编制，同一招标工程的项目不得重码。工程量清单中需附有补充项目的名称、项目特征、计量单位、工程量计算规则、工程内容。

4.2.2 分部分项工程量清单编制

① 分部分项工程项目清单必须载明项目编码、项目名称、项目特征、计量单位和工程量。

构成一个分部分项工程项目清单的五个要件是项目编码、项目名称、项目特征、计量单位和工程量，它们在分部分项工程量清单的组成中缺一不可，这五个要件是在工程量清单编制和计价时，全国实行五个统一（统一项目编码、统一项目名称、统一项目特征、统一计量单位、统一工程量计算规则）的规范化和具体化。

② 分部分项工程项目清单必须根据相关工程现行国家计量规范规定的项目编码、项目名称、项目特征、计量单位和工程量计算规则进行编制。

③ 工程量清单的项目编码，应采用十二位阿拉伯数字表示，一至九位应按计量规范的规定设置，十至十二位应根据拟建工程的工程量清单项目名称和项目特征设置，同一招标工程的项目编码不得有重码。

④ 工程量清单项目特征应按计量规范附录中规定的项目特征，结合拟建工程项目的实际予以描述。

项目安装高度若超过基本高度时，应在"项目特征"中描述。计量规范规定的基本安装高度为：机械设备安装工程 10m；电气设备安装工程 5m；建筑智能化工程 5m；通风空调工程 6m；消防工程 5m；给排水、采暖、燃气工程 3.6m；刷油、防腐蚀、绝热工程 6m。

4.2.3 措施项目清单编制

措施项目清单应根据拟建工程的实际情况列项。编制时，同分部分项工程一样，必须列出项目编码、项目名称、项目特征、计量单位、工程量计算规则，体现了对措施项目清单内容规范管理的要求。

措施项目清单的编制需考虑多种因素，除工程本身的因素外，还涉及水文、气象、环境、安全等因素。由于影响措施项目设置的因素太多，计量规范不可能将施工中可能出现的措施项目一一列出。在编制措施项目清单时，因工程情况不同，出现计量规范附录中未列的措施项目，可根据工程的具体情况对措施项目清单作补充。

计量规范将措施项目划分为两类：一类是不能计算工程量的项目，如文明施工和安全防护、临时设施等，就以"项"计价，称为"总价项目"；另一类是可以计算工程量的项目，如脚手架、降水工程等，就以"量"计价，更有利于措施费的确定和调整，称为"单价项目"。

安装工程措施项目包括专业措施项目和安全文明及其他措施项目，见表 4-1、表 4-2。

表 4-1　专业措施项目（编码：031301）

项目编码	项目名称	工作内容及包含范围
031301001	吊装加固	1. 行车梁加固 2. 桥式起重机加固及负荷试验 3. 整体吊装临时加固件,加固设施拆除、清理
031301002	金属抱杆安装拆除、移位	1. 安装、拆除 2. 位移 3. 吊耳制作安装 4. 拖拉坑挖埋
031301003	平台铺设、拆除	1. 场地平整 2. 基础及支墩砌筑 3. 支架型钢搭设 4. 铺设 5. 拆除、清理
031301004	顶升、提升装置	安装、拆除
031301005	大型设备专用机具	
031301006	焊接工艺评定	焊接、试验及结果评价
031301007	胎(模)具制作、安装、拆除	制作、安装、拆除
031301008	防护棚制作安装拆除	防护棚制作、安装、拆除
031301009	特殊地区施工增加	1. 高原、高寒施工防护 2. 地震防护
0313010010	安装与生产同时进行施工增加	1. 火灾防护 2. 噪声防护
0313010011	在有害身体健康环境中施工增加	1. 有害化合物防护 2. 粉尘防护 3. 有害气体防护 4. 高浓度氧气防护
0313010012	工程系统检测、检验	1. 锅炉、高压容器安装质量监督检测 2. 由国家或地方检测部门进行的各类检测
0313010013	设备、管道施工的安全、防冻和焊接保护	为保证工程施工正常进行的防冻和焊接保护
0313010014	焦炉烘炉、热态工程	1. 烘炉安装、拆除、外运 2. 热态作业劳保消耗
0313010015	管道安拆后的充气保护	充气管道安装、拆除
0313010016	隧道内施工的通风、供水、供气、供电、照明及通信设施	通风、供水、供气、供电、照明及通信设施安装、拆除
0313010017	脚手架搭拆	1. 场内、场外材料搬运 2. 搭、拆脚手架 3. 拆除脚手架后材料的堆放
0313010018	其他措施	为保证工程施工正常进行所发生的费用

注：1. 由国家或地方检测部门进行的各类检测，指安装工程不包括的属经营服务性项目，如通电测试、防雷装置检测、安全、消防工程检测、室内空气质量检测等。

2. 脚手架按各附录分别列项。

3. 其他措施项目必须根据实际措施项目名称确定项目名称，明确描述工作内容及包含范围。

表 4-2　安全文明及其他措施项目

项目编码	项目名称	工作内容及包含范围
031302001	安全文明施工	1. 环境保护：现场施工机械设备降低噪声、防扰民措施费用；水泥和其他易飞扬细颗粒建筑材料密闭存放或采取覆盖措施等费用；工程防扬尘洒水费用；土石方、建渣外运车辆冲洗、防洒漏等费用；现场污染源的控制、生活垃圾清理外运、场地排水排污措施的费用；其他环境保护措施费用 2. 文明施工："五牌一图"的费用；现场围挡的墙面美化（包括内外粉刷、刷白、标语等）、压顶装饰费用；现场厕所便槽刷白、贴面砖，水泥砂浆地面或地砖费用，建筑物内临时便溺设施费用；其他施工现场临时设施的装饰装修、美化措施费用；现场生活卫生设施费用；符合卫生要求的饮水设备、淋浴、消毒等设施费用；生活用洁净燃料费用；防煤气中毒、防蚊虫叮咬等措施费用；施工现场操作场地的硬化费用；现场绿化费用、治安综合治理费用；现场配备医药保健器材、物品费用和急救人员培训费用；用于现场工人的防暑降温费、电风扇、空调等设备及用电费用；其他文明施工措施费用 3. 安全施工：安全资料、特殊作业专项方案的编制，安全施工标志的购置及安全宣传的费用；"三宝"（安全帽、安全带、安全网）、"四口"（楼梯口、电梯井口、通道口、预留洞口）、"五临边"（阳台围边、楼板围边、屋面围边、槽坑围边、卸料平台两侧）；水平防护架、垂直防护架、外架封闭等防护的费用；施工安全用电的费用，包括配电箱三级配电、两级保护装置要求、外电防护措施；起重机、塔吊等起重设备（含井架、门架）及外用电梯的安全防护措施（含警示标志）费用及卸料平台的临边防护、层间安全门、防护棚等设施费用；建筑工地起重机械的检验检测费用；施工机具防护棚及其围栏的安全保护设施费用；施工安全防护通道的费用；工人的安全防护用品、用具购置费用；消防设施与消防器材的配置费用；电气保护、安全照明设施费；其他安全防护措施费用 4. 临时设施包含范围：施工现场采用彩色、定型钢板，砖、混凝土砌块等围挡的安砌、维修、拆除费或摊销费；施工现场临时建筑物、构筑物的搭设、维修、拆除或摊销的费用，如临时宿舍、办公室、食堂、厨房、厕所、诊疗所、临时文化福利用房、临时仓库、加工场、搅拌台、临时简易水塔、水池等；施工现场临时设施的搭设、维修、拆除或摊销的费用，如临时供水管道、临时供电管线、小型临时设施等，施工现场规定范围内临时简易道路铺设，临时排水沟、排水设施安砌、维修、拆除的费用；其他临时设施搭设、维修、拆除或摊销的费用
031302002	夜间施工增加	1. 夜间固定照明灯具和临时可移动照明灯具的设置、拆除 2. 夜间施工时，施工现场交通标志、安全标牌、警示灯等的设置、移动、拆除 3. 包括夜间照明设备摊销及照明用电、施工人员夜班补助、夜间施工劳动效率降低等费用
031302003	非夜间施工增加	为保证工程施工正常进行，在地下（暗）室、设备及大口径管道内等特殊施工部位施工时所采用的照明设备的安拆、维修及照明用电、通风等；在地下（暗）室等施工引起的人工工效降低以及由于人工工效降低引起的机械降效
031302004	二次搬运	由于施工场地条件限制而发生的材料、成品、半成品等一次运输不能到达堆放地点，必须进行二次或多次搬运
031302005	冬雨季施工增加	1. 冬雨（风）季施工时增加的临时设施（防寒保温、防雨、防风设施）的搭设、拆除 2. 冬雨（风）季施工时，对砌体、混凝土等采用的特殊加温、保温和养护措施 3. 冬雨（风）季施工时，施工现场的防滑处理，对影响施工的雨雪的清除 4. 包括冬雨（风）季施工时增加的临时设施的摊销、施工人员的劳动保护用品、冬雨（风）季施工劳动效率降低等费用
031302006	已完工程及设备保护	对已完工程及设备采取的覆盖、包裹、封闭、隔离等必要保护措施
031302007	高层施工增加	1. 高层施工引起的人工工效降低以及由于人工工效降低引起的机械降效 2. 通信联络设备的使用

注：1. 本表所列项目应根据工程实际情况计算措施项目费用，需分摊的应合理计算摊销费用。

2. 施工排水是指为保证工程在正常条件下施工而采取的排水措施所发生的费用。

3. 施工降水是指为保证工程在正常条件下施工而采取的降低地下水位的措施所发生的费用。

4. 高层施工增加：

① 单层建筑物檐口高度超过 20m，多层建筑物超过 6 层时，按各附录分别列项。

② 突出主体建筑物顶的电梯机房、楼梯出口间、水箱间、瞭望塔、排烟机房等不计入檐口高度。计算层数时，地下室不计入层数。

工业炉烘炉、设备负荷试运转、联合试运转、生产准备试运转及安装工程设备场外运输应根据招标人提供的设备及安装主要材料堆放点按本节附录其他措施编码列项。

大型机械设备进出场及安拆，应按现行国家标准《房屋建筑与装饰工程工程量计算规范》（GB 50854—2013）相关项目编码列项。

4.2.4　其他项目清单编制

① 其他项目清单应按照下列内容列项：

a. 暂列金额；

b. 暂估价，包括材料暂估单价、工程设备暂估单价、专业工程暂估价；

c. 计日工；

d. 总承包服务费。

工程建设标准的高低、工程的复杂程度、工程的工期长短、工程的组成内容、发包人对工程管理要求等都直接影响其他项目清单的具体内容，规范提供了 4 项内容作为列项参考，不足部分可根据工程的具体情况进行补充。

② 暂列金额应根据工程特点按有关计价规定估算。暂列金额已经定义为招标人暂定并包括在合同中的一笔款项。不管采用何种合同形式，其理想的标准是，一份合同的价格就是其最终的竣工结算价格，或者至少两者应尽可能接近。我国规定对政府投资工程实行概算管理，经项目审批部门批复的设计概算是工程投资控制的刚性指标，即使商业性开发项目也有成本的预先控制问题，否则，无法相对准确地预测投资的收益和科学合理地进行投资控制。但工程建设自身的特性决定了工程的设计需要根据工程进展不断地进行优化和调整，业主需求可能会随工程建设进展而出现变化，工程建设过程还会存在一些不能预见、不能确定的因素。消化这些因素必然会影响合同价格的调整，暂列金额正是因应这类不可避免的价格调整而设立，以便达到合理确定和有效控制工程造价的目标。

③ 暂估价中的材料、工程设备暂估单价应根据工程造价信息或参照市场价格估算，列出明细表；专业工程暂估价应分不同专业按有关计价规定估算，列出明细表。

暂估价是指招标阶段直至签定合同协议时，招标人在招标文件中提供的用于支付必然要发生但暂时不能确定价格的材料以及专业工程的金额。暂估价类似于 FIDIC 合同条款中的主要成本项目（prime cost items），在招标阶段预见肯定要发生，只是因为标准不明确或者需要由专业承包人完成，暂时无法确定价格。暂估价数量和拟用项目应当结合工程量清单中的"暂估价表"予以补充说明。

为方便合同管理，需要纳入分部分项工程项目清单综合单价中的暂估价应只是材料、工程设备费，以方便投标人组价。

专业工程的暂估价应是综合暂估价，包括除规费和税金以外的管理费、利润等。总承包招标时，专业工程设计深度往往是不够的，一般需要交由专业设计人设计，出于提高可建造性考虑，按照国际上惯例，一般由专业承包人负责设计，以发挥其专业技能和专业施工经验的优势。这类专业工程交由专业分包人完成是国际工程的良好实践，目前在我国工程建设领域也已经比较普遍。公开透明、合理地确定这类暂估价的实际开支金额的最佳途径就是通过施工总承包人与工程建设项目招标人共同组织招标。

④ 计日工应列出项目名称、计量单位和暂估数量。计日工是为了解决现场发生的零星

工作的计价而设立的。国际上常见的标准合同条款中，大多数都设立了计日工（day work）计价机制。计日工对完成零星工作所消耗的人工工时、材料数量、施工机械台班进行计量，并按照计日工表中填报的适用项目的单价进行计价支付。计日工适用的所谓零星工作一般是指合同约定之外或者因变更而产生的、工程量清单中没有相应项目的额外工作，尤其是那些时间不允许事先商定价格的额外工作。

⑤ 总承包服务费应列出服务项目及其内容等。总承包服务费是为了解决招标人在法律、法规允许的条件下进行专业工程发包以及自行供应材料、工程设备，并需要总承包人对发包的专业工程提供协调和配合服务，对甲供材料、工程设备提供收、发和保管服务以及进行施工现场管理时发生并向总承包人支付的费用。招标人应预计该项费用，并按投标人的投标报价向投标人支付该项费用。

4.2.5 规费清单编制

规费项目清单应按照下列内容列项。

① 社会保险费：包括养老保险费、失业保险费、医疗保险费、工伤保险费、生育保险费。

② 住房公积金。

③ 工程排污费。

出现规范未列的项目，应根据省级政府或省级有关部门的规定列项。

4.2.6 税金清单编制

税金项目清单应包括下列内容：

① 营业税。

② 城市维护建设税。

③ 教育费附加。

④ 地方教育附加。

出现规范未列的项目，应根据税务部门的规定列项。

4.2.7 工程量清单应用表格

工程清单应采用统一格式。工程量清单格式应由下列内容组成。

① 招标工程量清单封面，见表4-3。

② 招标工程量清单扉页，见表4-4。

③ 招标控制价扉页，见表4-5。

④ 工程计价总说明（略）。

⑤ 分部分项工程和措施项目计价表，见表4-6。

⑥ 暂列金额明细表，见表4-7。

⑦ 材料（工程设备）暂估单价及调整表，见表4-8。

⑧ 专业工程暂估价表及结算价表，见表4-9。

⑨ 计日工表，见表4-10。

表 4-3　招标工程量清单封面

_____工程

招 标 控 制 价

招标控制价(小写)：_____

　　　　　(大写)：_____

招 标 人：_____　　工程造价
　　　　　　　(单位盖章)　　　　　咨 询 人：_____
　　　　　　　　　　　　　　　　　　　　　　　(单位资质专用章)

法定代表人　　　　　　　　　　　　法定代表人
或其授权人：_____　或其授权人：_____
　　　　　　　(签字或盖章)　　　　　　　　　　(签字或盖章)

编 制 人：_____　　复 核 人：_____
　　　　　　(造价人员签字盖专用章)　　　　　　(造价工程师签字盖专用章)

编制时间：　年　月　日　　　　　　复核时间：　年　月　日

表 4-4　招标工程量清单扉页

_____工程

工 程 量 清 单

招 标 人：_____　　工程造价
　　　　　　　(单位盖章)　　　　　咨 询 人：_____
　　　　　　　　　　　　　　　　　　　　　　　(单位资质专用章)

法定代表人　　　　　　　　　　　　法定代表人
或其授权人：_____　或其授权人：_____
　　　　　　　(签字或盖章)　　　　　　　　　　(签字或盖章)

编 制 人：_____　　复 核 人：_____
　　　　　　(造价人员签字盖专用章)　　　　　　(造价工程师签字盖专用章)

编制时间：　年　月　日　　　　　　复核时间：　年　月　日

表 4-5   招标控制价扉页

_____工程

招标控制价

招标控制价(小写): _____

（大写）: _____

招 标 人: _____　　　　工程造价
　　　　　　（单位盖章）　　　　　　　　　咨 询 人: _____
　　　　　　　　　　　　　　　　　　　　　　　　　　（单位资质专用章）

法定代表人　　　　　　　　　　　　　　法定代表人
或其授权人: _____　　　或其授权人: _____
　　　　　　（签字或盖章）　　　　　　　　　　　　　　（签字或盖章）

编 制 人: _____　　　　复 核 人: _____
　　　　　　（造价人员签字盖专用章）　　　　　　　　　（造价工程师签字盖专用章）

编制时间：　年　月　日　　　　　　　复核时间：　年　月　日

表 4-6　分部分项工程和措施项目计价表

序号	项目编码	项目名称	项目特征描述	计量单位	工程量	金额/元		
						综合单价	合价	其中暂估价
		本页小计						
		合　计						

表 4-7 暂列金额明细表

工程名称： 标段： 第 页共 页

序号	项目名称	计量单位	暂定金额/元	备注
1				
2				
3				
4				
5				
6				
7				
8				
9				
	合计			

注：此表由招标人填写，如不能详列，也可只列暂定金额总额，投标人应将上述暂列金额计入投标总价中。

表 4-8 材料（工程设备）暂估单价及调整表

工程名称： 标段： 第 页 共 页

序号	材料（工程设备）名称、规格、型号	计量单位	数量		暂估/元		确认/元		差额（±）/元		备注
			暂估	确认	单价	合价	单价	合价	单价	合价	
	合计										

注：此表由招标人填写"暂估单价"，并在备注栏说明暂估价的材料、工程设备拟用在哪些清单项目上，投标人应将上述材料、工程设备暂估单价计入工程量清单综合单价报价中。

表 4-9　专业工程暂估价表及结算价表

工程名称：　　　　　　　　　　标段：　　　　　　　　　　第　页　共　页

序号	工程名称	工程内容	暂估金额/元	结算金额/元	差额（±）/元	备注
	合计					

注：此表"暂估金额"由招标人填写，投标人应该将"暂估价格"计入投标总价中，结算时按合同约定结算金额填写。

表 4-10　计日工表

工程名称：　　　　　　　　　　标段：　　　　　　　　　　第　页　共　页

编号	项目名称	单位	暂定数量	实际数量	综合单价/元	合计/元	
						暂定	实际
一	人工						
1							
2							
3							
4							
人工小计							
二	材料						
1							
2							
3							
4							
5							
材料小计							
三	施工机械						
1							
2							
3							
4							
施工机械小计							
四、企业管理费和利润							
总计							

注：此表项目名称、暂定数量由招标人填写，编制招标控制价时，单价由招标人按有关计价规定确定；投标时，单价由投标人自主报价，按暂定数量计算合价计入投标总价中。结算时，按承包双方确认的实数量计算合价。

4.3　工程量清单计价

　　工程量清单计价是指在建设工程发包与承包计价活动中，发包人按照统一的工程量清单计价规范提供招标工程分部分项工程项目、措施项目、其他项目等相应数量的明细清单，并作为招标文件的一部分提供给投标人，投标人依据工程量清单，根据各种渠道所获得的工程造价信息和经验数据，结合企业定额自主报价的计价方式。

　　新中国成立以来，我国长期实行计划经济，政府在工程造价管理方面实行宏观和微观并重的原则，这一阶段，工程造价的管理主要体现在工程概预算及定额的管理上。进入 20 世纪 90 年代后，我国逐步建立了社会主义市场经济体制并加入世界贸易组织（WTO），为了满足建立市场经济体制的需要并与国际惯例接轨，我国 20 世纪 90 年代末开始逐步推行工程量清单计价模式，2001 年 12 月 1 日起实施的《建筑工程施工发包与承包计价管理办法》就是一个标志，2003 年 7 月 1 日开始实施的《建设工程工程量清单计价规范》（GB 50500—2003）标志着工程量清单计价模式的正式建立，2013 年 7 月 1 日开始实施的《建设工程工程量清单计价规范》（GB 50500—2013）则标志着我国工程量清单计价模式的成熟与发展。

　　在工程量清单计价模式下，以招标人提供的工程量清单为平台，投标人根据自身的技术、财务、管理能力进行投标报价，招标人根据具体的评标细则进行优选，这种计价方式是市场定价体系的具体表现形式。因此，在市场经济比较发达的国家，工程量清单计价法是非常流行的，随着我国建设市场的不断成熟和发展，工程量清单计价方法也必然会越来越成熟和规范。

4.3.1　工程量清单计价一般规定

4.3.1.1　应用范围

　　使用国有资金投资的建设工程发承包，必须采用工程量清单计价。国有投资的资金包括以国家融资资金、国有资金为主的投资资金。

　　（1）国有资金投资的工程建设项目包括：

　　① 使用各级财政预算资金的项目；

　　② 使用纳入财政管理的各种政府性专项建设资金的项目；

　　③ 使用国有企事业单位自有资金，并且国有资产投资者实际又有控制权的项目。

　　（2）国家融资资金投资的工程建设项目包括：

　　① 使用国家发行债券所筹资金的项目；

　　② 使用国家对外借款或者担保所筹资金的项目；

　　③ 使用国家政策性贷款的项目；

　　④ 国家授权投资主体融资的项目；

　　⑤ 国家特许的融资项目。

　　（3）以国有资金（含国家融资资金）为主的工程建设项目是指国有资金占投资总额 50％以上，或虽不足 50％但国有投资者实质上拥有控股权的工程建设项目。

4.3.1.2　发包人提供材料和工程设备

　　① 发包人提供的材料和工程设备（以下简称甲供材料）应在招标文件中按照规范的规

定填写《发包人提供材料和工程设备一览表》，写明甲供材料的名称、规格、数量、单价、交货方式、交货地点等。

承包人投标时，甲供材料单价应计入相应项目的综合单价中，签约后，发包人应按合同约定扣除甲供材料款，不予支付。

② 承包人应根据合同工程进度计划的安排，向发包人提交甲供材料交货的日期计划，发包人应按计划提供。

③ 发包人提供的甲供材料如规格、数量或质量不符合合同要求，或由于发包人原因发生交货日期延误、交货地点及交货方式变更等情况的，发包人应承担由此增加的费用和（或）工期延误，并应向承包人支付合理利润。

④ 发承包双方对甲供材料的数量发生争议不能达成一致的，应按照相关工程的计价定额同类项目规定的材料消耗量计算。

⑤ 若发包人要求承包人采购已在招标文件中确定为甲供材料的，材料价格应由发承包双方根据市场调查确定，并应另行签订补充协议。

4.3.1.3 承包人提供材料和工程设备

① 除合同约定的发包人提供的甲供材料外，合同工程所需的材料和工程设备应由承包人提供，承包人提供的材料和工程设备均应由承包人负责采购、运输和保管。

② 承包人应按合同约定将采购材料和工程设备的供货人及品种、规格、数量和供货时间等提交发包人确认，并负责提供材料和工程设备的质量证明文件，满足合同约定的质量标准。

③ 对承包人提供的材料和工程设备经检测不符合合同约定的质量标准，发包人应立即要求承包人更换，由此增加的费用和（或）工期延误应由承包人承担。对发包人要求检测承包人已具有合格证明的材料、工程设备，但经检测证明该项材料、工程设备符合合同约定的质量标准，发包人应承担由此增加的费用和（或）工期延误，并向承包人支付合理利润。

4.3.1.4 计价风险

① 建设工程发承包，必须在招标文件、合同中明确计价中的风险内容及其范围，不得采用无限风险、所有风险或类似语句规定计价中的风险内容及范围。

② 由于下列因素出现，影响合同价款调整的，应由发包人承担：

a. 国家法律、法规、规章和政策发生变化；

b. 省级或行业建设主管部门发布的人工费调整，但承包人对人工费或人工单价的报价高于发布的除外；

c. 由政府定价或政府指导价管理的原材料等价格进行了调整。

因承包人原因导致工期延误的，应按计价规范第9.2.2条、第9.8.3条的规定执行。

③ 由于市场物价波动影响合同价款的，应由发承包双方合理分摊，按计价规范规定填写。

《承包人提供主要材料和工程设备一览表》作为合同附件；当合同中没有约定，发承包双方发生争议时，应按计价规范第9.8.1～9.8.3条的规定调整合同价款。

④ 由于承包人使用机械设备、施工技术以及组织管理水平等自身原因造成施工费用增加的，应由承包人全部承担。

⑤ 当不可抗力发生，影响合同价款时，应按计价规范9.10节的规定执行。

本条规定了招标人应在招标文件中或在签订合同时载明投标人应考虑的风险内容及其风险范围或风险幅度。

风险是一种客观存在的、可能会带来损失的、不确定的状态，具有客观性、损失性、不确定性的特点，并且风险始终是与损失相联系的。工程施工发包是一种期货交易行为，工程建设本身又具有单件性和建设周期长的特点。在工程施工过程中影响工程施工及工程造价的风险因素很多，但并非所有的风险都是承包人能预测、能控制和应承担其造成的损失。基于市场交易的公平性要求和工程施工过程中发承包双方权、责的对等性要求，发承包双方应合理分摊风险，所以要求招标人在招标文件中或在合同中禁止采用无限风险、所有风险或类似的语句规定投标人应承担的风险内容及其风险范围或风险幅度。

4.3.1.5　其他规定

① 实行工程量清单计价的工程，一般应采用单价合同方式，并采用综合单价计法。

单价合同方式，是指合同中的工程量清单项目综合单价在合同约定的条件内固定不变，超过合同约定条件时，依据合同约定进行调整；工程量清单项目及工程量依据承包人实际完成且应予计量的工程量确定。

综合单价应包括除规费和税金以外的全部费用。

② 措施项目中的安全文明施工费必须按国家或省级、行业建设主管部门的规定计算，不得作为竞争性费用。

遵照相关法律、法规，安全文明施工费纳入国家强制性管理范围，规定"投标方安全防护、文明施工措施的报价，不得低于依据工程所在地工程造价管理机构测定费率计算所需费用总额的 90％"。

③ 规费和税金必须按国家或省级、行业建设主管部门的规定计算，不得作为竞争性费用。

4.3.2　招标控制价的编制

4.3.2.1　招标控制价的概念

招标控制价（tender sum limit）是招标人根据国家或省级、行业建设主管部门颁发的有关计价依据和办法，以及拟定的招标和招标工程量清单，结合工程具体情况编制的招标工程的最高投标限价。

招标控制价是我国推行工程量清单计价以来，对招标时评标定价的管理方式发生的根本性的变化。从 1983 年我国建设工程试行施工招标投标制到 2003 年推行工程量清单计价，各地主要采取有标底招标，投标人的报价越接近标底中标的可能性越大。在这一评标方法下，标底必须保密。在 2003 年推行工程量清单计价以后，由于各地基本上不再编制标底，从而出现了新的问题，即根据什么来确定合理报价。实践中，一些工程项目在招标中除了过度的低价恶性竞争外，也出现了所有投标人的投标报价均高于招标人的预期价格。针对这一新情况，为避免投标人串标、哄抬标价，许多省、市相继出台了控制最高限价的规定，但在名称上有所不同，包括拦标价、最高报价值、预算控制价、最高限价等。2008 年修订后的《清单计价规范》将编制招标控制价作为控制工程造价的一种制度提出，并要求在招标文件中将其公布，投标人的报价如超过公布的最高限价，其投标将作为废标处理。

4.3.2.2 一般规定

① 国有资金投资的建设工程招标，招标人必须编制招标控制价。

我国对国有资金投资项目的投资控制实行的是投资概算审批制度，国有资金投资的工程原则上不能超过批准的投资概算。

国有资金投资的工程实行工程量清单招标，为了客观、合理地评审投标报价和避免哄抬标价，避免造成国有资产流失，招标人必须编制招标控制价，规定最高投标限价。

招标控制价超过批准的概算时，招标人应将其报原概算审批部门审核。这是由于我国对国有资金投资项目的投资控制实行的是投资概算审批制度，国有资金投资的工程原则上不能超过批准的投资概算。

② 招标控制价应由具有编制能力的招标人或受其委托具有相应资质的工程造价咨询人编制和复核。工程造价咨询人接受招标人委托编制招标控制价，不得再就同一工程接受投标人委托编制投标报价。

③ 招标控制价应按照计价规范第 5.2.1 条的规定编制，不应上调或下浮。

《建设工程质量管理条例》第十条规定："建设工程发包单位不得迫使承包方以低于成本的价格竞标"，本条规定不应对所编制的招标控制价进行上浮或下调。

④ 招标人应在发布招标文件时公布招标控制价，同时应将招标控制价及有关资料报送工程所在地或有该工程管辖权的行业管理部门工程造价管理机构备查。

招标控制价的作用决定了招标控制价不同于标底，无需保密。为体现招标的公平、公正，防止招标人有意抬高或压低工程造价，招标人应在招标文件中如实公布招标控制价。同时，招标人应将招标控制价报工程所在地的工程造价管理机构备查。

4.3.2.3 招标控制价的编制与复核

(1) 招标控制价应根据下列依据编制与复核：

① 计价规范；

② 国家或省级、行业建设主管部门颁发的计价定额和计价办法；

③ 建设工程设计文件及相关资料；

④ 拟定的招标文件及招标工程量清单；

⑤ 与建设项目相关的标准、规范、技术资料；

⑥ 施工现场情况、工程特点及常规施工方案；

⑦ 工程造价管理机构发布的工程造价信息，当工程造价信息没有发布时，参照市场价；

⑧ 其他的相关资料。

(2) 综合单价中应包括招标文件中划分的应由投标人承担的风险范围及其费用。招标文件中没有明确的，若是工程造价咨询人编制，应提请招标人明确；如是招标人编制，应予明确。

(3) 分部分项工程和措施项目中的单价项目，应根据拟定的招标文件和招标工程量清单项目中的特征描述及有关要求确定综合单价计算。措施项目中的总价项目应根据拟定的招标文件和常规施工方案按计价规范第 3.1.4 条和 3.1.5 条的规定计价。

(4) 其他项目应按下列规定计价：

① 暂列金额，应按招标工程量清单中列出的金额填写。暂列金额应根据工程特点、工期长短，按有关计价规定进行估算确定，一般可按分部分项工程费的 10%～15% 为参考。

② 暂估价中的材料、工程设备单价应按招标工程量清单中列出的单价计入综合单价。

③ 暂估价中的专业工程金额应按招标工程量清单中列出的金额填写。

④ 计日工应按招标工程量清单中列出的项目根据工程特点和有关计价依据确定综合单价计算。

⑤ 总承包服务费应根据招标工程量清单列出的内容和要求估算。可参照下列标准计算：

a. 招标人仅要求对分包的专业工程进行总承包管理和协调时，按分包的专业工程估算造价的 1.5% 计算；

b. 招标人要求对分包的专业工程进行总承包管理和协调并同时要求提供配合服务时，根据招标文件中列出的配合服务内容和提出的要求按分包的专业工程估算造价的 3%～5% 计算；

c. 招标人自行供应材料的，按招标人供应材料价值的 1% 计算。

4.3.3　投标价的编制

投标价的编制主要是投标人对承建工程所要发生的各种费用的计算。单计价规范规定：投标价是投标人投标时相应招标文件要求所报出的对已标价工程量清单汇总后标明的总价。具体讲，投标价是在工程招标发包过程中，由投标人按照招标文件的要求，根据工程特点，并结合自身的施工技术、装备和管理水平，依据有关计价规定自主确定的工程造价，是投标人希望达成工程承包交易的期望价格，它不能高于招标人设定的招标控制价。作为投标计算的必要条件，应预先确定施工方案和施工进度，此外，投标计算还必须与采用的合同形式相协调。

4.3.3.1　一般规定

① 投标价应由投标人或受其委托具有相应资质的工程造价咨询人编制，投标人依据规定自主确定投标报价。

② 投标报价不得低于工程成本。《中华人民共和国反不正当竞争法》第十一条规定："经营者不得以排挤竞争对手为目的，以低于成本的价格销售商品。"《中华人民共和国招标投标法》第四十一条规定："中标人的投标应当符合下列条件……（二）能够满足招标文件的实质性要求，并且经评审的投标价格最低；但是投标价格低于成本的除外。"《评标委员会和评标方法暂行规定》（国家计委等七部委第 12 号令）第二十一条规定："在评标过程中，评标委员会发现投标人的报价明显低于其他投标报价或者在设有标底时明显低于标底的，使得其投标报价可能低于其个别成本的，应当要求该投标人做出书面说明并提供相关证明材料。投标人不能合理说明或者不能提供相关证明材料的，有评标委员会认定该投标人以低于成本报价竞标，其投标应作为废标处理。"根据上述法律、规章的规定，特别要求投标人的投标报价不得低于成本。

③ 投标人必须按招标工程量清单填报价格。项目编码、项目名称、项目特征、计量单位、工程数量必须与招标工程量清单一致。

④ 投标人的投标报价高于招标控制价的应予废标。国有资金投资的工程，招标人编制并公布的招标控制价相当于招标人的采购预算，同时要求其不能超过批准的概算，因此，招标控制价是招标人在工程招标时能接受投标人报价的最高限价。国有资金中的财政性资金投资的工程在招标时还应符合《中华人民共和国政府采购法》相关条款的规定，该法第三十六条规定，"在招标采购中，出现下列情形之一的，应予废标……（三）投标人的报价均超过

了采购预算，采购人不能支付的"。本条依据这一精神，规定了国有资金投资的工程，投标人的投标不能高于招标控制价，否则，其投标作废标处理。

4.3.3.2 投标价的编制

（1）投标报价应根据下列依据编制和复核：

① 计价规范；

② 国家或省级、行业建设主管部门颁发的计价办法；

③ 企业定额，国家或省级、行业建设主管部门颁发的计价定额和计价办法；

④ 招标文件、招标工程量清单及其补充通知、答疑纪要；

⑤ 建设工程设计文件及相关资料；

⑥ 施工现场情况、工程特点及投标时拟定的施工组织设计或施工方案；

⑦ 与建设项目相关的标准、规范等技术资料；

⑧ 市场价格信息或工程造价管理机构发布的工程造价信息；

⑨ 其他的相关资料。

（2）分部分项工程和措施项目中的单价项目，应根据招标文件和招标工程量清单项目中的特征描述确定综合单价计算。

措施项目中的总价项目金额应根据招标文件及投标时拟定的施工组织设计或施工方案，按计价规范第3.1.4条的规定自主确定。其中安全文明施工费应按照计价规范第3.1.5条的规定确定。

（3）招标工程量清单与计价表中列明的所有需要填写单价和合价的项目，投标人均应填写且只允许有一个报价。未填写单价和合价的项目，可视为此项费用已包含在已标价工程量清单中其他项目的单价和合价之中。当竣工结算时，此项目不得重新组价予以调整。

（4）投标总价应当与分部分项工程费、措施项目费、其他项目费和规费、税金的合计金额一致。

实行工程量清单招标，投标人的投标总价应当与组成工程量清单的分部分项工程费、措施项目费、其他项目费和规费、税金的合计金额一致，即投标人在投标报价时，不能进行投标总价优惠（或降价、让利），投标人对招标人的任何优惠（或降价、让利）均应反映在相应清单项目的综合单价中。

4.3.3.3 投标价的编制步骤及方法

投标报价的编制过程，应首先根据招标人提供的工程量清单编制分部分项工程量清单计价表、措施项目清单计价表、其他项目清单计价表、规费、税金项目清单计价表，计算完毕之后，汇总而得到单位工程投标报价汇总表，再层层汇总，分别得出单项工程投标报价汇总表和工程项目投标总价汇总表。在编制过程中，投标人应按招标人提供的工程量清单填报价格。填写的项目编码、项目名称、项目特征、计量单位、工程量必须与招标人提供的一致。

（1）分部分项工程量清单与计价表的编制　承包人投标价中的分部分项工程费应按招标文件中分部分项工程量清单项目的特征描述确定综合单价计算。因此确定综合单价是分部分项工程工程量清单与计价表编制过程中最主要的内容。分部分项工程量清单综合单价，包括完成单位分部分项工程所需的人工费、材料费、机械使用费、管理费、利润，并考虑风险费用的分摊。

确定分部分项工程综合单价时应注意以下事项。

① 以项目特征描述为依据。确定分部分项工程量清单项目综合单价的最重要依据之一是该清单项目的特征描述，投标人投标报价时应依据招标文件中分部分项工程量清单项目的特征描述确定清单项目的综合单价。在招投标过程中，当出现招标文件中分部分项工程量清单特征描述与设计图纸不符时，投标人应以分部分项工程量清单的项目特征描述为准，确定投标报价的综合单价。当施工中施工图纸或设计变更与工程量清单项目特征描述不一致时，发、承包双方应按实际施工的项目特征，依据合同约定重新确定综合单价。

② 材料暂估价的处理。招标文件中在其他项目清单中提供了暂估单价的材料，应按其暂估的单价计入分部分项工程量清单项目的综合单价中。

③ 应包括承包人承担的合理风险。招标文件中要求投标人承担的风险费用，投标人应考虑进入综合单价。综合单价包括招标文件中划分的应由投标人承担的风险范围及其费用，招标文件中没有明确的，应提请招标人明确。在施工过程中，当出现的风险内容及其范围（幅度）在合同约定的范围内时，合同价款不作调整。

根据我国工程建设特点，投标人应完全承担的风险是技术风险和管理风险，如管理费和利润；应有限度承担的是市场风险，如材料价格、施工机械使用费等的风险；应完全不承担的是法律、法规、规章和政策变化的风险。

计价规范定义的风险是综合单价包含的内容。根据我国目前工程建设的实际情况，各省、自治区、直辖市建设行政主管部门均根据当地人力资源和社会保障行政主管部门的有关规定发布人工成本信息或人工费调整，对关系职工切身利益的人工费不应纳入风险，材料价格的风险宜控制在 5％以内，施工机械使用费的风险可控制在 10％以内，超过者予以调整，管理费和利润的风险由投标人全部承担。

对于法律、法规、规章或有关政策出台导致工程税金、规费、人工发生变化，并由省级、行业建设行政主管部门或其授权的工程造价管理机构根据上述变化发布的政策性调整，承包人不应承担此类风险，应按照有关调整规定执行。

对于承包人根据自身技术水平、管理、经营状况能够自主控制的风险，如承包人的管理费、利润的风险，承包人应结合市场情况，根据企业自身的实际合理确定、自主报价，该部分风险由承包人全部承担。

（2）措施项目清单与计价表的编制 编制内容主要是计算各项措施项目费，措施项目费应根据招标文件中的措施项目清单及投标时拟定的施工组织设计或施工方案按不同报价方式自主报价。计算时应遵循以下原则：

① 投标人可根据工程实际情况结合施工组织设计，自主确定措施项目费。对招标人所列的措施项目可以进行增补。这是由于各投标人拥有的施工装备、技术水平和采用的施工方法有所差异，招标人提出的措施项目清单是根据一般情况确定的，没有考虑不同投标人的"个性"，投标人投标时应根据自身编制的投标施工组织设计或施工方案确定措施项目，对招标人提供的措施项目进行调整。投标人根据投标施工组织设计或施工方案调整和确定的措施项目应通过评标委员会的评审。

② 对于可以计算工程量的"单价项目"，宜采用分部分项工程量清单的方式编制，并采用综合单价计价，综合单价应包括除规费、税金外的全部费用；对于无法计算工程量的"总价项目"，以"项"为计量单位的，按项计价，其价格组成与综合单价相同，应包括除规费、税金以外的全部费用。

③ 措施项目清单中的安全文明施工费应按照国家或省级、行业建设主管部门的规定计

价，不得作为竞争性费用。

（3）其他项目与清单计价表的编制　其他项目费主要包括暂列金额、暂估价、计日工以及总承包服务费组成。投标人对其他项目费投标报价时应遵循以下原则：

① 暂列金额应按招标工程量清单中列出的金额填写；

② 材料、工程设备暂估价应按招标工程量清单中列出的单价计入综合单价；

③ 专业工程暂估价应按招标工程量清单中列出的金额填写；

④ 计日工应按招标工程量清单中列出的项目和数量，自主确定综合单价并计算计日工金额；

⑤ 总承包服务费应根据招标工程量清单中列出的内容和提出的要求自主确定。

（4）规费、税金项目清单与计价表的编制　规费和税金应按国家或省级、行业建设主管部门的规定计算，不得作为竞争性费用。这是由于规费和税金的计取标准是依据有关法律、法规和政策规定制定的，具有强制性。因此，投标人在投标报价时必须按照国家或省级、行业建设主管部门的有关规定计算规费和税金。

（5）投标价的汇总　投标人的投标总价应当与组成工程量清单的分部分项工程费、措施项目费、其他项目费和规费、税金的合计金额相一致，即投标人在进行工程量清单招标的投标报价时，不能进行投标总价优惠（或降价、让利），投标人对投标报价的任何优惠（或降价、让利）均应反映在相应清单项目的综合单价中。

4.3.4　工程量清单计价表格

在工程量清单计价中，投标人应用的计价表格采用统一格式，由下列内容组成：

① 投标总价封面（略）。

② 投标总价扉页，见表 4-11。

表 4-11　投标总价扉页

投 标 总 价

招　标　人：_____

工　程　名　称：_____

投标总价（小写）：_____

　　　　（大写）：_____

投　标　人：_____
　　　　　　　（单位盖章）

法定代表人
或其授权人：_____
　　　　　　　（签字或盖章）

编　制　人：_____
　　　　　　（造价人员签字盖专用章）

时　　间：　年　月　日

表 4-12　建设项目招标控制价/投标报价汇总表

工程名称　　　　　　　　　　　　　　　　　　标段：　　　　　　　　　　第　页　共　页

序号	单项工程名称	金额/元	其中：/元		
			暂估价	安全文明施工	规费
	合计				

注：本表使用于建设项目招标控制价或投标报价的汇总。

表 4-13　综合单价分析表

工程名称：　　　　　　　　　　　　　　　　标段：　　　　　　　　　　第　页　共　页

项目编码		项目名称		计量单位		工程量	

定额编号	定额项目名称	定额单位	数量	单价				合价			
				人工费	材料费	机械费	管理费和利润	人工费	材料费	机械费	管理费和利润

人工单价		小计					
元/工日		未计价材料费					
清单项目综合单价							

材料费明细	主要材料名称、规格、型号	单位	数量	单价/元	合价/元	暂估单价	暂估合价
	其他材料费				—	—	
	材料费小计				—	—	

注：1. 如不使用省级或行业建设主管部门发布的计价依据，可不填定额编号、名称等。

　　2. 招标文件提供了暂估单价的材料，按暂估的单价填入表内"暂估单价"栏及"暂估合价"栏。

③ 建设项目招标控制价/投标报价汇总表，见表 4-12。

④ 单项工程招标控制价/投标报价汇总表（略）。

⑤ 单位工程招标控制价/投标报价汇总表（略）。

⑥ 综合单价分析表，见表 4-13。

⑦ 总价措施项目清单与计价表，见表 4-14。

⑧ 其他项目清单与计价表汇总表（略）。

⑨ 其他。

表 4-14　总价措施项目清单与计价表

工程名称：　　　　　　　　　　　标段：　　　　　　　　　　第 页 共 页

序号	项目编码	项目名称	计算基础	费率/%	金额/元	调整费率/%	调整后金额/元	备注
		安全文明施工费						
		夜间施工增加费						
		二次搬运费						
		冬雨季施工增加费						
		已完工程及设备保护费						
		合计						

编制人（造价人员）：　　　　　　　　　　复核人（造价工程师）：

注：1. "计算基础"中安全文明施工费可为"定额计价"、"定额人工费"或"定额人工费+定额机械费"，其他项目可为"定额人工费"或"定额人工费+定额机械费"。

2. 按施工方案计算措施费，若无"计算基础"和"费率"的数值，也可只填"金额"数值，但应在备注栏说明施工方案出处或计算方法。

4.4　工程量计算与工程量清单计价实例

4.4.1　工程量计算

工程造价的有效确定与控制，应以构成工程实体的分部分项工程项目以及所需采取的措施项目的数量标准为依据。由于工程造价的多次性计价特点，工程计量也具有多阶段性和多次性，不仅包括招标阶段工程量清单编制中的工程计量，也包括投资估算、设计概算、投标报价以及合同履约阶段的变更、索赔、支付和结算中的工程计量。本章及后续章节所涉及的安装工程量计算是根据《通用安装工程工程量计算规范》（GB 50856—2013）（以下简称计算规范）完成的，适用于安装工程施工发承包计价活动中的工程量清单编制和工程量计算。

4.4.1.1　工程量的含义及作用

工程量是指以物理计量单位或自然计量单位所表示的分部分项工程项目和措施项目的数量。

物理计量单位是指需经量度的具有物理属性的单位，一般是以公制度量单位表示，如长度（m）、面积（m²）、体积（m³）、质量（t）等；自然计量单位是指无需量度的具有自然属性的单位，如个、台、组、套、樘等，如门窗工程可以以"樘"为计量单位；桩基工程可以以"根"为计量单位等。

计算规范附录中有两个或两个以上计量单位的，应结合拟建工程项目的实际情况，确定其中一个为计量单位。同一工程项目的计量单位应一致。

工程计量时每一项目汇总的有效位数应遵守下列规定：

① 以"t"为单位，应保留小数点后三位数字，第四位小数四舍五入；

② 以"m"、"m²"、"m³"、"kg"为单位，应保留小数点后两位数字，第三位小数四舍五入；

③ 以"台"、"个"、"件"、"套"、"根"、"组"、"系统"等为单位，应取整数。

工程量的作用体现在以下几个方面：

① 工程量是确定建筑安装工程造价的重要依据。只有准确计算工程量，才能正确计算工程相关费用，合理确定工程造价。

② 工程量是承包方生产经营管理的重要依据。工程量是编制项目管理规划、安排工程施工进度、编制材料供应计划、进行工料分析、进行工程统计和经济核算的重要依据，也是编制工程形象进度统计报表，向工程建设发包方结算工程价款的重要依据。

③ 工程量是发包方管理工程建设的重要依据。工程量是编制建设计划、筹集资金、工程招标文件、工程量清单、建筑工程预算、安排工程价款的拨付和结算、进行投资控制的重要依据。

4.4.1.2　工程量计算的依据

工程量是根据施工图及其相关说明，按照一定的工程量计算规则逐项进行计算并汇总得到的。主要依据如下：

① 经审定的施工设计图纸及其说明。施工图纸全面反映建筑物（或构筑物）的结构构造、各部位的尺寸及工程做法，是工程量计算的基础资料和基本依据。

② 工程施工合同、招标文件的商务条款等。

③ 经审定的施工组织设计（项目管理实施规划）或施工技术措施方案。施工图纸主要表现拟建工程的实体项目，分项工程的具体施工方法及措施，应按施工组织设计（项目管理实施规划）或施工技术措施方案确定。

④ 工程量计算规则。工程量计算规则是规定在计算工程实物数量时，从设计文件和图纸中摘取数值的取定原则。我国目前的工程量计算规则主要有两类，一是与预算定额相配套的工程量计算规则，原建设部制定了《全国统一建筑工程预算工程量计算规则》（GJDGZ-101-95）；二是与清单计价相配套的计算规则，原建设部分别于 2003 年和 2008 年先后公布了两版《建设工程工程量清单计价规范》，在规范的附录部分明确了分部分项工程的工程量计算规则。2013 年住建部又颁布了房屋建筑与装饰工程、仿古建筑工程、通用安装工程、市政工程、园林绿化工程、矿山工程、构筑物工程、城市轨道交通工程、爆破工程九个专业

的工程量计算规范，进一步规范了工程造价中工程量计量行为，统一了各专业工程量清单的编制、项目设置和工程量计算规则。

⑤ 经审定的其他有关技术经济文件。

4.4.1.3 工程量计算规范

工程量计算规范是工程量计算的主要依据之一，按照现行规定，安装工程采用工程量清单计价的，其工程量计算应执行《通用安装工程工程量计算规范》（GB 50856）。

计算规范包括总则、术语、工程计量、工程量清单编制、附录以及条文说明等。计算规范附录中分部分项工程项目的内容包括项目编码、项目名称、项目特征、计量单位、工程量计算规则和工作内容六部分。

计算规范附录中列出了两种类型的措施项目，一类措施项目中列出了项目编码、项目名称、项目特征、计量单位、工程量计算规则，编制工程量清单时，与分部分项工程项目的相关规定一致；另一类措施项目列出项目编码、项目名称，未列出项目特征、计量单位和工程量计算规则，编制工程量清单时，应按规范中措施项目规定的项目编码、项目名称确定。

4.4.2 工程量清单计价下的投标报价

4.4.2.1 工程量清单计价基本程序

工程量清单计价的基本过程可以描述为：在统一的工程量计算规则的基础上，制定工程量清单项目设置规则，根据具体工程的施工图纸计算出各个清单项目的工程量，再根据各种渠道所获得的工程造价信息和经验数据计算得到工程造价。这一基本的计算过程如图 4-1 所示。

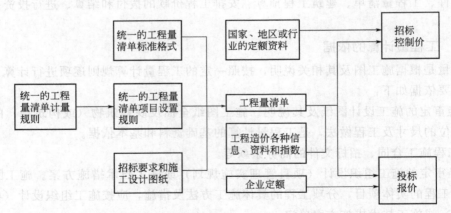

图 4-1 工程量清单计价基本程序示意图

从工程量清单计价的过程示意图中可以看出，其编制过程可以分为两个阶段：工程量清单的编制和利用工程量清单来编制投标报价。投标报价是在业主提供的工程量计算结果的基础上，根据企业自身所掌握的各种信息、资料，结合企业定额编制得出的。

4.4.2.2 投标总价计算

工程量清单计价下的投标报价应包括按招投标文件规定完成工程量清单所需的全部费用，通常由分部分项工程费、措施项目费和其他项目费和规费、税金组成。

分部分项工程费是指为完成项目施工所发生的工程实体部分的费用。

措施项目费是指分部分项工程费以外，为完成该工程项目施工，发生于该工程施工前和施工过程中技术、生活、安全、环境保护等方面的非工程实体部分所需的费用。

其他项目费是指分部分项工程费和措施项目费以外，该工程项目施工中可能发生的其他费用。

$$\text{建设项目总报价} = \Sigma \text{单项工程报价} \tag{4-1}$$

$$\text{单项工程报价} = \Sigma \text{单位工程报价} \tag{4-2}$$

$$\text{单位工程报价} = \text{分部分项工程费} + \text{措施项目费} + \text{规费} + \text{其他项目费} + \text{税金} \tag{4-3}$$

$$\text{分部分项工程费} = \Sigma \text{分部分项工程量} \times \text{综合单价} \tag{4-4}$$

$$\text{措施项目费} = (\text{单价措施项目措施费} + \text{总价措施项目措施费}) \tag{4-5}$$

$$\text{其中:单价措施项目措施费} = \Sigma \text{单价措施项目工程量} \times \text{综合单价} \tag{4-6}$$

其他项目费（按规定计算）

规费（根据各地区规定计算）

$$\text{税金} = (\text{分部分项工程费} + \text{措施项目费} + \text{其他项目费} + \text{规费}) \times \text{税率} \tag{4-7}$$

4.4.2.3　综合单价计算

综合单价是指完成一个规定清单项目所需的人工费、材料和工程设备费、施工机具使用费和企业管理费、利润以及一定范围内的风险费用。

$$\text{综合单价} = \text{工料机单价} + \text{管理费单价} + \text{利润单价} + \text{风险单价} \tag{4-8}$$

其中：

$$\text{工料机单价} = \text{人工费} + \text{材料费} + \text{机械费} \tag{4-9}$$

$$\text{管理费单价} = \text{工料机单价} \times \text{管理费费率} \tag{4-10}$$

$$\text{利润单价} = (\text{工料机单价} + \text{管理费单价}) \times \text{利润率} \tag{4-11}$$

$$\text{风险单价} = (\text{工料机单价} + \text{管理费单价}) \times \text{风险率} \tag{4-12}$$

4.4.3　工程量清单计价实例

4.4.3.1　管道和设备工程案例

【工程背景】

（1）图 4-2 为某加压泵房工艺管道系统安装的截取图。

（2）假设管道的清单工程量如下：

低压管道：$\phi 325 \times 8.21$m；中压管道：$\phi 219 \times 32.32$m；$\phi 168 \times 24.23$m，$\phi 114 \times 16.7$m。

（3）相关分部分项工程量清单统一项目编码见表 4-15。

表 4-15　工程量清单统一项目编码

项目编码	项目名称	项目编码	项目名称
030801001	低压碳钢管	030810002	低压碳钢平焊法兰
030802002	中压碳钢管	030811002	中压碳钢对焊法兰

（4）$\phi 219 \times 32$ 碳钢管道工程的相关定额见表 4-16。

该工程的人工单价为 80 元/工日，管理费和利润分别按人工费的 83% 和 35% 计。

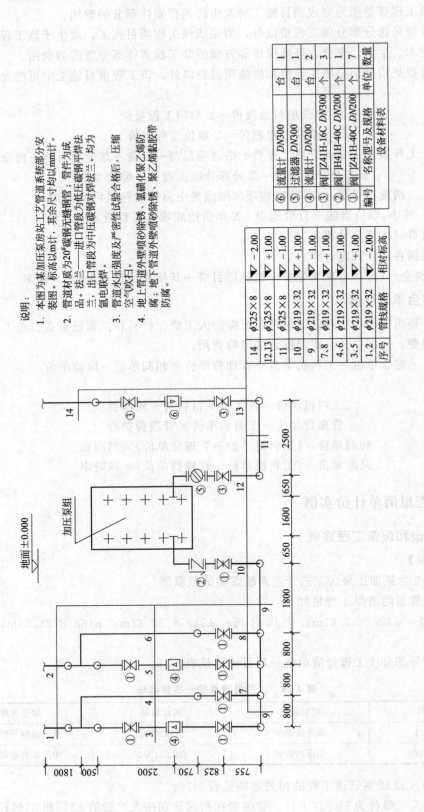

说明：

1. 本图为某加压泵房站工艺管道系统部分安装图。标高以m计，其余尺寸均以mm计。

2. 管道材质为20#碳钢无缝钢管；管件为成品。法兰—出口段为低压压碳钢平焊法兰，进口管段为中压碳钢对焊法兰。均为氩电联焊。

3. 空气吹扫。管道水压强度及严密性试验合格后，地上管道外壁喷砂除锈、氯磺化聚乙烯防腐；地下管道外壁喷砂除锈、聚乙烯黏胶带防腐。

设备材料表

编号	名称型号及规格	单位	数量
⑥	流量计 DN300	台	1
⑤	过滤器 DN300	台	1
④	流量计 DN200	台	2
③	阀门TZ41H-16C DN300	个	3
②	阀门JH41H-40C DN200	个	1
①	阀门TZ41H-40C DN200	个	7

序号	管线规格	相对标高
14	φ325×8	▽ −2.00
12,13	φ325×8	▽ +1.00
11	φ325×8	▽ −1.00
10	φ219×32	▽ +1.00
9	φ219×32	▽ −1.00
7,8	φ219×32	▽ +1.00
4,6	φ219×32	▽ −1.00
3,5	φ219×32	▽ +1.00
1,2	φ219×32	▽ −2.00

图 4-2 泵房工艺管道系统安装平面图

表 4-16　碳钢管道定额

定额编号	项目名称	计量单位	定额基价/元			未计价主材	
			人工费	材料费	机械费	单价	耗量
6-36	低压管道电弧焊安装	10m	672.80	80.00	267.00	6.50 元/kg	9.38m
6-411	中压管道氩电联焊安装	10m	699.20	80.00	277.00	6.50 元/kg	9.38m
6-2429	中低压管道水压试验	100m	448.00	81.30	21.00		
11-33	管道喷砂除锈	10m²	164.80	30.60	236.80	115.00	0.83m³
11-474-477	氯硫化聚乙烯防腐	10m²	309.40	39.00	112.00	22.00	7.75kg
6-2483	管道空气吹扫	100m	169.60	120.00	28.00		
6-2476	管道水冲洗	100m	272.00	102.50	22.00	5.50	43.70

【问题】

（1）按照图 4-2 所示内容，列式计算管道、管件安装项目的清单工程量。

（2）按照背景资料给出的管道工程量和相关分部分项工程量清单统一编码，图 4-2 规定的管道安装技术要求和及所示法兰数量，根据《通用安装工程工程量计算规范》（GB 50856—2013）、《建设工程工程量清单计价规范》（GB 50500—2013）规定，编制管道、法兰安装项目的分部分项工程量清单，填入表 4-17 中。

表 4-17　分部分项工程和单价措施项目与计价表

工程名称：某泵房　　　　　　　　　　　　　　　　　　标段：工艺管道系统安装

序号	项目编码	项目名称	项目特征描述	计量单位	工程量	金额/元		
						综合单价	合价	其中:暂估价
				本页小计				
				合计				

（3）按照背景资料中的相关定额，根据《通用安装工程工程量计算规范》（GB 50856—2013）、《建设工程工程量清单计价规范》（GB 50500—2013）规定，编制 $\phi 219 \times 32$ 管道（单重 147.5kg/m）安装分部分项工程量清单"综合单价分析表"，填入表 4-18 中（数量栏保留三位小数，其余保留两位小数）。

表 4-18　综合单价分析表

工程名称：某泵房　　　　　　　　　　　　　　　　　　标段：工艺管道系统安装

项目编码			项目名称			计量单位		工程量	
清单综合单价组成明细									
定额编号	定额项目名称	定额单位	数量	单价				合价	

定额编号	定额项目名称	定额单位	数量	人工费	材料费	机械费	管理费和利润	人工费	材料费	机械费	管理费和利润

项目编码			项目 名称			计量 单位			工程量		
清单综合单价组成明细											
定额 编号	定额项 目名称	定额 单位	数量	单价				合价			
				人工费	材料费	机械费	管理费 和利润	人工费	材料费	机械费	管理费 和利润
人工单价			小计								
80元/工日			未计价材料费								
清单项目综合单价											
材 料 费 明 细	主要材料名称、规格、型号				单位		数量	单价/元	合价/元	暂估单 价/元	暂估合 价/元
	其他材料费										
	材料费小计										

【参考答案】

问题（1）：

① $\phi 325 \times 8$ 碳钢管道工程量计算式

地下：$1.8+0.5+2.0+1.0+2.5+1.0=8.8$（m）

地上：$1.0+2.5+0.75+0.825+0.755+1.0+0.755+0.825+0.75+0.65=10.81$（m）

合计：$8.8+10.81=19.61$（m）

② $\phi 219 \times 32$ 碳钢管道工程量计算式

地下：$(1.8+0.5+1.0+1.0)\times 2+(0.8+0.5+2.5+0.75+1.0)\times 2+0.8\times 3+1.8+1.0\times 5=28.9$（m）

地上：$(1.0+2.5+0.75+0.825+0.755+1.0)\times 2+(1.0+0.825+0.755+1.0)\times 2+1.0+0.755+0.825+0.75+0.65=24.8$（m）

合计：$28.9+24.8=53.7$（m）

③ 管件工程量计算式

$DN300$ 弯头：$2+2+2+1=7$（个）

$DN200$ 弯头：$(2+2)\times 2+(1+2)\times 2+1\times 4+1+2+1=22$（个）

三通：$1\times 2+1\times 3=5$（个）

问题（2）：工艺管道系统分部分项工程和单价措施项目计价见表4-19。

表 4-19　分部分项工程和单价措施项目与计价表

工程名称：某泵房

标段：工艺管道系统安装

序号	项目编码	项目名称	项目特征描述	计量单位	工程量	金额		
						综合单价	合价	其中：暂估价
1	030801001001	低压碳钢管	$\phi325\times8$、20# 碳钢、氩电联焊、水压试验、空气吹扫	m	21			
2	030802001001	中压碳钢管	$\phi219\times32$、20# 碳钢、氩电联焊、水压试验、空气吹扫	m	32			
3	030802001002	中压碳钢管	$\phi168\times24$、20# 碳钢、氩电联焊、水压试验、空气吹扫	m	23			
4	030802001003	中压碳钢管	$\phi114\times16$、20# 碳钢、氩电联焊、水压试验、空气吹扫	m	7			
5	030810002001	低压焊接法兰	$DN300$、1.6MPa、碳钢、平焊	副	5			
6	030810002002	低压焊接法兰	$DN300$、1.6MPa、碳钢、平焊	片	1			
7	030811002001	中压焊接法兰	$DN200$、4.0MPa、碳钢、对焊	副	10			
8	030811002002	中压焊接法兰	$DN200$、4.0MPa、碳钢、对焊	片	1			
			本页小计					
			合计					

问题（3）：$\phi219\times32$ 中压管道综合单价分析见表 4-20。

表 4-20　综合单价分析表

工程名称：某泵房

标段：工艺管道系统安装

项目编码	030802001001	项目名称	$\phi219\times32$ 中压管道	计量单位	m	工程量	32

清单综合单价组成明细

定额编号	定额项目名称	定额单位	数量/m	单价/元				合价/元			
				人工费	材料费	机械费	管理费和利润	人工费	材料费	机械费	管理费和利润
6-411	中压管道氩电联焊安装	10m	0.1	699.20	80.00	277.00	825.06	69.92	8.00	27.70	82.51
6-2429	中压管道水压试验	100m	0.01	448.00	81.30	21.00	528.64	4.48	0.81	0.21	5.29
6-2483	管道空气吹扫	100m	0.01	169.60	120.00	28.00	200.13	1.70	1.20	0.28	2.00（2.01）
人工单价			小计					76.10	10.01	28.19	89.80（89.81）
80 元/工日			未来计价材料费				899.31				
清单项目综合单价							1103.41（1103.42）				

材料费明细	主要材料名称规格、型号	单位	数量	单价/元	合价/元	暂估单价/元	暂估合价/元
	$\phi219\times32$ 钢管	kg	138.355	6.5	899.31	—	—
	或 $\phi219\times32$ 钢管	m	0.938	958.75	899.31	—	—
	其他材料费			—	—	—	—
	材料费小计			—	899.31	—	—

4.4.3.2 电气和自动化控制工程案例

【工程背景】

（1）图4-3为某综合楼底层会议室的照明平面图。

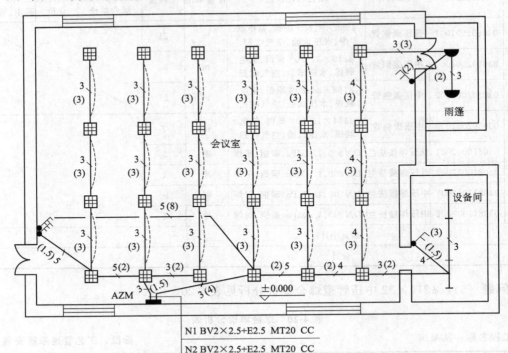

说明：

1. 照明配电箱AZM电源由本层总配电箱引来。

2. 管路为镀锌电线管φ20或φ25沿墙、楼板暗配，顶管敷设标高除雨篷为4m外，其余均为5m。管内穿绝缘导线BV-500 2.5mm²。管内穿线管径选择：3根线选用φ20镀锌电线管；4～5根线选用φ25镀锌电线管。所有管路内均带一根专用接地线（PE线）。

3. 配管水平长度见图4-3括号内数字，单位为m。

序号	图例	名称 型号 规格	备注
1	▬	照明配电箱AZM 500mm×300mm×150mm 宽×高×厚	箱底高度1.5m
2	⊞	格栅荧光灯盘 XD512-Y20×3	
3	⊢	单管荧光灯 YG2-1 1×40W	吸顶
4	◖	半圆球吸顶灯 JXD2-1 1×18W	
5	⌙	双联单控暗开关 250V 10A	安装高度1.3m
6	⌙	三联单控暗开关 250V 10A	

图4-3 底层会议室照明平面图

（2）相关分部分项工程量清单项目统一编码见表4-21。

（3）照明工程的相关定额见表4-22，该工程的人工费单价为80元/工日，管理费和利润分别按人工费的50%和30%计算。

【问题】

（1）按照背景资料和图4-3所示内容，根据《建设工程工程量清单计价规范》（GB

50500—2013）和《通用安装工程工程量计算规范》（GB 50856—2013）的规定，分别列式计算管、线工程量，并完成分部分项工程和单价措施项目清单与计价表的编制，将结果填入表 4-19。

表 4-21　相关分部分项工程量清单项目统一编码

项目编码	项目名称	项目编码	项目名称
030404017	配电箱	030404034	照明开关
030412001	普通灯具	030404036	其他电器
030412004	装饰灯	030411005	接线箱
030412005	荧光灯	030411006	接线盒
030404019	控制开关	030411001	配管
030404031	小电器	030411004	配线

表 4-22　相关项目工程定额

定额编号	项目名称	定额单位	安装基价/元			主材	
			人工费	材料费	机械费	单价	损耗率/%
2-263	成套配电箱嵌入式安装（半周长 0.5m 以内）	台	119.98	79.58	0	250.00 元/台	
2-264	成套配电箱嵌入式安装（半周长 1m 以内）	台	144.00	85.98	0	300.00 元/台	
2-1596	格栅荧光灯盘 XD-512-Y20＊3 吸顶安装	10 套	243.97	53.28		120.00 元/套	1
2-1594	单管荧光灯 YG2-1 吸顶安装	10 套	173.59	53.28		70.00 元/套	1
2-1384	半圆球吸顶灯 JXD2-1 安装	10 套	179.69	299.60		50.00 元/套	1
2-1637	单联单控暗开关安排	10 个	68.00	11.18		12.00 元/个	2
2-1638	双联单控暗开关安装	10 个	71.21	15.45		15.00 元/个	2
2-1639	三联单控暗开关安装	10 个	74.38	19.70		18.00 元/个	2
2-1377	暗装接线盒	10 个	36.00	53.85		2.7 元/个	2
2-1378	安装开关盒	10 个	38.41	24.93	0	2.3 元/个	2
2-982	镀锌电线管 φ20 沿砖、混凝土结构暗配	100m	471.96	82.65	35.68	6.00 元/m	3
2-983	镀锌电线管 φ25 沿砖、混凝土结构暗配	100m	679.94	144.68	36.50	8.00 元/m	3
2-1172	管内穿线 BV-2.5mm²	100m	79.99	44.53		2.20 元/m	16

（2）设定该工程镀锌电线管 φ20 暗配的清单工程量为 70m，其余条件均不变，根据上述相关定额计算镀锌电线管 φ20 暗配项目的综合单价，完成该清单项目的综合单价分析，将结果填入表 4-20（保留两位小数）。

【参考答案】

问题（1）

① 镀锌电线管 φ20 暗配工程量计算式

三线：$3 \times 3 \times 5 + 2 + [3 + (5-4)] + 2 + 3 + 2 + [1.5 + (5-1.5-0.3)] + [4 + (5-1.5-0.3)] = 69.9$（m）

② 镀锌电线管 φ25 暗配工程量计算式

四线：$3 \times 3 + 2 + [1.5 + (5-1.3)] - 1 - [2 + (4-1.3)] = 20.9$（m）

五线：$2 + 2 + [8 + (5-1.3)] + [1.5 + (5-1.3)] = 20.9$（m）

合计：$20.9 + 20.9 = 41.8$（m）

③ 管内穿线 BV-2.5mm² 工程量计算式

$3 \times 69.9 + 4 \times 20.9 + 5 \times 20.9 + [(0.5+0.3) \times 3 \times 2] = 402.6$（m）

④ 会议室照明工程分部分项工程和单价措施项目计价见表 4-23。

表 4-23　分部分项工程和单价措施项目与计价表

工程名称：会议室照明工程　　　　　　　　　　　　　　　　　　　　标段：

序号	项目编码	项目名称	项目特征描述	计量单位	工程量	金额/元		
						综合单价	合价	其中：暂估价
1	030404017001	配电箱	照明配电箱（AZM）嵌入式安装，尺寸：500mm×300mm×150mm（宽×高×厚）	台	1	645.18	645.18	
2	030412005001	荧光灯	格栅荧光灯盘 XD-512-Y20＊3 吸顶安装	套	24	170.44	4090.56	
3	030412005002	荧光灯	单管荧光灯 YG2-1 吸顶安装	套	2	107.27	214.54	
4	030412001001	普通灯具	半圆球吸顶灯 JXD2-1 安装	套	2	112.80	225.60	
5	030404034001	照明开关	双联单控暗开关安装 250V10A	个	2	29.66	59.32	
6	030404034002	照明开关	三联单控暗开关安装 250V10A	个	2	33.72	67.44	
7	030411006001	接线盒	暗装接线盒	个	28	14.62	409.36	
8	030411006002	接线盒	暗装开关盒	个	4	11.75	47.00	
9	030411001001	配管	镀锌电线管 φ20 沿砖、混凝土结构暗配	m	69.9	15.86	1108.61	
10	030411001002	配管	镀锌电线管 φ25 沿砖、混凝土结构暗配	m	41.8	22.29	931.72	
11	030411004001	配线	管内穿线 BV-2.5mm²	m	402.6	4.44	1787.54	
			本页合计					
			合计				9586.87	

问题（2）：会议室配管工程综合单价分析见表 4-24。

表 4-24　综合单价分析表

工程名称：会议室照明工程　　　　　　　　　　　　　　　　　　　　标段：

项目编码	030411001001	项目名称		配管		计量单位	m	工程量	70

清单综合单价组成明细

定额编号	定额项目名称	定额单位	数量/m	单价/元				合价/元			
				人工费	材料费	机械费	管理费和利润	人工费	材料费	机械费	管理费和利润
2-982	镀锌电线管 φ20 暗配	100m	0.01	471.96	82.65	35.68	377.57	4.72	0.83	0.36	3.78
人工单价			小计					4.72	0.83	0.36	3.78
80 元/工日			未计价材料费					6.18			
清单项目综合单价								15.87			

材料费明细	主要材料名称、规格、型号	单位	数量	单价/元	合价/元	暂估单价/元	暂估合价/元
	镀锌电线管 φ20	m	1.03	6.00	6.18	—	—
	其他材料费			—	0.83	—	
	材料费小计			—	7.01	—	

思考题与练习题

1. 何谓建设工程招标与投标？
2. 简述招标、投标文件的主要内容。
3. 在建设项目招投标过程中如何合理分配工程风险？
4. 何谓工程量清单？　何谓工程量清单计价？
5. 何谓综合单价？
6. 何谓总承包服务费？　何谓暂列金额？　何谓专业工程暂估价、材料暂估价？
7. 通用安装工程有哪些措施项目？

第5章　建筑给水排水工程计量与计价

5.1　建筑给水排水工程基础知识

5.1.1　建筑给水系统

5.1.1.1　给水系统的分类

（1）生活给水系统　供家庭、机关、学校、部队、旅馆等居住建筑、公共建筑和工业建筑中饮用、烹调、洗涤、沐浴及冲洗等生活用水。除水压、水量应满足需要外，水质必须严格符合国家规定的饮用水水质的标准。

（2）生产给水系统　供工业生产中所需要的设备冷却水、原料和产品的洗涤水、锅炉及原料等用水。由于工业种类、生产工艺各异，因而生产给水系统对水量、水压、水质及安全方面的要求也不尽相同。

（3）消防给水系统　供建筑内部消防设备用水。消防给水系统必须按照建筑防火规范保证有足够的水量和水压，但对水质无特殊要求。

以上三种基本给水系统，在实际中可以单独设置，也可以设置两种或三种合并的给水系统。如生活和生产共用的给水系统；生活和消防共用的给水系统；生产和消防共用的给水系统；生活、生产和消防共用的给水系统。

5.1.1.2　给水系统的组成

建筑给水系统一般由引入管、水表节点、管道系统、给水附件、升压和贮水设备、消防设备等组成。

（1）引入管　引入管是城市给水管道与用户给水管道间的连接管。当用户为一幢单独建筑物时，引入管也称进户管；当用户为工厂、学校等建筑群体时，引入管系指总进水管。

（2）水表节点　水表及其前后设置的闸门、泄水装置等总称为水表节点。闸门用于在检修和拆换水表时用以关闭管道；泄水装置主要是用来放空管网，检测水表精度及测定进户点压力值。水表节点分为有旁通管和无旁通管两种。对于不允许断水的用户一般采用有旁通管的水表节点，对于那些允许在短时间内停水的用户，可以采用无旁通管的水表节点。

（3）管道系统　管道系统系指建筑内部各种管道。如水平或垂直干管、立管、横支管等。

（4）给水附件　为了便于取用、调节和检修，给水管路上设有控制附件和配水附件。包括各式阀门及各式配水龙头、仪表等。

（5）加压和贮水设备　当室外给水管网中的水压、水量不能满足用水要求时，或者用户对水压稳定性、供水安全性有要求时，须设置加压和贮水设备，常见有水泵、水箱、水池和气压水罐等。

（6）建筑内消防设备 建筑内部消防给水设备常见的是消火栓消防设备，包括消火栓、水枪和水龙带等。当消防上有特殊要求时，还应安装自动喷洒灭火设备，包括喷头、控制阀等。

5.1.1.3 基本给水方式

（1）直接给水方式 当室外管网的水压、水量能经常满足用水要求，建筑内部给水无特殊要求时，采用直接给水方式，如图5-1所示。这种方式供水较可靠，系统简单，投资省，并可以充分利用室外管网的压力，节约能源。但系统内部无贮备水量，室外管网停水时室内立即断水。

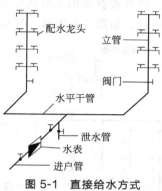

图5-1 直接给水方式

（2）单设水箱给水方式 当一天内室外管网大部分时间内能满足建筑内用水要求，仅在用水高峰时，由于室外管网压力降低而不能保证建筑物上层用水时，采用单设水箱给水方式，如图5-2所示。这种方式系统简单，投资省，可以充分利用室外管网的压力，节省能源；由于屋顶设置水箱，因此，供水可靠性比直接供水方式好。但设置水箱会增加结构负荷。

（3）设置水泵和水箱的供水方式 当室外管网中的水压经常或周期性地低于建筑内部给水系统所需压力，建筑内部用水量较大且不均匀时，宜采用设置水泵和水箱的联合供水方式，如图5-3所示。虽然这种方式设备费用较高，维护管理比较麻烦，但水箱的容积小，水泵的出水量比较稳定，供水可靠。

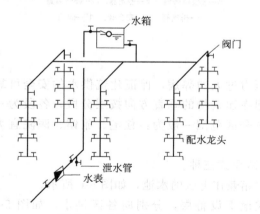

图5-2 单设水箱给水方式

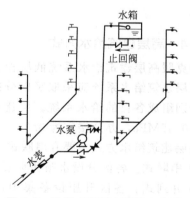

图5-3 设置水泵和水箱给水方式

（4）设水泵的供水方式 当室外给水压力永远满足不了建筑内部用水需要，且建筑内部用水量较大又较均匀时，则可设置水泵增加压力。这种供水方式常用于工厂的生产用水。对于用水不均匀的建筑物，单设水泵的供水方式一般采用一台或多台水泵的变速运行方式，使水泵供水曲线和用水曲线相接近，并保证水泵在较高的效率下工作，从而达到节能的目的。供水系统越大，节能效果越就显著。

（5）分区供水的给水方式 在多层建筑物中，当室外给水管网的压力仅能供到下面几层，而不能满足上面几层用水要求时，为了充分有效地利用室外给水管网的压力，常将给水系统分成上下两个供水区，下区由外网压力直接供水，上区采用水泵水箱联合供水方式（或其他升压供水方式）供水，如图5-4所示。在高层建筑中，为了减小静水压力，延长零配件的寿命，给水系统也需采用分区供水。

（6）设气压给水设备的供水方式　当室外给水管网水压经常不足，而用水水压允许有一定的波动，又不宜设置高位水箱时，可以采用气压给水设备升压供水，如地震区、人防工程或屋顶立面有特殊要求等建筑的给水系统以及小型、简易、临时性给水系统和消防给水系统等。该方式就是用水泵从室外管网或贮水池中抽水加压，利用气压给水罐调节流量和控制水泵运行，如图5-5所示。气压给水设备有变压式、恒压式和隔膜式三种类型。

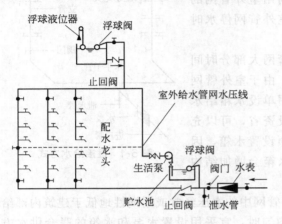

图 5-4　分区给水方式

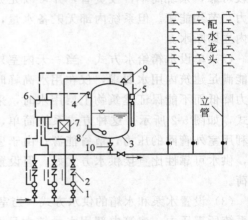

图 5-5　气压给水方式

1—水泵；　2—止回阀；　3—气压水罐；　4—压力信号器；
5—液位信号器；　6—控制器；　7—补气装置；
8—排气阀；　9—安全阀；　10—阀门

5.1.1.4　高层建筑给水方式

为克服高层建筑给水系统低层管道中静水压力过大的弊病，保证建筑供水的安全可靠性，高层建筑给水系统应采取竖向分区供水，即在建筑物的垂直方向按层分段，各段为一区，分别组成各自的给水系统。层建筑给水系统分区范围一般为：住宅、旅馆、医院宜为0.30～0.35MPa，办公楼宜为0.35～0.45MPa。

高层建筑给水方式主要有串联式、并列式和减压式三种。

① 串联式。各区分设水箱和水泵，低区的水箱兼作上区的水池，如图5-6所示。

② 并列式。各区升压设备集中设在底层或地下设备层，分别向各区供水，如图5-7所示。

③ 减压式。如图5-8所示，建筑物的全部用水量由设置在底部的水泵加压，提升至屋顶总水箱，再由此水箱依次向下区供水，并通过各区水箱或减压阀减压。采用减压阀供水方式，可省去减压水箱，进一步缩小了占地面积，可使建筑面积充分发挥经济效益，同时也可避免由于管理不善等原因可能引起的水箱二次污染现象。

5.1.1.5　常用的管道材料与管件

（1）钢管　目前建筑给水系统使用的钢管包括不镀锌钢管和镀锌钢管（热浸）两种。不

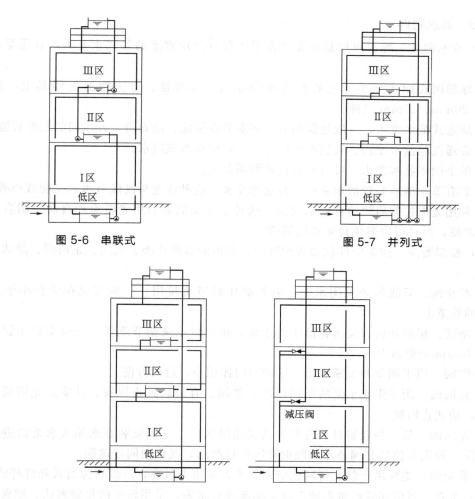

图 5-6 串联式　　　　　　　　　　图 5-7 并列式

图 5-8 减压式

镀锌钢管主要用于消防管道和生产给水管道。镀锌钢管主要用于管径小于等于 150mm 的消防管道和生产给水管道。

不镀锌钢管的连接方法有焊接和法兰连接，镀锌钢管连接方法有螺纹连接和法兰连接。

螺纹连接是利用各种管件将管道连接在一起，常用的管件有管箍、三通、四通、弯头、活接头、补心、对丝、根母、丝堵等。

（2）塑料管　建筑生活给水常用的塑料管材主要有给水硬聚氯乙烯管（PVC-U）、聚丙烯管（PP-R）、交联聚乙烯管（PEX）、氯化聚氯乙烯管（PVC-C）、聚乙烯管（PE）等。

塑料管可以采用热熔对接、承插粘接、法兰连接等方法连接。

（3）给水铸铁管　给水铸铁管一般用于埋地管道。有低压管、普压管和高压管三种，工作压力分别为不大于 0.45MPa、0.75MPa 和 1MPa。当管内压力不超过 0.75MPa 时，宜采用普压给水铸铁管；超过 0.75MPa 时，应采用高压给水铸铁管。管道宜采用橡胶圈柔性接口（DN≤300 宜采用推入式梯唇形胶圈接口，DN>300 宜采用推入式楔形胶圈接口）。

（4）铝塑复合管　铝塑复合管的内外塑料层采用的是交联聚乙烯，主要用于生活冷、热水管，工作温度可达 90℃。铝塑复合管宜采用卡套式连接。当使用塑料密封套时，水温不超过 60℃。当使用铝制密封套时，水温不超过 100℃。

5.1.1.6 给水附件

（1）配水附件　配水附件是指安装在卫生器具及用水点的各式水龙头，常用配水附件如下。

① 球形阀式配水龙头。一般安装在洗涤盆、污水盆、盥洗槽卫生器具上，直径有15mm、20mm、25mm 三种。

② 旋塞式配水龙头。一般是铜制的，多安装在浴池、洗衣房、开水间的热水管道上。

③ 普通洗脸盆水龙头。安装在洗涤盆上，单供冷水或热水。

④ 单手柄浴盆水龙头。可以安装在各种浴盆上。

⑤ 装有节水消声装置的单手柄洗脸盆水龙头。这种水龙头既能节水，又能减小噪声。

⑥ 利用光电控制启闭的自动水龙头。这种水龙头能够利用光电原理自动控制启闭，不仅使用方便，而且可以避免自来水的浪费。

（2）控制附件　控制附件就是各种阀门，常用的有截止阀、闸阀、止回阀、浮球阀及安全阀等。

① 截止阀。只能用来关闭水流，但不能作调节流量用。一般安装在管径小于或等于50mm 的管道上。

② 闸阀。用来开启和关闭管道中的水流，也可以用来调节流量。一般安装在管径大于或等于70mm 的管道上。

③ 蝶阀。用于调节和关断水流，这种阀门体积小，启闭方便。

④ 止回阀。用于阻止水流的反向流动，常用的有旋启式止回阀、升降式止回阀、消声止回阀、梭式止回阀。

⑤ 浮球阀。是一种能够自动打开自动关闭的阀门，一般安装在水箱或水池的进水管上控制水位。液压水位控制阀是浮球阀的升级换代产品，其作用同浮球阀。

⑥ 安全阀。主要用于防止管网或密闭用水设备压力过高，一般有弹簧式和杠杆式两种。

（3）水表　目前建筑给水系统广泛采用流速式水表，采用较多的是旋翼式、螺翼式。

螺翼式水表的翼轮轴与水流方向平行，水流阻力较小，多为大口径水表，适用于测大流量；旋翼式水表的翼轮轴与水流方向垂直，水流阻力较大，多为小口径水表，适用于小流量的测量。

水表按计数器的工作现状分为干式和湿式两种。湿式水表适用于水温不超过 40℃ 的洁净水，干式水表适用水温不超过 100℃ 的洁净水。

按读数机构的位置水表可分为现场指示型、远传型和远传现场组合型。现场指示型：计数器读数机构不分离，与水表为一体。远传型：计数器示值远离水表安装现场，分无线和有线两种。远传、现场组合型：即在现场可读取示值，在远离现场处也能读取示值。

5.1.1.7 给水管网的布置方式

各种给水系统按其水平干管在建筑物内敷设的位置可分为以下几种形式。

（1）下行上给式　如图 5-1 所示，水平配水干管敷设在底层（明装、埋设或沟敷）或地下室天花板下，自下而上供水。

（2）上行下给式　如图 5-2 所示，水平配水干管敷设在顶层天花板下或吊顶之内，自上向下供水。对于非冰冻地区，水平干管可敷设在屋顶上；对于高层建筑也可敷设在技术夹层内。

（3）中分式　如图 5-9 所示，水平干管敷设在中间技术层内或某中间层吊顶内，向上下两个方向供水。一般层顶用作露天茶座、舞厅或设有中间技术层的高层建筑多采用这种方式。

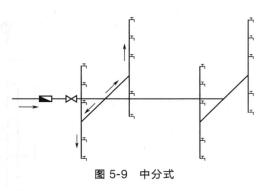

图 5-9　中分式

5.1.1.8　给水管道的敷设

给水管道的敷设有明装、暗装两种形式。明装给水管道尽量沿墙、梁、柱平行敷设。暗装给水横干管除直接埋地外，宜敷设在地下室、顶棚或管沟内，立管可敷设在管井中。

5.1.2　建筑排水工程基本知识

5.1.2.1　建筑排水系统的分类和组成

按所排除污（废）水性质，建筑排水系统可分为污（废）水排水系统和屋面雨水排水系统两大类，其中根据污（废）水的来源，污（废）水排水系统又分为生活排水系统和工业废水排水系统。

建筑排水系统一般由卫生器具和生产设备的受水器、排水管道、清通设备和通气管道组成。在有些建筑的污（废）水排水系统中，根据需要还设有污（废）水的提升设备和局部处理构筑物，如图 5-10 所示。

（1）卫生器具和生产设备受水器　卫生器具又称卫生设备或卫生洁具，是接纳、排出人们在日常生活中产生的污（废）水或污物的容器或装置。生产设备受水器是接纳、排出工业企业在生产过程产生的污（废）水或污物的容器或装置。

（2）排水管道　排水管道包括器具排水管（含存水弯）、横支管、立管、埋地干管和排出管。

（3）通气系统　由于建筑内部排水管内是气、水两相流，为保证排水管道系统内空气流通，压力稳定，避免因管内压力波动使有毒、有害气体进入室内，减少排水系统噪声，需设置通气系统。通气系统包括伸顶通气管、专用通气管以及专用附件。建筑标准要求较高的多层住宅和公共建筑，10 层及 10 层以上的高层建筑的生活污水立管宜设专用通气立管。如果生活排水立管所承担的卫生器具排水设计流量，超过仅设伸顶通气立管的排水立管的最大排水能力时，应设专用通气管道系统。专用通气管道系统包括通气支管、通气立管、结合通气管和汇合通气管等，详见图 5-11。

（4）清通设备　清通设备包括设在横支管顶端的清扫口、设在立管或较长横干管上的检查口和设在室内较长的埋地横干管上的检查口（井）。

（5）提升设备　提升设备指通过水泵提升排水的高程或使排水加压输送。工业与民用建筑的地下室、人防建筑、高层建筑的地下技术层和地下铁道等处标高较低，在这些场所产生、收集的污（废）水不能自流排至室外的检查井，须设污（废）水提升设备。

（6）污水局部处理构筑物　当建筑内部污水未经处理不允许直接排入市政排水管网或水体时，需设污水局部处理构筑物，如处理民用建筑生活污水的化粪池、降低锅炉、加热设备排污水水温的降温池，去除含油污水的隔油池，以及以消毒为主要目的的医院污水处理构筑

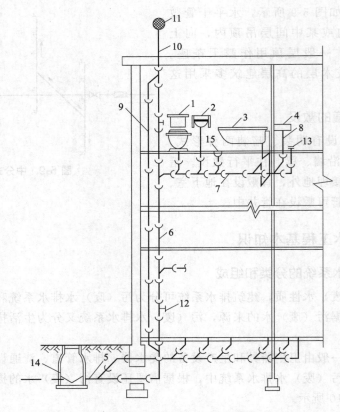

图 5-10 污（废）水排水系统组成

1—坐便器；2—洗脸盆；3—浴盆；4—厨房洗涤盆；5—排水出户管；6—排水立管；7—排水横支管；
8—器具排水管（含存水弯）；9—专用通气管；10—伸顶通气管；11—通气帽；
12—检查口；13—清扫口；14—排水检查井；15—地漏

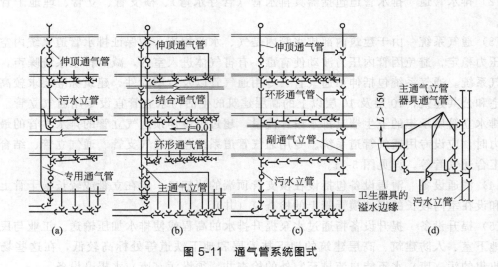

图 5-11 通气管系统图式

物等。

5.1.2.2 污水排水管道系统的类型

根据排水系统的通气方式，建筑内部污（废）水排水系统分为单立管排水系统、双立管排水系统和三立管排水系统，如图 5-12 所示。

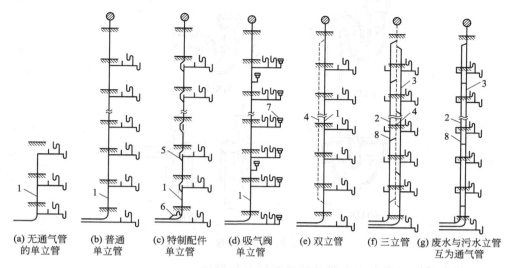

图 5-12 污水排水管道系统的类型

1—排水立管； 2—污水立管； 3—废水立管； 4—通气立管； 5—上部特制配件；
6—下部特制配件； 7—吸气阀； 8—结合通气管

（1）单立管排水系统　单立管排水系统是指只有一根排水立管，没有专门通气立管的系统。按建筑层数和卫生器具的多少，它可分为无通气管的单立管排水系统、有通气立管的普通单立管排水系统和特制配件单立管排水系统三种类型。

无通气管的单立管排水系统适用于立管短、卫生器具少、排水量小、立管顶端不便伸出屋面的情况。

有通气立管的普通单立管排水系统适用于一般多层建筑。

特制配件的单立管排水系统是在横支管与伸顶通气排水系统的立管连接处，设置特制配件代替一般的三通，在立管底部与横干管或排出管连接处设置特制配件代替一般的弯头。这种通气方式是在排水立管管径不变的情况下利用特殊结构改变水流方向和状态，增大排水能力，因此也叫诱导式内通气，适用于各类多层和高层建筑。

（2）双立管排水系统　双立管排水系统由一根排水立管和一根通气立管组成。排水立管和通气立管进行气流交换，也称干式外通气。适用于污（废）水合流的各类多层和高层建筑。

（3）三立管排水系统　三立管排水系统由一根生活污水立管、一根生活废水立管和一根通气立管组成，两根排水立管共用一根通气立管。三立管排水系统的通气方式也是干式外通气，适用于生活污水和生活废水需分别排出室外的各类多层和高层建筑。

在三立管排水系统中去掉专用通气立管，将废水立管与污水立管每隔 2 层互相连接，利用两立管的排水时间差，互为通气立管，这种外通气方式也叫湿式外通气。

5.1.2.3　排水附件及卫生器具

（1）排水附件

① 存水弯。作用是防止排水管道系统中的气体窜入室内。按存水弯的构造分为管式存水弯和瓶式存水弯，管式存水弯有 P 形、S 形和 U 形三种，见图 5-13。

② 检查口。装在排水立管上，用于清通排水立管。隔一层设置一个检查口，其间距不

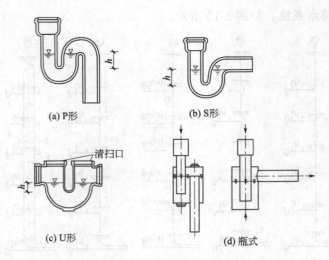

(a) P形　　　　　　　(b) S形

清扫口

(c) U形　　　　　　　(d) 瓶式

图 5-13　存水弯

大于 10m，但在最底层和有卫生器具的最高层必须设置。

③ 清扫口。装在排水横管上，用于清扫排水横管。

④ 地漏。是用来排放地面水的特殊排水装置。地漏按其构造有扣碗式、多通道式、双篦杯式、防回流式、密闭式、无水式、防冻式、侧墙式、洗衣机专用地漏等多种形式。

（2）卫生器具

① 盥洗用卫生器具。主要有洗脸盆和盥洗槽。洗脸盆按外形分有长方形、椭圆形、马蹄形和三角形，按安装方式分有挂式、立柱式和台式。盥洗槽按水槽形式分有单面长条形、双面长条形和圆环形。

② 沐浴用卫生器具。主要有浴盆、淋浴器和净身盆。按形状分有长方形、圆形、三角形和人体形。淋浴器按供水方式分有单管式或双管式。净身盆有立式和墙挂式两种。

③ 洗涤用卫生器具。主要有洗涤盆、污水盆（池）和化验盆等。

④ 便溺用卫生器具。便溺用卫生器具主要有大便器、小便器和小便槽。大便器按使用方式分有坐式大便器、蹲式大便器和大便槽。坐式大便器多采用低水箱进行冲洗，按冲洗水力的原理有直接冲洗式和虹吸式两类。小便器按形状分有立式和挂式两类。

（3）冲洗设备　冲洗设备是便溺用卫生器具的配套设备，有冲洗水箱和冲洗阀两种。

① 冲洗水箱。按启动方式分为手动式、自动式；按安装位置分为高水箱和低水箱。

② 冲洗阀。冲洗阀为直接安装在大、小便器冲洗管上的另一种冲洗设备。

5.1.2.4　屋面雨水排水系统

屋面雨水的排除方式可分为外排水系统和内排水系统，在有些建筑中也有采用内排水与外排水方式相结合混合雨水排水系统。

（1）外排水系统　外排水雨水系统按屋面有无天沟，又分为檐沟外排水和天沟外排水两种方式。

檐沟外排水系统由檐沟和水落管组成，降落到屋面的雨水沿屋面集流到檐沟，然后流入隔一定距离沿外墙设置的水落管排至建筑物外地下雨水管道或地面。

天沟外排水系统由天沟、雨水斗、排水立管及排出管组成。天沟设置在两跨中间并坡向墙端，降落在屋面上的雨雪水沿坡向天沟的屋面汇集到天沟，沿天沟流向建筑物两端（山墙、女儿墙方向），流入雨水斗并经墙外立管排至地面或雨水管道。

（2）内排水雨水系统　　内排水系统可分为单斗雨水排水系统和多斗雨水排水系统。

内排水系统由雨水斗、连接管、雨水悬吊管、立管、排出管、检查井及雨水埋地管等组成。

目前国内常用的雨水斗有 65 型、79 型、87 型雨水斗、虹吸雨水斗等，有 75mm、100mm、150mm 和 200mm 等多种规格。

连接管是连接雨水斗和悬吊管的一段竖向短管，其管径一般与雨水斗短管同径，但不宜小于 100mm。

悬吊管连接雨水斗和排水立管，是雨水内排水系统中架空布置的横向管道。其管径不得小于雨水斗连接管，如沿屋架悬吊时，其管径不得大于 300mm。

雨水立管接纳雨水斗或悬吊管的雨水，与排出管连接。立管管径不得小于与其连接的悬吊管管径，立管管材与悬吊管相同。

排出管是立管与检查井间的一段有较大坡度的横向管道，排出管管径不得小于立管管径。

埋地管敷设在室内地下，承接立管的雨水并将其排至室外雨水管道。

常见的附属构筑物有检查井、检查口和排气井，用于雨水系统的检修、清扫和排气。

5.1.3　建筑热水供应工程基本知识

5.1.3.1　建筑热水供应系统的分类与组成

按热水供应范围建筑内热水供应系统分为局部热水供应系统和集中热水供应系统。

局部热水供应系统是指供给单个或数个配水点所需热水的小型系统。集中热水供应系统是指供给一幢或数幢建筑物所需热水的系统。

热水供应系统主要由热媒系统、热水系统、附件三部分组成，如图 5-14 所示。

热媒系统由热源、水加热器和热媒管网组成，又称第一循环系统。

热水系统主要由换热器、供热水管道、循环加热管道、供冷水管道等组成，又称第二循环管道系统。

附件包括蒸汽、热水的控制附件及管道的连接附件，如温度自动调节器、疏水器、减压阀、安全阀、膨胀罐、管道补偿器、闸阀、水嘴、止回阀等。

5.1.3.2　热水供水方式

热水加热方式分直接加热和间接加热。直接加热是利用以燃气、燃油、燃煤为燃料的热水锅炉，把冷水直接加热到所需热水温度，或者是将蒸汽或高温水通过穿孔管或喷射器直接通入冷水混合制备热水。间接加热是将热媒通过水加热器把热量传递给冷水以达到加热冷水的目的，在加热过程中热媒与被加热水不直接接触。

按热水管网的循环方式不同，分为全循环、半循环和无循环式热水供应系统。

全循环热水供水方式是指热水干管、热水立管及热水支管均能保持热水的循环，各配水龙头随时打开均能提供符合设计水温要求的热水。

半循环方式又分立管循环和干管循环热水供水方式。立管循环热水供水方式是指热水干管和热水立管内均能保持有热水的循环，打开配水龙头时只需放掉热水支管中少量的存水，就能获得规定温度的热水；干管循环热水供应方式是指仅保持热水干管内的热水循环，多用

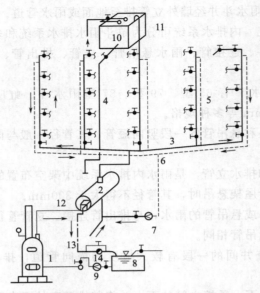

图 5-14　集中式热水供应系统图

1—蒸汽锅炉；　2—换热器；　3—配水干管；　4—配水立管；　5—回水立管；　6—回水干管；　7—回水泵；
8—凝水箱；　9—凝水泵；　10—给水箱；　11—透气管；　12—蒸汽管；　16—凝水管；　14—疏水阀；

于定时供应热水的建筑中。

无循环式热水供应系统中，在发热器（或换热器）中，被加热的水经热水供应管道流至用水器具，热水管道内的水不能返回发热器（或换热器），亦即无循环（又称无回水）。

循环式热水供应系统根据供回水环路的长度异同又分同程式和异程式两种。同程式指从加热器的热水管出口，经热水配水管、回水管，再回到加热器为止的任何循环管路的长度几乎是相等的，在各立管环路的阻力均等条件下进行热水循环，防止近立管内热水短路现象。异程式指各环路的长度不同，循环中会出现短路现象，难以保证各点供水温度均匀。

按热水配水管网干管的位置不同，分为下行上给供水方式和上行下给的供水方式。

按热水系统是否敞开分为开式热水供水方式和闭式热水供水方式。

按循环动力不同分为机械强制循环方式和自然循环方式。

5.1.3.3　热水供应系统的主要设备

建筑内热水供应系统的主要设备有水处理设备、发热设备、换热设备、贮热（水）设备、水泵等。

（1）发热设备

① 锅炉。锅炉是最常用的发热设备。常用锅炉有燃煤锅炉、燃油锅炉、燃气锅炉、电热锅炉。

② 燃气热水器。燃气热水器的热源有天然气、焦炉煤气、液化石油气和混合煤气 4 种。

③ 电热水器。电热水器产品有快速式和容积式两种。

④ 太阳能热水器。太阳能热水器按组合形式分为装配式和组合式两种。装配式太阳能热水器一般为小型热水器，即将集热器、贮热水箱和管路由工厂装配出售。组合式太阳能热水器将集热器、贮热水箱、循环水泵、辅助加热设备按系统要求分别设置而组成，适用于大面积供应热水系统和集中供应热水系统。

（2）换热设备

① 容积式水加热器。是内部设有热媒导管的热水贮存容器，具有加热冷水和贮备热水两种功能，热媒为蒸汽或热水。有卧式、立式之分。

② 半容积式水加热器。是带有适量贮存与调节容积的内藏式容积式水加热器，由贮热水罐、内藏式快速换热器和内循环泵 3 个主要部分组成。

③ 快速式水加热器。是热媒与被加热水通过较大速度的流动进行快速换热的一种间接加热设备。根据热媒的不同，快速式水加热器有汽-水和水-水两种类型。根据加热导管的构造不同，又有单管式、多管式、板式、管壳式、波纹板式、螺旋板式等多种形式。

④ 半即热式水加热器。是带有超前控制，具有少量贮存容积的快速式水加热器。

⑤ 加热水箱。加热水箱是一种简单的热交换设备。在水箱中安装蒸汽多孔管或蒸汽喷射器，可构成直接加热水箱。在水箱内安装排管或盘管即构成间接加热水箱。

（3）贮热设备　热水贮水箱（罐）是一种专门调节热水量的容器。可在用水不均匀的热水供应系统中设置，以调节水量，稳定出水温度。贮热箱（罐）断面呈圆形，两端有封头，常为闭式，能承受流体压力，也用金属板材焊接而成。

5.1.3.4　热水供应系统的管道敷设

对于下行上给的热水管网，水平干管可敷设在室内地沟内或地下室顶部。对于上行下给的热水管网，水平干管可敷设在建筑物最高层吊顶或专用设备技术层内。干管的直线段应设置足够的伸缩器，上行下给式系统配水干管最高点应设排气装置，下行上给配水系统，可利用最高配水点放气。为便于排气和泄水，热水横管均应有与水流相反的坡度，并在管网的最低处设泄水阀门，以便检修时泄空管网存水。

根据建筑物的使用要求，热水管网也有明装和暗装两种形式。明装管道尽可能布置在卫生间、厨房、沿墙、柱敷设，一般与冷水管平行。暗装管道可布置在管道竖井或预留沟槽内。塑料热水管宜暗设，明设时立管宜布置在不受撞击处，如不能避免时，应在管外加保护措施。

5.1.3.5　高层建筑热水供应方式

（1）集中设置水加热器、分区设置热水管网的供水方式　该供水方式见图 5-15。各区热水配水循环管

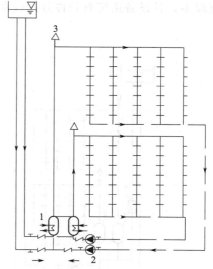

图 5-15　集中设置水加热器、分区设置热水管网的供水方式

1—水加热器；2—循环水泵；3—排气阀

网自成系统，水加热器、循环水泵集中设在底层或地下设备层，各区所设置的水加热器或贮水器的进水由同区给水系统供给。

（2）分散设置水加热器、分区设置热水管网的供水方式　该供水方式见图 5-16。各区热水配水循环管网也自成系统，但各区的加热设备和循环水泵分散设置在各区的设备层中，图 5-16（a）所示为各区均为上配下回热水供应图式，图 5-16（b）所示为各区采用上配下回与下配上回混设的热水供应图式。

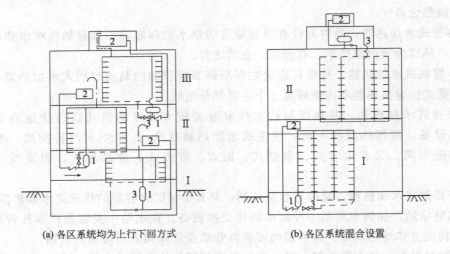

（a）各区系统均为上行下回方式　　　（b）各区系统混合设置

图 5-16　分散设置水加热器、分区设置热水管网的供水方式

1—水加热器；2—给水箱；3—循环水泵

（3）分区设置减压阀、分区设置热水管网的供水方式

① 高低区分设水加热器系统，见图 5-17。两区水加热器均由高区冷水高位水箱供水，低区热水供应系统的减压阀设在低区水加热器的冷水供水管上。该系统适用于低区热水用水点较多，且设备用房有条件分区设水加热器的情况。

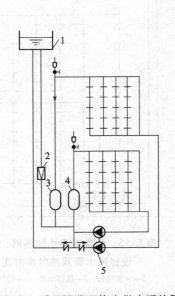

图 5-17　减压阀分区热水供应系统图示

1—冷水补水箱；2—减压阀；3—高区
水加热器；4—低区水加热器；5—循环泵

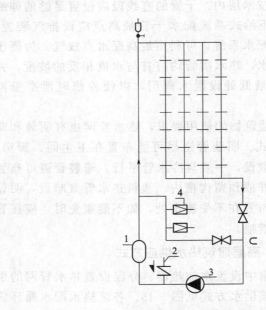

图 5-18　支管设减压阀热水供应系统

1—水加热器；2—冷水补水管；3—循环泵；4—减压阀

② 高低区共用水加热器的系统，见图 5-18。低区热水供水系统的减压阀设在各用水支管上。该系统适用于低区热水用水点不多、用水量不大且分散及对水温要求不严（如理发室、美容院）的建筑。

5.2　建筑给水排水工程施工图的识读

5.2.1　建筑给水排水工程施工图的主要内容及识读程序

5.2.1.1　建筑给水排水工程施工图组成和内容

建筑给水排水施工图设计文件是以单项工程为单位编制的。文件由设计图纸（包括图纸目录，设计说明、平面图、剖面图、平面放大图、系统图、详图等）、主要设备材料表、预算书和计算书等组成。

（1）图纸目录　主要内容有序号、编号、图纸名称、张数等。通过阅读图纸目录，可以了解工程名称，项目内容，设计日期及图纸组成、数量和内容等。

（2）设计说明与图例表　主要说明那些在图纸上不易表达的，或可以用文字统一说明的问题，如工程概况、设计依据、设计范围，设计水量、水池容量、水箱容量，管道材料、设备选型、安装方法以及套用的标准图集，施工安装要求和其他注意事项等。

（3）建筑给水排水工程总平面图　要反映各建筑物的平面位置、名称、外形、层数、标高；全部给水排水管网位置（或坐标）、管径、埋设深度（敷设的标高）、管道长度；构筑物、检查井、化粪池的位置；管道接口处市政管网的位置、标高、管径、水流坡向等。

（4）建筑给水排水工程平面图　结合建筑平面图，反映各种管道、设备的布置情况，如平面位置、规格尺寸等，内容包括主要轴线编号、房间名称、用水点位置，各种管道系统编号（或图例）；底层平面图包含引入管、排出管、水泵接合器等与建筑物的定位尺寸、穿建筑外墙管道的标高、防水套管形式等，还应绘出指北针；各楼层建筑平面标高。

（5）建筑给水排水工程系统图　建筑给水排水工程系统图主要反映立管和横管的管径、立管编号、楼层标高、层数、仪表及阀门、各系统编号、各楼层卫生设备和工艺用水设备的连接、室内外建筑平面高差、排水立管检查口、通风帽等距地（板）高度等。

（6）安装详图　安装详图是用来详细表示设备安装方法的图纸，是进行安装施工和编制工程材料计划时的重要参考图纸。安装详图有两种：一种是标准图集，包括国家标准图集、各设计单位自编的图集等，另一种是具体工程设计的详图（安装大样图）。

（7）计算书　计算书包括设计计算依据、计算过程及计算结果，计算书由设计单位作为技术文件归档，不外发。

（8）主要设备材料表及预算　建筑给水排水工程施工图设备材料表中的内容包括所需主要设备、材料的名称、型号、规格、数量等。它可以单独成图，也可以置于图中某一位置。根据建筑给水排水工程施工图编制的预算，也是施工图设计文件的内容之一。

5.2.1.2　建筑给水排水工程施工图识图的一般程序

（1）阅读图纸目录及标题栏　了解工程名称，项目内容，设计日期及图纸组成、数量和内容等。

（2）阅读设计说明和图例表　通过阅读设计说明和图例表，可以了解工程概况、设计范围、设计依据、各种系统用（排）水标准与用（排）水量、各种系统设计概况、管材的选型及接口的做法、卫生器具选型与套用图集、阀门与阀件的选型、管道的敷设要求、防腐与防锈等处理方法、管道及其设备保温与防结露技术措施、消防设备选型与套用安装图集、污水处理情况、施工时应注意的事项等。阅读时要注意补充使用的非国标图形符号。

（3）阅读建筑给水排水工程总平面图 通过阅读建筑给水排水工程总平面图，可以了解工程内所有建筑物的名称、位置、外形、标高、指北针（或风玫瑰图）；了解工程所有给水排水管道的位置、管径、埋深和长度等；了解工程给水、污水、雨水等管道接口的位置、管径和标高等情况；了解水泵房、水池、化粪池等构筑物的位置。阅读建筑给水排水工程总平面图必须紧密结合各建筑物建筑给水排水工程平面图。

（4）阅读建筑给水排水工程平面图 通过阅读建筑给水排水工程平面图，可以了解各层给水排水管道、平面卫生器具和设备等布置情况以及它们之间的相互关系。阅读时要重点注意地下室给水排水平面图、一层给水排水平面图、中间层给水排水平面图、屋面层给水排水平面图等，同时要注意各层楼平面变化、地面标高等。

（5）阅读建筑给水排水系统图 通过阅读建筑给水排水工程系统图，可以掌握立管和横管的管径、立管编号、楼层标高、层数、仪表及阀门、各系统编号、各楼层卫生设备和工艺用水设备的连接，以及排水管的立管检查口、通风帽等距地（板）高度等。阅读建筑给水排水工程系统图必须结合各层管道布置平面图，注意它们之间的相互关系。

（6）阅读安装详图 通过阅读安装详图，可以了解设备安装方法，在安装施工前应认真阅读。阅读安装详图时应与建筑给水排水剖面图对照阅读。

（7）阅读主要设备材料表 通过阅读主要设备材料表，可以了解该工程所使用的设备、材料的型号、规格和数量，在编制购置设备、材料计划前要认真阅读主要设备材料表。

5.2.2 建筑给水排水工程施工图中常用图例、符号

管线、设备、附件、阀门、仪表、管道连接配件等均有常用的图例，设计时可以选用。应该说明的是，当使用的不是常用的图例时，在绘图时应加以说明。

5.2.2.1 管道图例

管道类别应以汉语拼音字母表示，管道常用图例见表 5-1。

表 5-1　管道常用图例

名称	图例	名称	图例
生活给水管	—— J ——	虹吸雨水管	—— HY ——
热水给水管	—— RJ ——	蒸汽管	—— Z ——
热水回水管	—— RH ——	保温管	〰〰〰
中水给水管	—— ZJ ——	多孔管	⼂⼂⼂
循环给水管	—— XJ ——	管道立管	XL-1　XL-1 平面　　系统 X—管道类别 L—立管 1—编号
循环回水管	—— Xh ——		
热媒给水管	—— RM ——		
热媒回水管	—— RMH ——	伴热管	------------

续表

名称	图例	名称	图例
凝结水管	—— N ——	压力雨水管	—— YY ——
废水管	—— F ——	膨胀管	—— PZ ——
压力废水管	—— YF ——	空调凝结水管	—— KN ——
通气管	—— T ——	防护套管	
污水管	—— W ——	排水明沟	坡向 ——→
压力污水管	—— YW ——	排水暗沟	坡向 ——→
雨水管	—— Y ——	地沟管	

注：1. 分区管道用加注角标方式表示，如 J_1、J_2、RJ_1、RJ_2……。

2. 原有管线可用比同类型的新设管线细一级的线型表示，并加斜线，预拆除管线则加叉线。

5.2.2.2 管道附件图例

管道附件常用图例见表 5-2。

表 5-2 管道附件常用图例

名称	图例	名称	图例
套管伸缩器		方形伸缩器	
刚性防水套管		柔性防水套管	
波纹管		可曲挠橡胶接头	
管道固定支架		立管检查口	
管道滑动支架		清扫口	平面　系统
雨水斗	YD-　　YD- 平面　　系统	通气帽	成品　蘑菇形
排水漏斗	平面　系统	圆形地漏	平面　系统
方形地漏		自动冲洗水箱	
档墩		减压孔板	
Y 形除污器		毛发聚集器	平面　系统
防回流污染止回阀		吸气阀	
真空破坏器		防虫罩网	
金属软管			

5.2.2.3 管道连接图例

管道连接常用图例见表 5-3。

表 5-3 管道连接常用图例

名称	图例	名称	图例
法兰连接		管道丁字上接	
承插连接		管道丁字下接	
活接头		管堵	
法兰堵盖		管道交叉 (在下方和后面的 管道应断开)	
盲板		弯折管	高 低　低 高
三通连接		四通连接	

5.2.2.4 管件图例

管件的常用图例见表 5-4。

表 5-4 管件的常用图例

名称	图例	名称	图例
偏心异径管		乙字管	
异径管		喇叭口	
转动接头		S形存水弯	
斜三通		P形存水弯	
正三通		短管	
正四通		弯头	
斜四通		浴盆排水件	

5.2.2.5 阀门图例

阀门常用图例见表 5-5。

表 5-5　阀门常用图例

名称	图例	名称	图例
闸阀		电动隔膜阀	
角阀		气闭隔膜阀	
三通阀		温度调节阀	
四通阀		压力调节阀	
截止阀	$DN\geqslant50$　　$DN<50$	电磁阀	M
蝶阀		止回阀	
电动闸阀		消声止回阀	
液动闸阀		持压阀	
气动闸阀		泄压阀	
电动蝶阀		弹簧安全阀	
滚动蝶阀		平衡锤安全阀	
气动蝶阀		自动排气阀	平面　系统
减压阀		浮球阀	平面　系统
旋塞阀	平面　系统	水力液位控制阀	平面　系统
底阀		延时自闭冲洗阀	
球阀		感应式冲洗阀	
隔膜阀		吸水喇叭口	平面　系统
气开隔膜阀		疏水器	

5.2.2.6 给水附件图例

给水附件常用图例见表 5-6。

表 5-6　给水附件常用图例

名称	图例	名称	图例
放水龙头 （左侧为平面图，右侧为系统）		脚踏开关水嘴	
皮带龙头 （左侧为平面图，右侧为系统）		混合水龙头	
洒水（栓）龙头		旋转水龙头	
化验龙头		浴盆带喷头混合水龙头	
肘式龙头		蹲便器脚踏开关	

5.2.2.7 卫生设备及水池图例

卫生设备及水池常用图例见表 5-7。

表 5-7　卫生设备及水池常用图例

名称	图例	名称	图例
立式洗脸盆		立式小便器	
台式洗脸盆		挂式小便器	
挂式洗脸盆		蹲式大便器	
浴盆		坐式大便器	
化验盆、洗涤盆		小便槽	
厨房洗涤盆（不锈钢）		淋浴喷头	
带沥水板洗涤盆		污水池	
盥洗槽		妇女卫生盆	

5.2.2.8 小型给水排水构筑物的图例

小型给水排水构筑物常用图例见表 5-8。

表 5-8　卫生设备及水池常用图例

名称	图例	名称	图例
矩形化粪池	HC（HC 为化粪池代号）	雨水口（单算）	
隔油池	YC（YC 为隔油池代号）	雨水口（双算）	
沉淀池	CC（CC 为沉淀池代号）	阀门井及检查井	J-×× W-×× Y-×× J-×× W-×× Y-××（以代号区分管道）
降温池	JC（JC 为降温池代号）		
中和池	ZC（ZC 为中和池代号）	水封井	
水表井		跌水井	

5.2.2.9　给水排水设备的图例

给水排水设备常用图例见表 5-9。

表 5-9　给水排水设备常用图例

名称	图例	名称	图例
卧式水泵	平面　系统	板式热交换器	
立式水泵	平面　系统	开水器	
潜水泵		喷射器	（小三角为进水端）
定量泵		除垢器	
管道泵		水锤消除器	
卧式容积热交换器		搅拌器	M
立式容积热交换器		紫外线消毒器	ZWX
快速管热交换器			

5.2.2.10 给水排水专业所用仪表的图例

给水排水专业所用仪表常用图例见表 5-10。

表 5-10 给水排水专业所用仪表常用图例

名称	图例	名称	图例
温度计		真空表	
压力表		温度传感器	------ T ------
自动记录压力表		压力传感器	------ P ------
压力控制器		pH 传感器	------ pH ------
水表		酸传感器	------ H ------
自动记录流量表		碱传感器	------ Na ------
转子流量计	平面　系统	余氯传感器	------ Cl ------

上述未列出的管道、设备、配件等图例，设计人员可自行编制说明，但不得与上述图例重复和混淆。

5.2.3 建筑给水排水工程平面图的识读

5.2.3.1 建筑给水工程平面图的识读

建筑给水平面图是以建筑平面图为基础（建筑平面以细线画出）表明给水管道、卫生器具、管道附件等的平面布置的图样。

建筑给水工程平面布置图主要反映下列内容：

① 表明房屋的平面形状及尺寸、用水房间在建筑中的平面位置。

② 表明室外水源接口位置、底层引入管位置以及管道直径等。

③ 表明给水管道的主管位置、编号、管径。支管的平面走向、管径及有关平面尺寸等。

④ 表明用水器材和设备的位置、型号及安装方式等。

图 5-19 为某建筑底层给水管道布置图。从图 5-19 中可以看出，室外引入管自①、⑤轴线相交处的墙角东面进入室内，通过底层水平干管分三路送水：第一路通过 JL_1 送入女厕所的高位水箱和洗手池，第二路通过 JL_2 送入男厕所的高位水箱和洗手池，第三路通过 JL_3 送入男厕所小便槽的多孔冲洗管。

在识读管道平面图时，先从目录入手，了解设计说明，根据给水系统的编号，依照室外管网—引入管—水表井—干管—支管—配水龙头（或其他用水设备）的顺序认真细读。然后

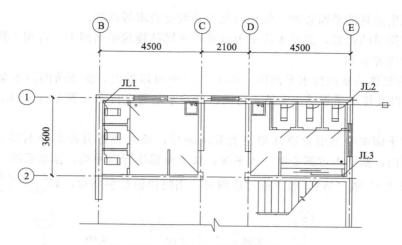

图 5-19　底层给水管道平面布置图

要将平面图和系统图结合起来，相互对照识图。识图时应该掌握的主要内容和注意事项如下。

① 查明用水设备（开水炉、水加热器等）和升压设备（水泵、水箱等）的类型、数量、安装位置、定位尺寸。各种设备通常是用图例画出来的，它只能说明器具和设备的类型，而不能具体表示各部分的尺寸及构造，因此在识图时必须结合有关详图或技术资料，搞清楚这些器具和设备的构造、接管方式和尺寸。

② 弄清给水引入管的平面位置、走向、定位尺寸，与室外给水管网的连接形式、管径等。

给水引入管通常都注上系统编号，编号和管道种类分别写在直径为 8～10mm 的圆圈内，圆圈内过圆心画一水平线，线上面标注管道种类，如给水系统写"给"或写汉语拼音字母"J"，线下面标注编号，用阿拉伯数字书写，如 $\frac{J}{1}$、$\frac{J}{2}$ 等。

给水引入管上一般都装有阀门，阀门若设在室外阀门井内，在平面图上就能完整地表示出来。这时，可查明阀门的型号及距建筑物的距离。

③ 消防给水管道要查明消火栓的布置、口径大小及消防箱的形式与位置，消火栓一般装在消防箱内，但也可以装在消防箱外面。当装在消防箱外面时，消火栓应靠近消防箱安装。消防箱底距地面 1.10m，有明装、暗装和单门、双门之分，识图时都要注意搞清楚。

除了普通消防系统外，在物资仓库、厂房和公共建筑等重要部位，往往设有自动喷洒灭火系统或水幕灭火系统，如果遇到这类系统，除了弄清管路布置、管径、连接方法外，还要查明喷头及其他设备的型号、构造和安装要求。

④ 在给水管道上设置水表时，必须查明水表的型号、安装位置，以及水表前后阀门的设挡情况。

识图时，先从目录入手，了解设计说明，根据给水系统的编号，依照室外管网—引入管—水表井—干管—支管—配水龙头（或其他用水设备）的顺序认真细读。然后要将平面图和系统图结合起来，相互对照识图。

5.2.3.2　建筑排水工程平面图的识读

建筑排水平面图是以建筑平面图为基础画出的，其主要表示排水管道、排水管材、器材、地漏、卫生洁具的平面布置、管径以及安装坡度要求等内容。

对于内容简单的建筑，其给水排水可以画在相同的建筑平面图上，可用不同的线条、符号、图例表示两者有别。

图 5-20 为某建筑室内排水平面图。从图 5-20 中可以看出，女厕所的污水是通过排水立管 PL$_1$、PL$_2$ 以及排水横管排出室外，男厕所的污水是通过排水立管 PL$_3$、PL$_4$ 以及排水横管排出室外。

建筑排水平面图的排出管通常都注上系统编号，编号和管道种类分别写在直径为 8～10mm 的圆圈内，圆圈内过圆心画一水平线，线上面标注管道种类，排水系统写"排"或写汉语拼音字母"P"或"W"，线下面标注编号，用阿拉伯数字书写，如 $\left(\dfrac{P}{1}\right)$、$\left(\dfrac{P}{2}\right)$ 等。

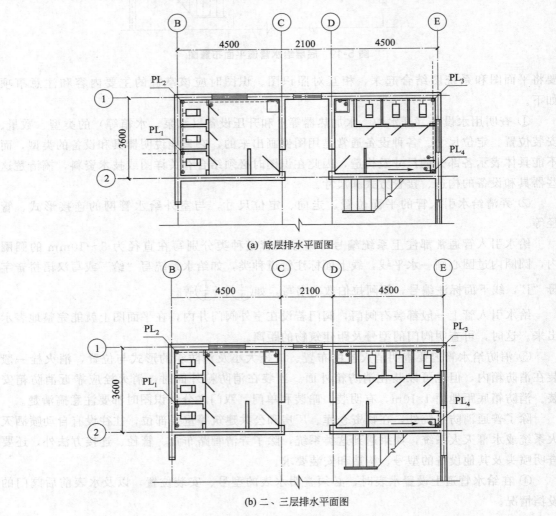

(a) 底层排水平面图

(b) 二、三层排水平面图

图 5-20 室内排水平面图

识读建筑排水平面图时，在同类系统中按管道编号依次阅读，某一编号的系统按水流方向顺序识图。排水系统可以依卫生洁具→洁具排水管（常设有存水弯）→排水横管→排水立管→排出管→检查井逐步去识图，识图时要注意以下几点。

① 要查明卫生器具的类型、数量、安装位置、定位尺寸，查明给排水干管、立管、支

管的平面位置与走向、管径尺寸及立管编号。从平面图上可清楚地查明是明装还是暗装，以确定施工方法。

② 有时为便于清扫，在适当的位置设有清扫口的弯头和三通，在识图时也要加以考虑。对于大型厂房，特别要注意是否有检查井，检查井进出管的连接方式也要搞清楚。

③ 对于雨水管道，要查明雨水斗的型号及布置情况，并结合详图搞清雨水斗与天沟的连接方式。

④ 室内排出管与室外排水总管的连接是通过检查井来实现的，要了解排出管的长度，即外墙至检查井的距离。排出管在检查井内通常采用管顶平接。

⑤ 对于建筑排水管道，还要查明清通设备的布置情况、清扫口和检查口的型号和位置。

5.2.4　建筑给水排水工程系统图的识读

5.2.4.1　系统图的主要内容

建筑给水排水管道系统图与建筑给水排工程平面图相辅相成，互相说明又互为补充，反映的内容是一致的，只是反映的侧重点不同。

建筑给水排水管道系统图主要有两种表达方式，一种是系统轴测图，另一种是展开系统原理图。

系统轴测图表达的主要内容如下。

① 系统的编号。轴测图的系统编号应与建筑给水排工程水平面图中的编号一致。

② 管径。在建筑给水排水工程平面图中，水平投影不具有积聚性的管道可以表示出管径的变化，但对于立管，因其投影具有积聚性，因此，无法表示出管径的变化。在系统轴测图上任何管道的管径变化均可以表示出来，所以，系统轴测图上应标注管道管径。

③ 标高。系统轴测图上应标注出建筑物各层的标高、给水排水管道的标高、卫生设备的标高、管件的标高、管径变化处的标高，室内外建筑平面高差、管道埋深等。

④ 管道及设备与建筑的关系。系统轴测图上应标注出管道穿墙、穿地下室、穿水箱、穿基础的位置，卫生设备与管道接口的位置等。

⑤ 管道的坡向及坡度。管道的坡度值无特殊要求时，可参见说明中的有关规定，若有特殊要求则应在图中注明，管道的坡向用箭头注明。

⑥ 重要管件的位置。在平面图中无法示意的重要管件，如给水管道中的阀门、污水管道中的检查口等，应在系统图中明确标注。

⑦ 与管道相关的有关给水排水设施的空间位置。系统轴测图上应标注出屋顶水箱、室外贮水池、加压设备、室外阀门井等与给水相关的设施的空间位置，以及室外排水检查井、管道等与排水相关的设施的空间位置。

⑧ 分区供水、分质供水情况。对于采用分区供水的建筑，系统图要反映分区供水区域；对于采用分质供水的建筑，应按不同水质，独立绘制各系统的供水系统图。

⑨ 雨水排水情况。雨水排水系统图要反映走向、落水口、雨水斗等内容。雨水排至地下以后，若采用有组织排水，还应反映排出管与室外出口井之间的空间关系。

展开系统原理图比系统轴测图简单，一般没有比例关系，是用二维平面关系来替代三维空间关系，目前使用较多。

展开系统原理图表达的主要内容如下。

① 应标明立管和横管的管径、立管编号、楼层标高、层数、仪表及阀门、各系统编号、各楼层卫生设备和工艺用水设备的连接。

② 应标明排水立管检查口、通风帽等距地（板）高度等。

③ 对于各层（或某几层）卫生设备及用水点接管（分支管段）情况完全相同的建筑，在展开系统原理图上只绘一个有代表性楼层的接管图，其他各层注明同该层即可。

④ 当自动喷水灭火系统在平面图中已将管道管径、标高、喷头间距和位置标注清楚时，可简化表示从水流指示器至末端试水装置（试水阀）等阀件之间的管道和喷头。

简单管段在平面上注明管径、坡度、走向、进出水管位置及标高，可不绘制系统图。

5.2.4.2 室内给水系统轴测图的识读

室内给水系统图是反映室内给水管道及设备的空间关系的图样。由于给排水图所具有的鲜明特点，这就给我们识读室内给水系统图带来方便。识读给水系统图时，可以按循序渐进的方法，从室外水源引入处入手，顺着管路的走向，依次识读各管路及用水设备。也可以逆向进行，即从任意一用水点开始，顺着管路，逐个弄清管道、设备的位置，管径的变化以及所用管件等内容。

值得注意的是，管道轴测图绘制时，遵从了轴测图的投影法则。两管轴测投影相交叉，位于上方或前方的管道线连续绘制，而位于下方或后方管道线则在交叉处断开。如为偏置管道，则采用了偏置管道的轴测表示法（尺寸标注法或斜线表示法）。

给水管道系统图中的管道采用单线图绘制，管道中的重要管件（如阀门）在图中用图例示意，而更多的管件（如补心、活接、短接、三通、弯头等）在图中并未作特别标注，这就要求读者熟练掌握有关图例、符号、代号的含意，并对管路构造及施工程序有足够的了解。

图 5-21 是某住宅楼的室内给水系统图。现以此为例介绍给水系统轴测图的识读。

（1）整体识读　图中首先标明了给水系统的编号，JL-1 和 JL-2。该系统编号与给排水平面图中的系统编号相对应，分别表示 A 单元、A′单元的给水系统。给出了各楼层的标高线（图中细横线表示楼地面，本建筑共六层）。示意了屋顶水箱与给水管道的关系。从本系统图中可见，室外城市给水管网的水以下行上给的方式直接供应到各用户，JI-1、JI-2 在每层距该层楼板 0.20m 处分出 $DN20$ 的支管，支管通过弯头升至距楼板 0.6m 后，进入设在水表箱中，在水表箱中支管上设有闸阀（$DN20$），水表（$DN20$）。支管进入住宅后，通过弯头降至与该层标高相同后，随地面敷设，与各个用水点相连接。

（2）管路细部识读　以 JL-1 为例，室外供水经由 $DN50$ 管道（标高为 $-2.10m$）引入，经弯头后标高升至 $-0.60m$ 后，分为两根 $DN40$ 的支管，其中一根支管与设置于管道井中的 JL-1 相连接。JL-1 在每层距该层楼板 0.20m 处分出 $DN20$ 的支管，支管通过弯头升至距楼板 0.6m 后，接入设在水表箱中的支管上。在水表箱中支管上设有闸阀（$DN20$），水表（$DN20$）支管进入住宅后，通过弯头降至与该层标高相同后，随地面敷设，在厨房处设置一个三通，引出 $DN15$ 支管为厨房洗涤池的水龙头供水，支管继续延续，经弯头后，将支管标高升至 2.50m 后（躲开卧室门），接入卫生间，通过弯头降至与该层标高相同后，随地面敷设，支管在卫生间设两个三通和一个弯头，分别为热水器（预设），洗脸盆和坐便供水，管径均为 $DN15$。本层供水支管到此结束。

其他各层的支管走向与底层相同，这里不再介绍。

接下来再来看看立管的管径变化。本建筑采用的是下行上给式供水方式，生活给水管 JL-1 在 1～6 层的管径分别为 $DN40$、$DN32$、$DN32$、$DN25$、$DN20$。

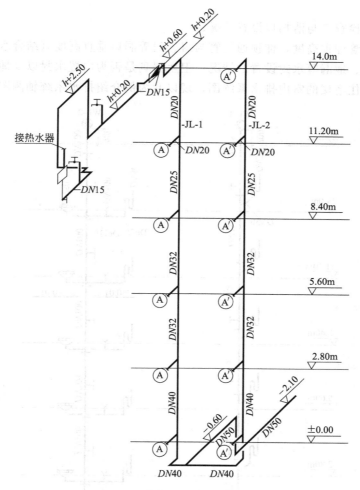

图 5-21　室内给水系统图

5.2.4.3　室内排水系统轴测图的识读

室内排水系统图是反映室内排水管道及设备的空间关系的图样。室内排水系统从污水收集口开始，经由排水支管、排水干管、排水立管、排出管将污水排出。其图形形成原理与室内给水系统图相同。图中排水管道用单线图表示。因此在识读排水系统图之前，同样要熟练掌握有关图例符号的含意。室内排水系统图示意了整个排水系统的空间关系，重要管件在图中也有示意。而许多普通管件在图中并未标注，这就需要读者对排水管道的构造情况有足够了解。有关卫生设备与管线的连接、卫生设备的安装大样也通过索引的方法表达，而不在系统图中详细画出。排水系统图通常也按照不同的排水系统单独绘制。

在识读建筑排水系统图时，可以按照卫生器具或排水设备的存水弯、器具排水管、排水横管、立管和排出管的顺序进行，依次弄清排水管道的走向、管路分支情况、管径尺寸、各管道标高、各横管坡度、存水弯形式、通气系统形式以及清通设备位置等。

识读建筑排水系统图时，应重点注意以下几个问题：

① 最低横支管与立管连接处至排出管管底的垂直距离；

② 当排水立管在中间层竖向拐弯时，应注意排水支管与排水立管、排水横管连接的

距离；

③ 通气管、检查口与清扫口设置情况；

④ 伸顶通气管伸顶高度，伸顶通气管与窗、门等洞口垂直高度（结合水平距离）；

⑤ 卫生器具、地漏等水封设置的情况，卫生器具是否为内置水封以及地漏的形式等。

图 5-22 是某住宅楼的室内排水系统图，现以此为例介绍排水系统轴测图的识读。

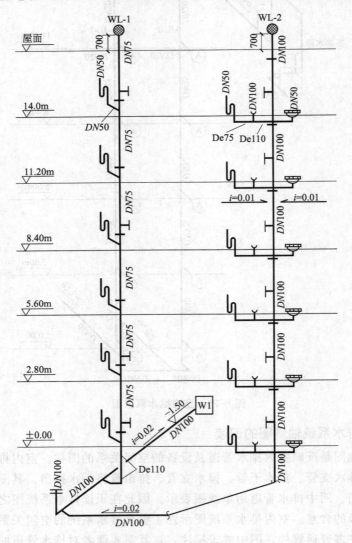

图 5-22　室内排水系统轴测图

（1）WL-1 排水系统轴测图的识读　该排水系统是单元 A 厨房的污水排放系统。因为厨房内仅设置了洗涤池，所以这一排水系统很简单。1～6 层污水立管及排出管管径均为 DN75。污水支管在每层楼地面上方引至立管中（这样做的好处是不需要在厨房楼面上再开孔，便于施工和维修），支管的端部带有一个 S 形存水弯，用于隔气，支管管径 DN50。立管通向屋面部分（通气管）管径为 DN75，该管露出屋顶平面 700mm，并在顶端加设网罩。立管在一层、二层、四层、六层各设有检查口，离地坪高 1m。从图中所注标高可知。污水管埋入地下 1.5m（本设计室外地坪高度为±0.000）。图中污水立管与支管相交处三通为正三通，但也有很多设计采用顺水斜三通，以利排水的通畅。

（2）WL-2 排水系统轴测图的识读　图中楼层卫生间内外侧的坐便器、地漏、洗面盆的污水均通过支管排至立管中，集中排放。底层卫生设备仍然采用单独排放的方法。首先看看立管，管径 DN100。直至六层，屋面部分通气管为 DN100，管道出屋面 700mm。立管在一层、二层、四层、六层各设有检查口，离地坪高 1m。与立管相连的排出管管径为 DN100，埋深 1.50m。

楼层排水支管、支管以立管为界两侧各设一路。用四通与立管连接，且接入口均设于楼面下方，图中左侧 DN75 管带有 S 形存水弯，用于排除洗脸盆的污水，用三通连接横坐便器，支管经过三通后管径为 DN100。连接坐便的管道上未设存水弯，这并不意味着坐便器上不需要隔臭，而是因为坐便器本身就带有存水弯，因此在管道上不需要再设。图中立管右侧，为承接洗浴的污水地漏，地漏为 DN50 防臭地漏，上口高度与卫生间地坪平齐。左右两侧支管指向立管方向应有排水坡度 i=0.01，管道上还应设置吊架，有关这方面的规定详见说明中的内容。

底层的排水布置与楼层排水支管布置相同。底层排水也可以单独排除，单独排除的污水管有不易堵塞等优点。值得一提的是，当埋入地下的管道较长时，为了便于管道的疏通，常在管道的起始端设一弧形管道通向地面。在地表上设清扫口。正常情况下，清扫口是封闭的，在发生横支管堵塞时可以打开清扫口进行清扫。即使不是埋入地下的水平管道，当其长度超过 12m 时，也应在其中部设与立管检查口一样的检查口，利于疏通检查。

5.2.4.4　展开系统原理图绘制与识读

展开系统原理图是用二维平面关系来替代三维空间关系，虽然管道系统的空间关系无法得到很好的表达，但却加强了各种系统的原理和功能表达，能够较好地、完整地表达建筑物的各个立管、各层横管、设备、器材等管道连接的全貌。展开系统原理图绘制时一般没有比例关系，而且具有原理清晰、绘制时间短、修改方便等诸多优点，因此，在设计中被普遍采用。

对于展开系统原理图无法表达清楚的部分，应通过其他图纸加强来弥补，如放在给水排水平面图和大样图中来表达或采用标准图集来表达。

图 5-23 为某建筑地下室排水展开系统原理图。本工程地下室设有五处排水设施，即水泵房（1#）、发电机房（2#）、消防电梯（3#）、地下室车道口（4#）和地下室内（5#）五处。从图 5-23 可以看出，水泵房设有（1#）集水坑（地面标高 -5.000m，坑底标高 -6.000m）和排污潜水泵两台（设有停泵水位 -5.700m，开单台水泵水位 -5.100m，开两台水泵水位 -5.000m），出水管管径为 DN80，穿剪力墙处管内底标高为 -1.300m，应对照地下室给水排水平面图标注尺寸预埋防水套管（如 Ⅱ 型防水套管、详见国标 02S404 做法），在排水立管上设有铜芯闸阀（位置标高 -4.000m）满足检修需要、止回阀（滑道滚球式排水专用单向阀）防止污水倒灌、橡胶接头减少水泵振动和噪声；发电机房设有（2#）集水坑（地面标高 -4.800m，坑低标高 -6.000m）和排污潜水泵两台（设有停泵水位 -5.700m，开单台水泵水位 -4.900m，开两台水泵水位 -4.800m），出水管管径为 DN80，在地下室的管道标高为 -1.000m，穿顶板后管内底标高为 -0.650m，应对照地下室给水排水管道平面图标注尺寸预埋防水套管（如 Ⅱ 型防水套管、详见图标 02S404 做法），在排水立管上设有铜芯闸阀（位置标高 -3.800m）满足检修需要、止回阀（滑道滚球式排水专用单

向阀）防止污水倒灌、橡胶接头减少水泵振动和噪声；3#、5#排污潜水泵布置图参考1#识读，4#排污潜水泵布置图参考2#识读。

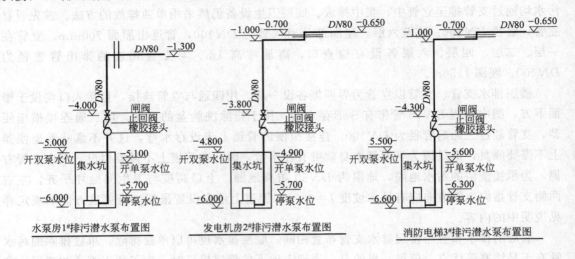

水泵房1#排污潜水泵布置图　　发电机房2#排污潜水泵布置图　　消防电梯3#排污潜水泵布置图

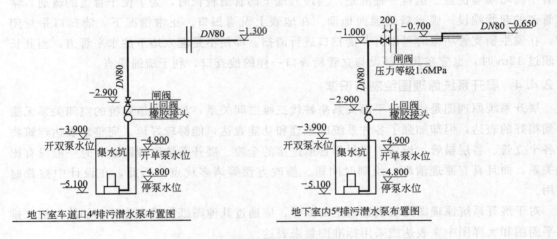

地下室车道口4#排污潜水泵布置图　　　　地下室内5#排污潜水泵布置图

图 5-23　某建筑地下室排水展开系统原理图

5.3　建筑给水排水工程工程量计算规则

建筑给水排水工程工程量计算有两种方法，一是工程定额法，二是工程量清单法，计算的依据分别是《全国统一安装工程预算定额》和《建设工程工程量清单计价规范》。

5.3.1　建筑给水排水工程全统定额工程量计算规则

《全国统一安装工程预算定额》第八册"给水排水、采暖、燃气工程"中将给水排水、水暖工程的内容分为6个分部工程，即管道安装工程，阀门、水位标尺安装，低压器具、水表组成与安装，卫生器具制作安装，供暖器具安装，小型容器制作安装。每个分部工程又包含苦干个分项工程，共42个分项工程。这里仅介绍给排水相关的内容。

5.3.1.1　管道安装

（1）界线划分

① 给水管道

a. 室内外界线以建筑物外墙皮 1.5m 为界，入口处设阀门者以阀门为界。

b. 与市政管道界线以水表井为界，无水表井者，以与市政管道碰头点为界。

② 排水管道

a. 室内外以出户的第一个排水检查井为界。

b. 室外管道与市政管道界线以与市政管道碰头井为界。

（2）定额包括的工作内容

① 管道及接头零件安装。

② 水压试验或灌水试验。

③ 室内 DN32 以内钢管，包括管卡及托钩制作安装。

④ 钢管包括弯管制作与安装（伸缩器除外），无论是现场煨制或成品弯管均不得换算。

⑤ 铸铁排水管、雨水管及塑料排水管、雨水管均包括管卡及托吊支架、臭气帽、雨水漏斗制作安装。

⑥ 穿墙及过楼板铁皮套管安装。

（3）定额不包括的工作内容

① 室内外管道沟土方及管道基础，应执行《全国统一建筑工程基础定额》。

② 管道安装中不包括法兰、阀门及伸缩器的制作、安装，按相应项目另行计算。

③ 室内外给水、雨水铸铁管包括接头零件所需的人工，但接头零件价格另行计算。

④ DN32 以上的钢管支架，按定额管道支架另行计算。

⑤ 过楼板的钢套管的制作、安装工料，按室外钢管（焊接）项目计算。

（4）工程量计算规则

① 各种管道，均以施工图所示中心长度，以"m"为计量单位，不扣除阀门、管件（包括减压器、疏水器、水表、伸缩器等组成安装）所占的长度。

② 镀锌铁皮套管制作以"个"为计量单位，其安装已包括在管道安装定额内，不得另行计算。

③ 管道支架制作安装，室内管道公称直径 32mm 以下的安装工程已包括在内，不得另行计算；公称直径 32mm 以上的，可另行计算。

④ 各种伸缩器制作安装，均以"个"为计量单位。方形伸缩器的两臂，按臂长的两倍合并在管道长度内计算。

⑤ 管道消毒、冲洗、压力试验，均按管道长度以"m"为计量单位，不扣除阀门、管件所占长度。

5.3.1.2　阀门、水位标尺安装

（1）定额说明

① 螺纹阀门安装适用于各种内外螺纹连接的阀门安装。

② 法兰阀门安装适用于各种法兰阀门的安装。如仅为一侧法兰连接时，定额中的法兰、带帽螺栓及钢垫圈数量减半。

③ 各种法兰连接用垫片均按石棉橡胶板计算，如用其他材料，不得调整。

④ 浮标液面计 FQⅡ型安装是按《采暖通风国家标准图集》（N102—3）编制的。

⑤ 水塔、水池浮漂水位标尺制作安装，是按《全国通用给水排水标准图集》（S318）编制的。

（2）工程量计算规则

① 各种阀门安装，均以"个"为计量单位。法兰阀门安装，如仅为一侧法兰连接时，定额所列法兰、带帽螺栓及垫圈数量减半，其余不变。

② 各种法兰连接用垫片，均按石棉橡胶板计算。如用其他材料，不得调整。

③ 法兰阀（带短管甲乙）安装，均以"套"为计量单位。如接口材料不同时，可调整。

④ 自动排气阀安装以"个"为计量单位，已包括了支架制作安装，不得另行计算。

⑤ 浮球阀安装均以"个"为计量单位，已包括了联杆及浮球的安装，不得另行计算。

⑥ 浮标液面计、水位标尺是按国标编制的，如设计与国标不符时，可调整。

5.3.1.3 低压器具、水表组成与安装

（1）定额说明

① 减压器、疏水器组成与安装是按《采暖通风国家标准图集》（N108）编制的，如实际组成与此不同时，阀门和压力表数量可按实际调整，其余不变。

② 法兰水表安装是按《全国通用给水排水标准图集》（S145）编制的，定额内包括旁通管及止回阀。如实际安装形式与此不同时，阀门及止回阀可按实际调整，其余不变。

（2）工程量计算规则

① 减压器、疏水器组成安装以"组"为计量单位。如设计组成与定额不同时，阀门和压力表数量可按设计用量调整，其余不变。

② 减压器安装，按高压侧的直径计算。

③ 法兰水表安装以"组"为计量单位，定额中旁通管及止回阀如与设计规定的安装形式不同时，阀门及止回阀可按设计规定进行调整，其余不变。

5.3.1.4 卫生器具制作安装

（1）定额说明

① 本定额所有卫生器具安装项目，均参照《全国通用给水排水标准图集》（S145）中有关标准图集计算，除以下说明者外，设计无特殊要求均不做调整。

② 成组安装的卫生器具，定额均已按标准图集计算了卫生器具与给水、排水管道连接的人工和材料。

③ 浴盆安装适用于各种型号的浴盆，但浴盆支座和浴盆周边的砌砖、瓷砖粘贴应另行计算。

④ 洗脸盆、洗手盆、洗涤盆适用于各种型号。

⑤ 化验盆安装中的鹅颈水嘴、化验单嘴、双嘴适用于成品件安装。

⑥ 洗脸盆肘式开关安装，不分单双把均执行同一项目。

⑦ 脚踏开关安装包括弯管和喷头的安装人工和材料。

⑧ 淋浴器铜制品安装适用于各种成品淋浴器安装。

⑨ 蒸汽-水加热器安装项目中，包括了莲蓬头安装，但不包括支架制作安装；阀门和疏水器安装可按相应项目另行计算。

⑩ 冷热水混合器安装项目中包括了温度计安装，但不包括支座制作安装，其工程量可按相应项目另行计算。

⑪ 小便槽冲洗管制作安装定额中，不包括阀门安装，其工程量可按相应项目另行计算。

⑫ 大、小便槽水箱托架安装已按标准图集计算在定额内，不得另行计算。

⑬ 高（无）水箱蹲式大便器、低水箱坐式大便器安装，适用于各种型号。

⑭ 电热水器、电开水炉安装定额内只考虑了本体安装，连接管、连接件等可按相应项目另行计算。

⑮ 饮水器安装的阀门和脚踏开关安装，可按相应项目另行计算。

⑯ 容积式水加热器安装，定额内已按标准图集计算了其中的软件，但不包括安全阀安装、本体保温、刷油漆和基础砌筑。

（2）工程量计算规则

① 卫生器具组成安装，以"组"为计量单位，已按标准图综合了卫生器具与给水管、排水管连接的人工与材料用量，不得另行计算。

② 浴盆安装不包括支座和圆周侧面的砌砖及瓷砖粘贴。

③ 蹲式大便器安装，已包括了固定大便器的垫砖，但不包括大便器蹲台砌筑。

④ 大便槽、小便槽自动冲洗水箱安装，以"套"为计量单位，已包括了水箱托架的制作安装，不得另行计算。

⑤ 小便槽冲洗管制作安装，以"m"为计量单位，不包括阀门安装，其工程量可按相应定额另行计算。

⑥ 脚踏开关安装，已包括了弯管和喷头的安装，不得另行计算。

⑦ 冷热水混合器安装，以"套"为计量单位，不包括支架制作安装及阀门安装，其工程量可按相应定额另行计算。

⑧ 蒸汽-水加热器安装，以"台"为计量单位，包括莲蓬头安装，不包括支架制作安装及阀门、疏水器安装，其工程量可按相应定额另行计算。

⑨ 容积式水加热器安装，以"台"为计量单位，不包括安全阀安装、保温与基础砌筑，其工程量可按相应定额另行计算。

⑩ 电热水器、电开水炉安装，以"台"为计量单位，只考虑本体安装，连接管、连接件等工程量可按相应定额另行计算。

⑪ 饮水器安装，以"台"为计量单位，阀门和脚踏开关工程量可按相应定额另行计算。

5.3.2　建筑给水排水工程清单计价工程量计算规则

《通用安装工程工程量计算规范》（GB 50856—2013）附录 J 对给水排水、采暖、燃气工程工程量清单项目设置及计算规则作了规定，现将"附录 J 给水排水、采暖、燃气工程"中与给水排水工程有关的工程量清单项目设置及计算规则以列表的形式叙述如下。

（1）给水排水、采暖、燃气管道　给水排水、采暖、燃气管道工程量清单项目设置及工程量计算规则应按表 5-11 的规定执行。

表 5-11　给排水、采暖、燃气管道（编码：031001）

项目编码	项目名称	项目特征	计量单位	工程量计算规则	工作内容
031001001	镀锌钢管	1. 安装部位 2. 介质 3. 规格、压力等级 4. 连接形式 5. 压力试验及吹、洗设计要求		按设计图示管道中心线以长度计算	1. 管道安装 2. 管件制作、安装 3. 压力试验 4. 吹扫、冲洗
031001002	钢管				
031001003	不锈钢管				
031001004	铜管				
031001005	铸铁管	1. 安装部位 2. 介质 3. 材质、规格 4. 连接形式 5. 接口材料 6. 压力试验及吹、洗设计要求 7. 警示带形式			1. 管道安装 2. 管件安装 3. 压力试验 4. 吹扫、冲洗 5. 警示带铺设
031001006	塑料管	1. 安装部位 2. 介质 3. 材质、规格 4. 连接形式 5. 压力试验及吹、洗设计要求 6. 警示带形式	m		1. 管道安装 2. 管件安装 3. 接口保温 4. 压力试验 5. 吹扫、冲洗 6. 警示带铺设
031001007	复合管			按设计图示管道中心线以长度计算	
031001008	直埋式预制保温管	1. 埋设深度 2. 介质 3. 管道材质、规格 4. 连接形式 5. 接口保温材料 6. 压力试验及吹、洗设计要求 7. 警示带形式			1. 管道安装 2. 管件安装 3. 塑料卡固定 4. 压力试验 5. 吹扫、冲洗 6. 警示带铺设
031001009	承插缸瓦管	1. 埋设深度 2. 规格 3. 接口方式及材料 4. 压力试验及吹、洗设计要求 5. 警示带形式			1. 管道安装 2. 管件安装 3. 压力试验 4. 吹扫、冲洗 5. 警示带铺设
031001010	承插水泥管				
031001011	室外管道碰头	1. 介质 2. 碰头形式 3. 材质、规格 4. 连接形式 5. 防腐、绝热设计要求	处	按设计图示以处计算	1. 挖填工作坑或暖气沟拆除及修复 2. 碰头 3. 接口处防腐 4. 接口处绝热及保护层

注：1. 安装部位，指管道安装在室内、室外。

2. 输送介质包括给水、排水、中水、雨水、热媒体、燃气、空调水等。

3. 方形补偿器制作安装，应含在管道安装综合单价中。

4. 铸铁管安装适用于承插铸铁管、球墨铸铁管、柔性抗震铸铁管等。

5. 塑料管安装

① 适用于 UPVC、PVC、PP-C、PP-R、PE、PB 管等塑料管材。

② 项目特征应描述是否设置阻火圈或止水环，按设计图纸或规范要求计入综合单价中。

6. 复合管安装适用于钢塑复合管、铝塑复合管、钢骨架复合管等复合型管道安装。

7. 直埋保温管包括直埋保温管件安装及接口保温。

8. 排水管道安装包括立管检查口、透气帽。

9. 室外管道碰头

① 适用于新建或扩建工程热源、水源、气源管道与原（旧）有管道碰头。

② 室外管道碰头包括挖工作坑、土方回填及暖气沟局部拆除及修复。

③ 带介质管道碰头包括开关闸、临时放水管线铺设等费用。

④ 热源管道碰头每处包括供、回水两个接口。

⑤ 碰头形式指带介质碰头、不带介质碰头。

10. 管道工程量计算不扣除阀门、管件（包括减压器、疏水器、水表、伸缩器等组成安装）及附属构筑物所占长度；方形补偿器以其所占长度列入管道安装工程量。

11. 压力试验按设计要求描述试验方法，如水压试验、气压试验、泄漏性试验、闭水试验、通球试验、真空试验等。

12. 吹、洗按设计要求描述吹扫、冲洗方法，如水冲洗、消毒冲洗、空气吹扫等。

（2）支架及其他　支架及其他工程量清单项目设置、项目特征描述的内容、计量单位及工程量计算规则，应按表 5-12 的规定执行。

表 5-12　支架及其他（编码：031002）

项目编码	项目名称	项目特征	计量单位	工程量计算规则	工作内容
031002001	管道支吊架	1. 材质 2. 管架形式 3. 支吊架衬垫材质 4. 减震器形式及做法	1. kg 2. 套	1. 以千克计量，按设计图示质量计算 2. 以套计量，按设计图示数量计算	1. 制作 2. 安装
031002002	设备支吊架	1. 材质 2. 形式			
031002003	套管	1. 类型 2. 材质 3. 规格 4. 填料材质 5. 除锈、刷油材质及做法	个	按设计图示数量计算	1. 制作 2. 安装 3. 除锈、刷油
031002004	减震装置制作、安装	1. 型号、规格 2. 材质 3. 安装形式	台	按设计图示，以需要减震的设备数量计算	1. 制作 2. 安装

注：1. 单件支架质量 100kg 以上的管道支吊架执行设备支吊架制作安装。

2. 成品支架安装执行相应管道支吊架或设备支吊架项目，不再计取制作费，支吊架本身价值含在综合单价中。

3. 套管制作安装，适用于穿基础、墙、楼板等部位的防水套管、填料套管、无填料套管及防火套管等，应分别列项。

4. 减震装置制作、安装，项目特征要描述减震器型号、规格及数量。

（3）管道附件　管道附件工程量清单项目设置、项目特征描述的内容、计量单位及工程量计算规则，应按表 5-13 的规定执行。

表 5-13　管道附件（编码：031003）

项目编码	项目名称	项目特征	计量单位	工程量计算规则	工作内容
031003001	螺纹阀门	1. 类型 2. 材质 3. 规格、压力等级 4. 连接形式 5. 焊接方法	个	按设计图示数量计算	安装
031003002	螺纹法兰阀门				
031003003	焊接法兰阀门				
031003004	带短管甲乙阀门	1. 材质 2. 规格、压力等级 3. 连接形式 4. 接口方式及材质			
031003005	套管	1. 材质 2. 规格、压力等级 3. 连接形式 4. 附件名称、规格、数量	组	按设计图示数量计算	1. 组成 2. 安装
031003006	疏水器				
031003007	除污器（过滤器）				

项目编码	项目名称	项目特征	计量单位	工程量计算规则	工作内容
031003008	补偿器	1. 类型 2. 材质 3. 规格、压力等级 4. 连接形式	个		安装
031003009	软接头	1. 材质 2. 规格 3. 连接形式			安装
031003010	法兰	1. 材质 2. 规格、压力等级 3. 连接形式	副（片）		
031003011	水表	1. 安装部位（室内外） 2. 型号、规格 3. 连接形式 4. 附件名称、规格、数量	组	按设计图示，以需要减震的设备数量计算	1. 组成 2. 安装
031003012	倒流防止器	1. 材质 2. 型号、规格 3. 连接形式	套		
031003013	热量表	1. 类型 2. 型号、规格 3. 连接形式	块		安装
031003014	塑料排水管消声器	1. 规格 2. 连接形式	个		
031003015	浮标液面计		组		
031003016	浮漂水位标尺	1. 用途 2. 规格	套		

注：1. 法兰阀门安装包括法兰安装，不得另计法兰安装。阀门安装如仅为一侧法兰连接时，应在项目特征中描述。

2. 塑料阀门连接形式需注明热熔连接、粘接、热风焊接等方式。

3. 减压器规格按高压侧管道规格描述。

4. 减压器、疏水器、除污器（过滤器）项目包括组成与安装，项目特征应描述所配阀门、压力表、温度计等附件的规格和数量。

5. 水表安装项目，项目特征应描述所配阀门等附件的规格和数量。

6. 所有阀门、仪表安装中均不包括电气接线及测试，发生时按《通用安装工程工程量计算规范》附录 D 电气设备安装工程相关项目编码列项。

（4）卫生器具 卫生器具工程量清单项目设置、项目特征描述的内容、计量单位及工程量计算规则，应按表 5-14 的规定执行。

表 5-14　卫生器具（编码：031004）

项目编码	项目名称	项目特征	计量单位	工程量计算规则	工作内容
031004001	浴缸	1. 材质 2. 规格、类型 3. 组装形式 4. 附件名称、数量	组	按设计图示数量计算	1. 器具安装 2. 附件安装
031004002	净身盆				
031004003	洗脸盆				
031004004	洗涤盆				
031004005	化验盆				
031004006	大便器				
031004007	小便器				
031004008	其他成品卫生器具				
031004009	烘手器	1. 材质 2. 型号、规格	个		安装
031004010	淋浴器	1. 材质、规格 2. 组装形式 3. 附件名称、数量	套		1. 器具安装 2. 附件安装
031004011	淋浴间				
031004012	桑拿浴房				
031004013	大、小便槽自动冲洗水箱作安装	1. 材质、类型 2. 规格 3. 水箱配件 4. 支架形式及做法 5. 器具及支架除锈、刷油设计要求	套		1. 制作 2. 安装 3. 支架制作、安装 4. 除锈、刷油
031004014	给、排水附件	1. 材质 2. 型号、规格 3. 安装方式	个(组)		安装
031004015	小便槽冲洗管制作安装	1. 材质 2. 规格	m	按设计图示长度计算	
031004016	蒸汽-水加热器制作安装	1. 类型 2. 型号、规格 3. 安装方式	套	按设计图示数量计算	1. 制作 2. 安装
031004017	冷热水混合器制作安装				
031004018	饮水器				
031004019	隔油器	1. 类型 2. 型号、规格 3. 安装部位			

注：1. 成品卫生器具项目中的附件安装，主要指给水附件包括水嘴、阀门、喷头等，排水配件包括存水弯、排水栓、下水口等以及配备的连接管。

2. 浴缸支座和浴缸周边的砌砖、瓷砖粘贴，应按《房屋建筑与装饰工程计量规范》相关项目编码列项；功能性浴缸不含电机接线和调试，应按《通用安装工程工程量计算规范》附录 D 电气设备安装工程相关项目编码列项。

3. 洗脸盆适用于洗涤盆、洗发盆、洗手盆安装。

4. 器具安装中若采用混凝土或砖基础，应按《房屋建筑与装饰工程计量规范》相关项目编码列项。

（5）采暖、给排水设备　采暖、给排水设备工程量清单项目设置、项目特征描述的内容、计量单位及工程量计算规则，应按表 5-15 的规定执行。

表 5-15　采暖、给排水设备（编码：031006）

项目编码	项目名称	项目特征	计量单位	工程量计算规则	工作内容
031006001	变频调速给水设备	1. 压力容器名称、型号、规格 2. 水泵主要技术参数 3. 附件名称、规格、数量	套		1. 设备安装 2. 附件安装 3. 调试
031006004	稳压给水设备				
031006005	无负压给水设备				
031006006	气压罐	1. 型号、规格 2. 安装方式	台		1. 安装 2. 调试
031006007	太阳能集热装置	1. 型号、规格 2. 安装方式 3. 附件名称、规格、数量	套		1. 安装 2. 附件安装
031006008	地源(水源、气源)热泵机组	1. 型号、规格 2. 安装方式	组	按设计图示数量计算	
031006009	除砂器	1. 型号、规格 2. 安装方式	台		
031006010	电子水处理器	1. 类型 2. 型号、规格			安装
031006011	超声波灭藻设备				
031006012	水质净化器				
031006013	紫外线杀菌设备	1. 名称 2. 规格	套		
031006014	电热水器、开水炉	1. 能源种类 2. 型号、容积 3. 安装方式			1. 安装 2. 附件安装
031006015	电消毒器消毒锅	1. 类型 2. 型号、规格			安装
031006016	直饮水设备	1. 名称 2. 规格			
031006017	水箱制作安装	1. 材质、类型 2. 型号、规格	台		1. 制作 2. 安装

注：1. 变频调速给水设备、稳压给水设备、无负压给水设备安装，说明：

① 压力容器包括气压罐、稳压罐、无负压罐；

② 水泵包括主泵及备用泵，应注明数量；

③ 附件包括给水装置中配备的阀门、仪表、软接头，应注明数量，含设备、附件之间的管路连接；

④ 泵组底座安装，不包括基础砌（浇）筑，应按《房屋建筑与装饰工程计量规范》相关项目编码列项；

⑤ 变频控制柜安装及电气接线、调试应按《通用安装工程工程量计算规范》附录 D 电气设备安装工程相关项目编码列项。

2. 地源热泵机组，接管以及接管上的阀门、软接头、减震装置和基础另行计算，应按相关项目编码列项。

5.4　建筑给水排水工程清单计量与计价示例

5.4.1　综合单价的确定

工程量清单计价采用综合单价计价方法。在我国，综合单价包括除规费、税金以外的全部费用。综合单价不但适用于分部分项工程量清单，也适用于措施项目清单、其他项目清单。因此综合单价的确定是编制工程量清单计价文件的重要内容。安装工程分部分项工程量清单的综合单价，应按设计文件或参照《建设工程工程量清单计价规范》（GB50500—2008）附录 C 的工程内容确定。

（1）综合单价确定的依据　综合单价的确定主要依据为招标文件、施工图纸、合同条款、工程量清单、各地区定额及企业定额。投标人按照工程量清单中对清单项目名称及特征的表达来确定完成该清单所需的人工费、材料费、机械使用费、管理费、利润以及一定范围内的风险费用。

（2）综合单价确定方法　综合单价以企业定额或各地区定额组价。

（3）确定综合单价的步骤

① 确定工程量。

② 套用企业定额或地区定额。

③ 计算应计入分部分项工程费中的有关费用。

④ 计算分部分项工程费合计。

⑤ 由合计值除以工程量清单中的工程量即为该分部分项工程的综合单价。

【例 5-1】　某劳务分包工程给水管道 $DN32$ 镀锌钢管（螺纹连接）的安装，其清单工程量见表 5-16，试计算该分项工程的综合单价。

表 5-16　分部分项工程量清单

序号	项目编码	项目名称	项目特征	计量单位	工程量
1	030801001001	镀锌钢管 $DN32$	室内给水管；螺纹连接；镀锌铁皮套管 $DN50$,2 个		6.00

解　根据工程量清单对项目特征的描述，需计算以下内容。

（1）计算管道安装费用　查套 2008 年《辽宁省安装工程计价定额》第八册《给排水、采暖、燃气工程》可知，该分项工程的定额编号为 8-19，清单编号为 030801001019，人工费 85.36 元，材料费 33.69 元，机械费 0.86 元。定额计量单位为 10m，则定额工程量为 $6.00 \div 10 = 0.60$（m），则该分项工程：

人工费 $= 85.36 \times 0.60 = 51.22$（元）

材料费 $= 33.69 \times 0.60 = 20.21$（元）

机械费 $= 0.86 \times 0.60 = 0.52$（元）

查套 2008 年《辽宁省建设工程费用标准》可知，劳务分包工程的企业管理费费率为 10%，利润费率为 5%，则该分项工程：

企业管理费 = 人工费 × 企业管理费费率 $= 51.22 \times 10\% = 5.12$（元）

利润 = 人工费 × 利润费率 $= 51.22 \times 5\% = 2.56$（元）

（2）未计价材料费　根据定额可知，未计价材料为镀锌钢管 $DN32$，换算成定额工程量为 $6.00 \times 10.20/10 = 6.12$（m），镀锌钢管 $DN32$ 的市场价格为 16.12 元/m，则

未计价材料费 $= 16.12 \times 6.12 = 98.65$（元）

（3）镀锌铁皮套管 $DN50$ 的安装费用　根据定额工程量计算规则，镀锌铁皮套管的安装人工已包括在管道安装中，不再另计，但需计算铁皮套管的制作费用。查套 2008 年《辽宁省安装工程计价定额》第八册《鲜排水、采暖、燃气工程》可知，定额编号为 8-561，人工费 23.28 元，材料费 13.66 元，机械费 0.00 元。定额计量单位为 10 个，清单工程量为 2

个，换算成定额工程量为 2÷10＝0.20（个）。则各项费用计算如下。

人工费＝23.28×0.20＝4.66（元）

材料费＝13.66×0.20＝2.73（元）

机械费＝0.00×0.20＝0.00（元）

企业管理费＝4.66×10%＝0.47（元）

利润＝4.66×5%＝0.23（元）

（4）管道冲洗消毒 $DN50$ 以内　根据规范要求，给水管道应进行冲洗消毒，查套 2008 年《辽宁省安装工程计价定额》第八册《给排水、采暖、燃气工程》可知，定额编号为 8-602，人工费 16.84 元，材料费 13.11 元，机械费 0.00 元。定额计量单位为 100m，清单工程量为 6.00m，换算成定额工程量为 6.00÷100＝0.060（m）。则各项费用计算如下。

人工费＝16.84×0.060＝1.01（元）

材料费＝13.15×0.060＝0.79（元）

机械费＝0.00×0.060＝0.00（元）

企业管理费＝1.01×10%＝0.10（元）

利润＝1.01×5%＝0.05（元）

将上述结果汇总：

人工费＝51.22＋4.66＋1.01＝56.89（元）

材料费＝20.21＋98.65＋2.73＋0.79＝122.38（元）

机械费＝0.52＋0.00＋0.00＝0.52（元）

企业管理费＝5.12＋0.47＋0.10＝5.69（元）

利润＝2.56＋0.23＋0.05＝2.84（元）

则该分项工程总费用＝56.89＋122.38＋0.52＋5.69＋2.84＝188.32（元），镀锌钢管 $DN32$ 安装的综合单价为 188.32÷6.00＝31.39（元/m）。

5.4.2　建筑给排水工程清单计量与计价示例

【例 5-2】 某住宅楼项目，共六层，其卫生间给水排水平面图、系统图分别如图 5-24～图 5-26 所示。给水管道采用镀锌钢管，螺纹连接；排水管道采用 UPVC 管，粘接。卫生间

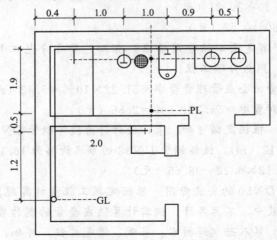

图 5-24　卫生间给水排水平面图

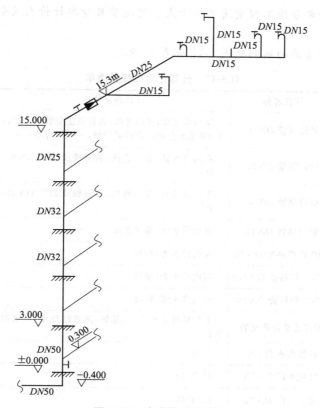

图 5-25 室内给水系统图

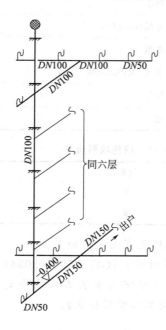

图 5-26 室内排水系统图

内有浴盆 1 个，低水箱坐便器 1 个，淋浴器 1 个，洗脸盆 2 个，拖布池 1 个。试根据《建设
工程工程量清单计价规范》（GB 50500—2008）编写该工程的分部分项工程量清单、措施项

目清单及该工程的分部分项工程量清单计价表、措施项目清单计价表及分部分项工程量清单综合单价分析表。

解 (1) 工程量清单的编制见表 5-17 和表 5-18。

表 5-17　分部分项工程量清单

序号	项目编码	项目名称	项目特征描述	计量单位	数量
1	030801001001	镀锌钢管 DN50	室内给水管;螺纹连接;镀锌铁皮套管 DN80,4个;埋地部分刷一道冷底子油,一道沥青漆	m	8.53
2	030801001002	镀锌钢管 DN32	室内给水管;螺纹连接;镀锌铁皮套管 DN80,2个	m	6.00
3	030801001003	镀锌钢管 DN25	室内给水管;螺纹连接;镀锌铁皮套管 DN40,7个		37.02
4	030801001004	镀锌钢管 DN15	室内给水管;螺纹连接		20.40
5	030801005001	UPVC 塑料管 DN50	室内排水管;粘接		11.40
6	030801005002	UPVC 塑料管 DN100	室内排水管;粘接		40.60
7	030801005003	UPVC 塑料管 DN150	室内排水管;粘接		5.23
8	030802001001	管道支架制作安装	Ⅱ型单管立式支架;除锈,两道红丹漆,两道银粉漆	kg	0.560
9	030803010001	螺纹水表 DN25	塑料	组	6
10	030803001001	螺纹阀门 DN50	J11T-16	个	1
11	030803001002	螺纹阀门 DN25	J11T-16	个	6
12	030804001001	搪瓷浴盆	冷热水	组	6
13	030804007001	淋浴器	钢管组成;冷热水	组	6
14	030804012001	坐式大便器	低水箱	套	6
15	030804003001	台式洗脸盆	台下式;扳把式水嘴	组	12
16	030804017001	地漏 DN100	不锈钢	个	6
17	030804005001	拖布池	搪瓷	组	6

表 5-18　措施项目清单

序　号	项目名称	计量单位	数　量
1	脚手架搭拆费(给水排水工程)	项	1
2	安全文明施工费	项	1

(2) 清单计价文件的编制　编制依据及有关说明如下。

① 本工程以《建设工程工程量清单计价》(GB 50500—2008) 为计价依据。

② 消耗量及取费标准依据 2008 年《辽宁省安装工程计价定额》第八册《给排水、采暖、燃气工程》及 2008 年《辽宁省建设工程费用标准》。

③ 本工程属于劳务分包工程。

④ 材料价格按 2008 年《辽宁省建设工程材料预算价格》取定,缺项材料按市场价格。

分部分项工程量清单综合单价分析表、分部分项工程量清单计价表及措施项目清单计价表分别见表 5-19 和表 5-20。

表5-19 分部分项工程量清单综合单价分析表

工程名称：某住宅楼室内给水排水工程 标段： 第 页 共 页

序号	项目编码	项目名称	定额编号	工程内容	单位	数量	综合单价组成/元				合价/元	综合单价/元
							人工费	材料费	机械费	管理费和利润		
1	030801001001	镀锌钢管DN50				8.53					377.79	44.29
			8-21	室内镀锌钢管（螺纹连接）DN50	10m	0.853	104.03	43.97	2.40	15.60	141.60	
				室内镀锌钢管DN50		8.701		24.04			209.16	
			8-563	镀锌铁皮套管安装DN80	10个	0.40	34.94	20.49	0.00	5.24	24.27	
			8-602	管道冲洗.消毒DN50以内	100m	0.085	16.84	13.15	0.00	2.53	2.76	
2	030801001002	镀锌钢管DN32				6.00					188.32	31.39
			8-19	室内镀锌钢管（螺纹连接）DN32	10m	0.60	85.36	33.69	0.86	12.80	79.63	
				室内镀锌钢管DN32		6.12		16.12			98.65	
			8-561	镀锌铁皮套管安装DN50	10个	0.20	23.28	13.66	0.00	3.49	8.09	
			8-602	管道冲洗.消毒DN50以内	100m	0.06	16.84	13.15	0.00	2.53	1.95	
3	030801001003	镀锌钢管DN25				37.02					980.35	26.48
			8-18	室内镀锌钢管（螺纹连接）DN25	10m	3.702	85.36	30.77	0.86	12.80	480.48	
				室内镀锌钢管DN25		37.760		12.17			459.54	
			8-560	镀锌铁皮套管安装DN40	10个	0.70	23.28	13.66	0.00	3.49	28.30	
			8-602	管道冲洗.消毒DN50以内	100m	0.37	16.84	13.15	0.00	2.53	12.03	
4	030801001004	镀锌钢管DN15				20.40					354.45	17.38
			8-16	室内镀锌钢管（螺纹连接）DN15	10m	2.040	71.05	23.51	0.00	10.66	214.65	
				室内镀锌钢管DN15		20.808		6.40			133.17	
			8-602	管道冲洗.消毒DN50以内	100m	0.204	16.84	13.15	0.00	2.53	6.63	
5	030801005001	UPVC塑料管DN50				11.40					167.15	14.66
			8-308	室内UPVC塑料排水管（粘接）DN50	10m	1.140	59.39	14.01	0.10	8.91	93.95	
				承插塑料排水管DN50		11.024		5.66			62.40	
				承插塑料排水管件DN50	个	10.283		1.05			10.80	

续表

序号	项目编码	项目名称	定额编号	工程内容	单位	数量	综合单价组成/元				合价/元	综合单价/元
							人工费	材料费	机械费	管理费和利润		
6	030801005002	UPVC塑料管DN100				40.60					1116.21	27.49
			8-310	室内UPVC塑料排水管(粘接)DN100	10m	4.060	90.01	29.41	0.10	13.50	540.06	
				承插塑料排水管DN100	个	34.591		15.12			523.02	
				承插塑料排水管件DN100	m	46.203		1.15			53.13	
7	030801005003	UPVC塑料管DN150				5.23					260.28	49.77
			8-311	室内UPVC塑料排水管(粘接)DN150	10m	0.523	126.91	26.74	0.10	19.04	90.37	
				承插塑料排水管DN150	m	4.953		33.42			165.53	
				承插塑料排水管件DN150	个	3.651		1.20			4.38	
8	030802001001	管道支架制作安装				0.56					7.28	13.00
			8-648	管道支架制作安装	100kg	0.0056	393.53	193.72	271.86	59.03	5.14	
				型钢	kg	0.5936		3.60			2.14	
9	030803010001	螺纹水表DN25				6					452.82	75.47
			8-809	螺纹水表安装DN25	组	6	18.62	0.95	0.00	2.79	134.16	
				螺纹水表DN25	个	6		42.00			252.00	
				螺纹闸阀Z15T-10K DN25	个	6.06		11.00			66.66	
10	030803001002	螺纹阀门DN50				1					61.83	61.83
			8-654	螺纹阀门安装DN50	个	1	9.71	10.26	0.00	1.46	21.43	
				螺纹阀门DN50	个	1.01		40.00			40.40	
11	030803001003	螺纹阀门DN25				6					142.26	23.71
			8-651	螺纹阀门安装DN25	个	6	4.66	4.21	0.00	0.70	57.42	
				螺纹阀门DN25	个	6.06		14.00			84.84	
12	030804001001	搪瓷浴盆				0.60					4311.03	718.51
			8-956	搪瓷浴盆安装(冷热水)	10组	0.60	351.97	1272.96	0.00	52.80	1006.64	
				搪瓷浴盆	个	6		497.00			2982.00	
				浴盆水嘴DN15	个	12.12		26.60			322.39	

续表

序号	项目编码	项目名称	定额编号	工程内容	单位	数量	综合单价组成/元				合价/元	综合单价/元
							人工费	材料费	机械费	管理费和利润		
13	030804007001	淋浴器									504.45	84.08
			8-992	淋浴器安装（冷热水钢管组成）	10组	0.60	217.32	440.83	0.00	32.60	414.45	
				莲蓬喷头	个	6		15.00			90.00	
14	030804012001	大便器			套	6					2773.39	462.23
			8-1029	低水箱坐式大便器安装	10套	0.60	311.64	223.92	0.00	46.75	349.39	
				低水箱式坐便器	个	6.06		200.00			1212.00	
				坐式低水箱	个	6.06		150.00			909.00	
				低水箱配件	套	6.06		30.00			181.80	
				坐便器桶盖	套	6.06		20.00			121.20	
15	030804003001	洗脸盆			组	12					2327.46	193.96
			8-971	台下式洗脸盆安装（扳把式水嘴）	10组	1.20	183.56	405.36	0.00	27.53	739.74	
				台下式洗脸盆	套	12.12		100.00			1212.00	
				扳把式洗脸盆水嘴	个	12.12		26.00			315.12	
				软管	根	24.24		2.50			60.60	
16	030804017001	地漏 DN100			个	6					176.42	29.40
			8-1131	地漏安装 DN100	10个	0.60	144.74	47.58	0.00	21.71	128.42	
				地漏 DN100	个	6		8.00			48.00	
17	030804005001	拖布池			组	6					1071.19	178.53
			8-985	拖布池安装	10组	0.60	157.20	444.54	0.00	23.58	375.19	
				拖布池	个	6.06		100.00			606.00	
				拖布池托架	副	6		15.00			90.00	
		合计			元		2229.04	12701.47	7.84	334.33	15272.68	

表 5-20　分部分项工程量清单计价表

工程名称：某住宅楼室内给水排水工程　　　　标段：　　　　　　　　　　　　第　页　共　页

序号	项目编码	项目名称	项目特征描述	计量单位	工程量	金额/元		
						综合单价	合价	暂估价
1	030801001001	镀锌钢管 DN50	室内给水管；螺纹连接；镀锌铁皮套管 DN80,4 个；刷一道冷底子油，一道沥青漆	m	8.53	44.29	377.79	
2	030801001002	镀锌钢管 DN32	室内给水管；螺纹连接；镀锌铁皮套管 DN50,2 个	m	5.99	31.39	188.32	
3	030801001003	镀锌钢管 DN25	室内给水管；螺纹连接；镀锌铁皮套管 DN40,7 个	m	37.02	26.48	980.35	
4	030801001004	镀锌钢管 DN15	室内给水管；螺纹连接	m	20.40	17.38	354.45	
5	030801005001	UPVC 塑料管 DN50	室内排水管；粘接	m	11.40	14.66	167.15	
6	030801005002	UPVC 塑料管 DN100	室内排水管；粘接	m	40.60	27.49	1116.21	
7	030801005003	UPVC 塑料管 DN150	室内排水管；粘接	m	5.23	49.77	260.28	
8	030802001001	管道支架制作安装	Ⅱ型单管立式支架；除锈，两道红丹漆，两道银粉漆	kg	0.56	13.00	7.28	
9	030803010001	螺纹水表 DN25	塑料	组	6	75.47	452.82	
10	030803001001	螺纹阀门 DN50	J11T-16	个	1	61.83	61.83	
11	030803001002	螺纹阀门 DN25	J11T-16	个	6	23.71	142.26	
12	030804001001	搪瓷浴盆	冷热水	组	6	718.51	4311.03	
13	030804007001	淋浴器	钢管组成；冷热水	组	6	84.08	504.45	
14	030804012001	大便器	坐式低水箱	套	6	462.23	2773.39	
15	030804003001	洗脸盆	台下式；扳把式水嘴	组	12	193.96	2327.46	
16	030804017001	地漏 DN100	不锈钢	个	6	29.40	176.42	
17	030804005001	拖布池	搪瓷	组	6	178.53	1071.19	
			合计				15272.68	

::::::::　　::::::::　　::::::::　　**思考题与练习题**　　::::::::　　::::::::　　::::::::

1. 给水系统由哪几部分组成？
2. 给水系统常用的给水方式有哪些？
3. 高层建筑给水为什么要竖向分区？　给水方式有几种？
4. 污水排水管道系统的类型有哪些？
5. 高层建筑热水供应方式有哪些？
6. 建筑给水排水施工图设计文件有哪些？

第6章 建筑消防工程计量与计价

6.1 建筑消防系统分类

建筑消防灭火系统根据使用灭火剂的种类和灭火方式可分为下列 3 种：

① 消火栓给水系统。

② 自动喷水灭火系统。

③ 其他使用非水灭火剂的固定灭火系统，如二氧化碳灭火系统、干粉灭火系统、卤代烷灭火系统等。

6.2 室内消火栓给水系统

建筑内部消火栓给水系统是把室外给水系统提供的水量输送到用于扑灭建筑内火灾而设置的灭火设施，是建筑物中最基本的灭火设施。

6.2.1 室内消火栓给水系统的组成

室内消火栓给水系统一般由水枪、水带、消火栓、消防卷盘、消防管道、消防水池、消防水箱、水泵结合器、增压水泵及远距离启动消防水泵的设备等组成，图 6-1 为建筑室内消火栓给水系统组成示意图。

6.2.1.1 水枪、水带和消火栓

室内一般采用直流式水枪，喷嘴口径有 13mm、16mm、19mm 三种。喷嘴口径 13mm 的水枪配 50mm 水带，16mm 的水枪配 50mm 或 65mm 水带，19mm 的水枪配 65mm 水带。

室内消防水带口径有 50mm、65mm 两种，水带长度一般为 15mm、20mm、25mm、30mm 四种。水带材质有麻织和化纤两种，有衬胶与不衬胶之分。

消火栓均为内扣式接口的球形阀式龙头，进水口端与消防立管相连接，出水口端与水带连接。消火栓按其出口形式分为单出口和双出口两大类。双出口消火栓直径为 65mm，单出口消火栓直径有 50mm 和 65mm 两种。当消防水枪最小射流量小于 5L/s 时，应采用 50mm 消火栓；当消防水枪最小射流量大于等于 5L/s 时，应采用 65mm 消火栓。消火栓按阀和栓口数量可分为单阀单口消火栓、双阀双口消火栓和单阀双口消火栓。一般情况下采用单阀单口消火栓。

为了便于维护管理与使用，同一建筑物内应选用同一型号规格的消火栓水枪和水带。

水枪、水带和消火栓以及消防卷盘平时置于有玻璃门的消火栓箱内，图 6-2 为单阀单口消火栓箱。消火栓箱有明装和暗装两种形式，图 6-2 为暗装安装形式。

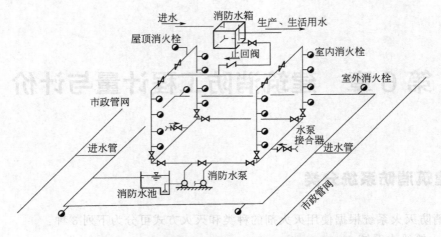

图 6-1 低层建筑室内消火栓给水系统组成示意图

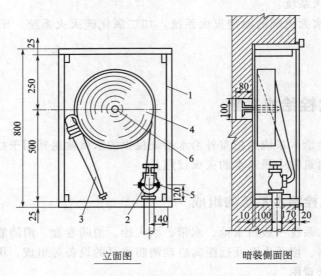

图 6-2 单阀单口消火栓箱

1—消火栓箱；2—消火栓；3—水枪；4—水带；5—水带接口；6—轴

6.2.1.2 消防卷盘

室内消火栓给水系统中，有时因喷水压力和消防流量较大，对没有经过消防训练的普通人员来说，难以操纵，影响扑灭初期火灾效果。因此，在一些重要的建筑物内，如高级旅馆、一类建筑的商业楼、展览楼、综合楼等和建筑高度超过 100m 的其他超高层建筑，消火栓给水系统可加设消防卷盘（又称消防水喉），供没有经过消防训练的普通人员扑救初起火灾使用。

消防卷盘由 25mm 或 32mm 的小口径室内消火栓、内径不小于 19mm 的输水胶管、喷嘴口径为 6.8 或 9mm 的小口径开关和转盘配套组成，胶管长度为 20～40m。整套消防卷盘与普通消火栓可设在一个消防箱内（图 6-3），也可从消防立管接出独立设置在专用消防箱内。

6.2.1.3 消防水箱

消防水箱的主要作用是供给建筑扑灭初起火灾的消防用水量，并保证相应的水压要求。

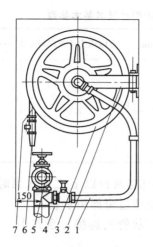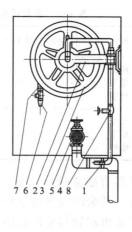

图 6-3　普通消火栓和消防卷盘共用消火栓箱

1—消防卷盘接管；2—消防卷盘接管支架；3—消防卷盘；4—消火栓箱；

5—消火栓；6—消防卷盘水枪；7—胶带；8—阀门

设置临时高压给水系统的建筑物应设置消防水箱（包括气压水罐、水塔、分区给水系统的分区水箱）。重力自流的消防水箱应设置在建筑的最高部位。

6.2.1.4　消防水池

《建筑设计防火规范》（GB 50016—2006）明确规定，当生产、生活用水量达到最大时，市政给水管道和进水管或天然水源不能满足室内外消防用水量，或市政给水管道为枝状或只有一条进水管，且消防用水量之和超过 25L/s 时，应设消防水池。

消防水池可设在室外或室内地下室，也可与室内游泳池、水景水池兼用。容量大于 $500m^3$ 的消防水池，应分设成两个能独立使用的消防水池。严寒和寒冷地区的消防水池应采取防冻保护设施。

6.2.1.5　水泵接合器

水泵接合器是连接消防车向室内消防给水系统加压供水的装置。当室内消防水泵发生故障或室内消防用水量不足时，消防车从室外消火栓、消防水池或天然水源取水，通过水泵接合器将水送至室内消防管网，保证室内消防用水。

超过四层的厂房和库房，设有消防管网的住宅及超过五层的其他民用建筑，其室内消防管网应设消防水泵接合器。水泵接合器应设在消防车易于到达的地点，同时还应考虑在其附近 15~40m 范围内有供消防车取水的室外消火栓或贮水池。

水泵接合器有地上、地下和墙壁式 3 种，其设计参数见表 6-1。水泵接合器应设在室外便于消防车使用的地点，距室外消火栓或消防水池的距离宜为 15~40m，水泵接合器宜采用地上式，当采用地下式水泵接合器，应有明显的标志。

6.2.1.6　消防水泵及远距离启动消防水泵设备

在临时高压消防给水系统中设置消防水泵，保证消防所需压力与消防用水量。消火栓给水系统中应设置备用消防水泵，其工作能力不应小于其中最大一台消防工作泵。但室外消防用水量不超过 25L/s 的工厂、仓库或七层至九层的单元式住宅可不设备用泵。

消防水泵应采用自灌式吸水，水泵的出水管上应装设试验和检查用的放水阀门。

表 6-1　水泵接合器型号及其基本参数

型号规格	形式	公称直径 DN/mm	公称压力 PN/MPa	进水口	
				形式	直径/mm
SQ100 SQX100 SQB100	地上 地下 墙壁	100		内扣式	65×65
SQ150 SQX150 SQB150	地上 地下 墙壁	150	1.6		80×80

每台消防水泵最好具有独立的吸水管，当有两台以上工作水泵时，吸水管不应少于两条，当其中一条关闭时，其余的吸水管应仍能通过全部用水量。

消防水泵至少有两条出水管与室内消防环状管网连接，当其中一条维修或发生故障时，其余的出水管仍能供应全部消防用水量。

出水管上应设置试验和检查用的压力表和 DN65 的放水阀门。当存在超压可能时，出水管上应设置防超压设施。

消防水泵应保证在火警后 30s 内启动。

消防泵应保证在火警后 5min 内开始工作，并在火场断电时仍能正常运转。

为了在起火后迅速提供消防管网所需的水量与水压，必须设置按钮、水流指示器等远距离启动消防水泵的设备。在每个消火栓处，应在距离消火栓较远的墙壁小盒内设置按钮；在水箱的消防出水管上安装水流指示器，当室内消火栓或自动消防喷头动作时，由于水的流动，水流指示器发出火警信号，并自动启动消防水泵。另外，建筑内的消防控制中心，均应设置远距离启动或停止消防水泵运转的设备。

6.2.2　室内消火栓给水系统类型

6.2.2.1　按压力和流量是否满足系统要求分

按压力和流量是否满足系统要求室内消火栓给水系统分为以下几种。

（1）常高压消火栓给水系统（图 6-4）　水压和流量任何时间和地点都能满足灭火所需，系统中不需要设消防泵的消防给水系统。2 路不同城市给水干管供水。常高压消防给水系统，管道的压力应保证用水总量达到最大且水枪在任何建筑物的最高处时，水枪的充实水柱仍不小于 10m。

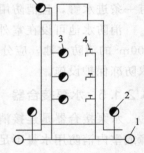

图 6-4　常高压消火栓给水系统

1—室外环网；2—室外消火栓；
3—室内消火栓；4—生活给水点；
5—屋顶试验用消火栓

（2）临时高压消火栓给水系统（图 6-5）　水压和流量平时不完全满足灭火时的需要，在灭火时启动消防泵。当为稳压泵稳压时，可满足压力，但不满足水量；当屋顶消防水箱稳压时，建筑物的下部可满足压力和流量，建筑物的上部不满足压力和流量。临时高压消防给水系统，多层建筑管道的压力应保证用水总量达到最大且水枪在任何建筑物的最高处时，水枪的充实水柱仍不小于 10m；高层建筑应满足室内最不利点灭火设施的水量和水压要求。

（3）低压消火栓给水系统（图 6-6）　低压给水系统，管道的压力应保证灭火时最不利点消火栓的水压不小于 0.10MPa（从地面算起）。满足或部分满足消防水压和水量要求，消

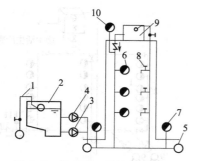

图 6-5　临时高压消火栓给水系统

1—市政管网；2—水池；3—消防水泵组；

4—生活水泵组；5—室外环网；6—室内消火栓；

7—室外消火栓；8—生活用水；

9—高位水箱和补水管；10—屋顶试验用消火栓

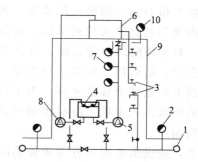

图 6-6　低压消火栓给水系统

1—市政管网；2—室外消火栓；3—室内生活用水点；

4—室内水池；5—消防水泵；6—水箱；7—室内消火栓；

8—生活水泵；9—建筑物；10—屋顶试验用消火栓

防时可由消防车或由消防水泵提升压力，或作为消防水池的水源水，由消防水泵提升压力。

6.2.2.2　按系统中有无水泵和水箱分

按系统中有无水泵和水箱，室内消火栓给水系统分为以下几种。

（1）无加压泵和水箱的室内消火栓给水系统　此种系统如图 6-7 所示，常在建筑物不太高，室外给水管网所提供的水压和水量在任何时候均能满足室内最不利点消火栓所需的水压水量时采用。

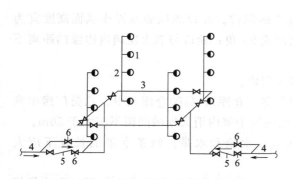

图 6-7　无加压泵和水箱的室内消火栓给水系统

1—室内消火栓；2—室内消防竖管；

3—干管；4—进户管；

5—止回阀；6—旁通管及阀门

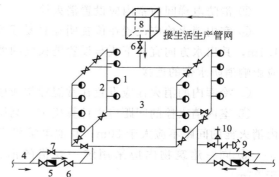

图 6-8　设有水箱的室内消火栓给水系统

1—室内消火栓；2—消防竖管；3—干管；

4—进户管；5—水表；6—止回阀；

7—旁通管及阀门；8—水箱；

9—水泵接合器；10—安全阀

（2）设有水箱的室内消火栓给水系统　此种系统如图 6-8 所示，常用在室外给水管网一日内压力变化较大的城市或居住区。这种系统管网应独立设置，水箱可以和生产、生活用水合用，但水箱内应有保证消防用水不作他用的技术措施，从而保证在任何情况下，水箱均可提供 10min 的消防水用量，10min 后，由消防车加压通过水泵接合器进行灭火。水箱的安装高度应满足室内管网最不利点消火栓水压和水量的要求。

（3）设置消防泵和水箱的室内消火栓给水系统　在室外给水管网经常不能满足室内消火栓给水系统的水量和水压要求时，宜采用水泵、水箱联合供水的室内消火栓给水系统，如图 6-9 所示。

消防水箱 10min 的消防用水量，其设置高度应保证室内最不利点消火栓的水压。消防泵只在消防时启用，对于共用的消防系统，消防泵应保证供应生活、生产、消防用水的最大秒流量，并应满足室内管网最不利点消火栓的水压。为了避免消防时消防水泵的出水进入水箱，应在水箱的消防出水管上设置单向阀。

另外，按供水范围可分为单体消防给水系统和区域消防给水系统；按供水功能分可分为独立消防给水系统、联合消防给水系统和合用给水系统。

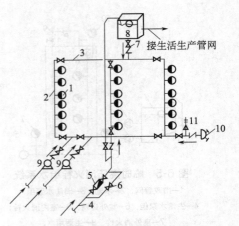

图 6-9　设置消防泵和水箱的
室内消火栓给水系统

1—室内消火栓；2—消防竖管；3—干管；
4—进户管；5—水表；6—止回阀；
7—旁通管及阀门；8—水箱；9—消防水泵；
10—水泵接合器；11—安全阀

6.2.3　室内消火栓给水系统的布置

室内消火栓的布置应符合下列规定。

① 除无可燃物的设备层外，设置室内消火栓的建筑物，其各层均应设置消火栓。单元式、塔式住宅的消火栓宜设置在楼梯间的首层和各层楼层休息平台上，当设 2 根消防竖管确有困难时，可设 1 根消防竖管，但必须采用双口双阀型消火栓。干式消火栓竖管应在首层靠出口部位设置，便于消防车供水的快速接口。

② 消防电梯间前室内应设置消火栓。

③ 室内消火栓应设置在位置明显且易于操作的部位。栓口离地面或操作基面高度宜为 1.1m，其出水方向宜向下或与设置消火栓的墙面成 90°角；栓口与消火栓箱内边缘的距离不应影响消防水带的连接。

④ 冷库内的消火栓应设置在常温穿堂或楼梯间内。

⑤ 室内消火栓的间距应由计算确定。高层厂房（仓库）、高架仓库和甲、乙类厂房中室内消火栓的间距不应大于 30m；其他单层和多层建筑中室内消火栓的间距不应大于 50m。

⑥ 同一建筑物内应采用统一规格的消火栓、水枪和水带。每条水带的长度不应大于 25m。

⑦ 室内消火栓的布置应保证每一个防火分区同层有两支水枪的充实水柱同时到达任何部位。建筑高度小于等于 24m 且体积小于等于 5000m³ 的多层仓库，可采用 1 支水枪充实水柱到达室内任何部位。

⑧ 高层厂房（仓库）和高位消防水箱静压不能满足最不利点消火栓水压要求的其他建筑，应在每个室内消火栓处设置直接启动消防水泵的按钮，并应有保护设施。

⑨ 室内消火栓栓口处的出水压力大于 0.5MPa 时，应设置减压设施；静水压力大于 1.0MPa 时，应采用分区给水系统。

⑩ 设有室内消火栓的建筑，如为平屋顶时，宜在平屋顶上设置试验和检查用的消火栓。

6.2.4　消火栓消防系统管道布置

室内消火栓超过 10 个且室内消防用水量大于 15L/s 时，室内消防给水管道至少应有两条引入管与室外环状管网连接，并应将室内管道连成环状或将引入管与室外管道连成环状。

7～9 层的单元住宅，其室内消防给水管道可为枝状，引入管可采用一条。超过 6 层的塔式（采用双出口消火栓者除外）和通廊式住宅，超过 5 层或体积超过 10000m³ 的其他民用建筑，超过 4 层的厂房和库房，如室内消防竖管为两条或两条以上时，应至少每两根竖管相连组成环状管道。

6.2.5 高层建筑室内消火栓给水系统

高层室内消防给水系统分为不分区消防给水系统和分区消防给水系统。

（1）不分区室内消防给水系统 当高层建筑最低消水栓处静水压力小于等于 1.2MPa 时，可采用不分区消防给水系统，见图 6-10。

有黄河牌或交通牌等大型消防车的城市，建筑高度超过 50m 而不超过 80m 时，室内消防给水系统也可不分区。该系统水泵扬程较低，系统简单，维护管理方便。

（2）分区给水的室内消防给水系统 当室内消火栓栓口处静压大于 1.2MPa 时，消防车已难以协助灭火，室内消防给水系统应具有扑灭建筑内大火的能力，为了便于灭火和供水设备的安全，宜采用分区的室内消火栓给水系统。

高层建筑消防分区给水系统分为并联分区给水系统和串联分区给水系统。

① 并联分区室内消火栓给水系统。各区分别有各自专用消防水泵，独立运行，水泵集中布置。该系统管理方便，运行比较安全可靠。但高区水泵扬程较高，需用耐高压管材与管件，一旦高区消防车供水压力不够时，高区的水泵结合器将失去作用。并联分区给水系统一般适用于分区不多的高层建筑，如建筑高度不超过 100m 的高层建筑，见图 6-11(a)、(b)、(c)。

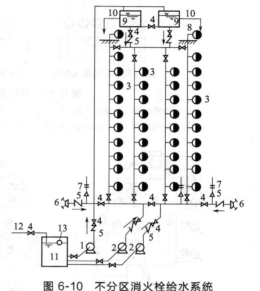

图 6-10 不分区消火栓给水系统
1—生活、生产水泵；2—消防水泵；
3—消火栓和水泵远距离启动按钮；4—阀门；
5—止回阀；6—水泵接合器；7—安全阀；
8—屋顶消火栓；9—高位水箱；10—至生活、生产管网；
11—贮水池；12—来自城市管网；13—浮球阀

② 串联分区室内消火栓给水系统。消防给水管网竖向各区由消防水泵或串联消防水泵分级向上供水，串联消防水泵设置在设备层或避难层。一般适用于建筑高度大于 100m，消火栓给水分区大于 2 区的超高层建筑或设有避难层的建筑。串联消防水泵分区又可分为水泵直接串联和水箱转输间接串联两种。

直接串联分区给水系统如图 6-12(a) 所示。消防水泵从消防水池（箱）或消防管网直接吸水，消防水泵从下到上依次启动。但低区水泵作为高区的转输泵，同转输串联给水方式相比，节省投资与占地面积，但供水安全性不如转输串联，控制较为复杂。

水箱转输间接串联分区给水系统如图 6-12(b) 所示。水泵自下区水箱抽水供上区用水，不需采用耐高压管材、管件与水泵，可通过水泵结合器并经各转输泵向高区送水灭火，供水可靠性较好；水泵分散在各层，振动、噪声干扰较大，管理不便，水泵安全可靠性较差；易产生二次污染。在超高层建筑中，也可以采用串联、并联混合给水的方式，如图 6-12(c) 所示。

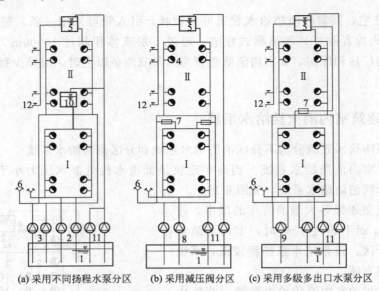

(a) 采用不同扬程水泵分区　　(b) 采用减压阀分区　　(c) 采用多级多出口水泵分区

图 6-11　并联分区室内消火栓给水系统

1—消防水池；2—低区水泵；3—高区水泵；4—室内消火栓；5—屋顶水箱消防水泵；6—水泵接合器；
7—减压阀；8—消防水泵；9—多级多出口水泵；10—中间水箱；11—生活给水泵；12—生活给水

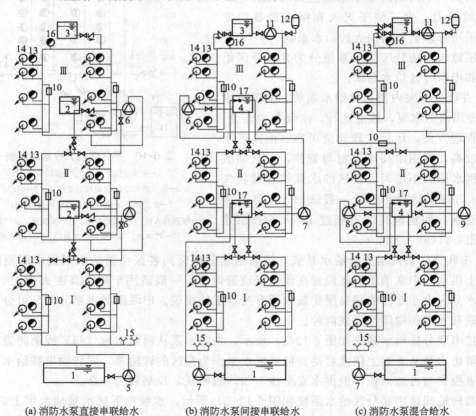

(a) 消防水泵直接串联给水　　(b) 消防水泵间接串联给水　　(c) 消防水泵混合给水

图 6-12　直接串联分区给水系统

1—消防水池；2—中间水箱；3—屋顶水箱；4—中间传输水箱；5—消防水泵；6—中、高区消防水泵；
7—低、中区消防水泵兼转输；8—中区消防水泵；9—高区消防水泵；10—减压阀；11—增压水泵；
12—气压罐；13—室内消火栓；14—消防卷盘；15—水泵接合器；16—屋顶消火栓；17—浮球阀

6.3　自动喷水灭火系统

自动喷水灭火系统是一种固定形式的自动灭火装置。系统的喷头以适当的间距和高度安装于建筑物、构筑物内部。当建筑物内发生火灾时，喷头会自动开启灭火，同时发出火警信号，启动消防水泵从水源抽水灭火。

自动喷水灭火系统可分为闭式系统和开式系统，闭式系统包括湿式系统、干式系统、预作用系统和重复启闭预作用系统；开式系统包括雨淋系统、水幕系统和水喷雾系统。

6.3.1　闭式自动喷水灭火系统

6.3.1.1　闭式自动喷水灭火系统类型及组成

闭式自动喷水灭火系统的特点是洒水喷头是闭式洒水喷头。

（1）湿式自动喷水灭火系统（图 6-13）　由闭式洒水喷头、水流指示器、湿式报警阀组以及管道和供水设施等组成，其管道内始终充满水并保持一定的压力。是世界上使用时间最长、应用最广泛、控火灭火率最高的一种闭式自动喷水灭火系统。发生火灾时，由闭式喷头探测火灾，水流指示器报告起火区域，报警阀组或稳压泵的压力开关输出启动供水泵信号，完成系统的启动。系统启动后，由供水泵向开放的喷头供水，开放的喷头将供水按不低于设计规定的喷水强度均匀喷洒，实施灭火。湿式系统适合在温度不低于 4℃、不高于 70℃ 的环境中使用。

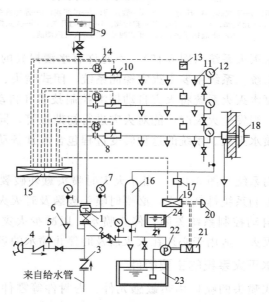

图 6-13　湿式自动喷水灭火系统

1—湿式报警阀；2—闸阀；3—止回阀；4—水泵接合器；5—安全阀；6—排水漏斗；7—压力表；8—节流孔板；

9—高位水箱；10—水流指示器；11—闭式洒水喷头；12—压力表；13—感烟探测器；14—火灾报警装置；

15—火灾收信机；16—延迟器；17—压力继电器；18—水力报警阀；19—电气控制箱；

20—按钮；21—驱动电机；22—消防泵；23—消防水池；24—水泵补充水箱

（2）干式自动喷水灭火系统（图 6-14）　干式系统与湿式系统的组成基本相同，但干式自动喷水灭火系统采用干式报警阀组和配置保持管道内气体的补气装置，且一般情况下不配备延时器，而是在报警阀组附近设置加速器，以便快速驱动干式报警阀组。干式系统报警阀后管网内平时不充水，充有有压气体（或氮气），与报警阀前的供水压力保持平衡，使报警阀处于紧闭状态。当喷头受到来自火灾释放的热量驱动打开后，喷头首先喷射管道中的气体，排出气体后，有压水通过管道到达喷头喷水灭火。干式灭火系统适用于环境温度小于4℃或大于70℃、不适宜用湿式自动喷水灭火系统的场所。

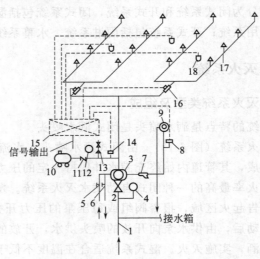

图 6-14　干式自动喷水灭火系统

1—供水管；2—闸阀；3—干式阀；4—压力表；5、6—截止阀；7—过滤器；8—压力开关；9—水力警铃；
10—空压机；11—止回阀；12—压力表；13—安全阀；14—压力开关；15—火灾报警控制箱；
16—水流指示器；17—闭式喷头；18—火灾探测器

（3）预作用自动喷水灭火系统（图 6-15）　不允许有水渍损失的建筑物、构筑物中宜采用预作用自动喷水灭火系统。系统主要由火灾探测系统、闭式喷头、预作用阀、报警装置及供水系统组成。预作用喷水灭火系统将火灾自动探测控制技术和自动喷水灭火技术相结合，系统平时处于干式状态，当发生火灾时，能对火灾进行初期报警，同时迅速向管网充水使系统成为湿式状态，进而喷水灭火。系统的这种转变过程包含着预备动作的作用，故称预作用喷水灭火系统。

（4）重复启闭预作用系统（图 6-16）　当非火灾时喷头意外破裂，系统不会喷水。发生火灾时专用探测器可以控制系统排气充水，必要时喷头破裂及时灭火。当火灾扑灭环境温度下降后专用探测器可以自动控制系统关闭，停止喷水，以减少火灾损失。当火灾死灰复燃时，系统可以再次启动灭火。适用于必须在灭火后及时停止喷水的场所。

6.3.1.2　闭式自动喷水灭火系统的主要组件

（1）闭式喷头　闭式喷头的喷口用热敏感元件、密封件等零件所组成的释放机构封闭住，灭火时释放机构自动脱落，喷头开启喷水。闭式喷头按感温元件分为易熔合金锁片喷头（图 6-17）和玻璃球喷头（图 6-18）。

（2）报警阀　报警阀的作用是开启和关闭管网的水流，传递控制信号至控制系统并启动水力警铃直接报警，是自动喷水灭火系统中的重要组成部件。闭式自动喷水灭火系统的报警阀分为湿式、干式、干湿式和预作用式 4 种类型，见图 6-19。共有 $DN50mm$、$DN65mm$、$DN80mm$、$DN125mm$、$DN150mm$、$DN200mm$ 6 种规格。

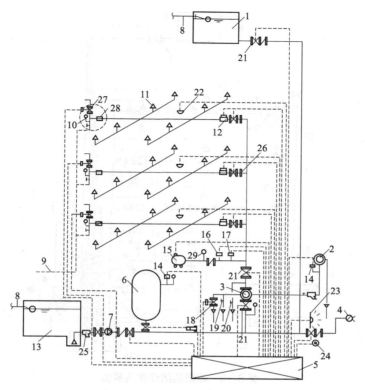

图 6-15　预作用喷水灭火系统

1—高位水箱；2—水力警铃；3—预作用阀；4—水泵接合器；5—控制箱；6—压力罐；7—消防泵；8—进水管；

9—排水管；10—末端试水装置；11—闭式洒水喷头；12—水流指示器；13—消防水池；14—压力开关；

15—空压机；16、17—压力开关；18—电磁阀；19、20—截止阀；21—水流指示器；22—火灾探测器；

23—电铃；24—紧急按钮；25—过滤器；26—节流孔板；27—排气阀；28—水表；29—压力表

（3）水流报警装置　水流报警装置主要包括水力警铃、水流指示器和压力开关。

① 水力警铃（图 6-20）。是一种水力驱动的机械装置，由壳体、叶轮、铃锤和铃盖等组成。当阀瓣被打开，水流通过座圈上的沟槽和小孔进入延迟器，充满后，继续流向水力警铃的进水口，在一定的水流压力下，推动叶轮带动铃锤转臂旋转，使铃锤连续击打铝铃而发出报警铃声。

② 水流指示器（图 6-20）。用于湿式自动喷水灭火系统中。通常安装在各楼层配水干管或支管上，其功能是当喷头开启喷水时接通电信号送至报警控制器报警，并指示火灾楼层。

③ 压力开关（图 6-20）。压力开关是自动喷水灭火系统中的一个重要部件，一般垂直安装于延迟器和水力警铃之间的管道上，其作用是将系统的压力信号转换为电信号输出。

（4）延迟器　延迟器是一个有进水口和出水口的圆筒形贮水容器，见图 6-21。下端有进水口，与报警阀的报警口连接相通，上端有出水口，连接水力警铃，用于防止由于水源水压波动原因引起报警阀开启而导致的误报。报警阀开启后，水流需经 30s 左右充满延迟器后方可冲入水力警铃。

（5）末端试水装置　末端试水装置由球阀、三通、喷头体（试水接）与压力表头组成，见图 6-22。每个报警阀组控制的最不利喷头处，应设末端试水装置，其他防火分区、楼层的最不利喷头处均设直径为 25mm 的试水阀。

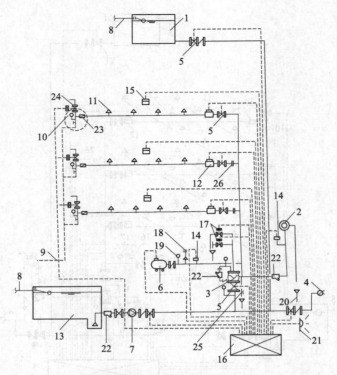

图 6-16　重复起闭预作用系统

1—高位水箱；　2—水力警铃；　3—水流控制阀；　4—水泵结合器；　5—消防安全指示阀；
6—空压机；　7—消防水泵；　8—进水管；　9—排水管；　10—末端试水装置；　11—闭式喷头；
12—水流指示器；　13—水池；　14—压力开关；　15—火灾探测器；　16—控制箱；　17—电磁阀；
18—安全阀；　19—压力表；20—排水漏斗；　21—电铃；　22—过滤器；　23—水表；　24—排气阀；
25—排水阀；　26—节流孔板

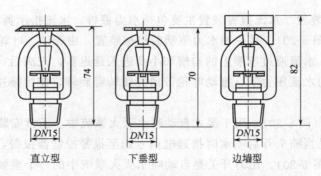

图 6-17　易熔合金锁片喷头构造示意图

（6）火灾探测器　火灾探测器是自动喷水灭火系统的重要组成部分。目前常用的有感烟、感温探测器，见图 6-23。感烟探测器是利用火灾发生地点的烟雾浓度进行探测，感温探测器是通过火灾引起的温升进行探测。火灾探测器布置在房间或走廊的天花板下面。

6.3.2　雨淋灭火系统

开式系统主要可分为 3 种形式：雨淋系统、水幕系统和水喷雾系统。

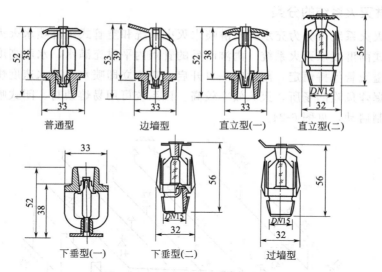

图 6-18　玻璃球喷头构造示意图

图 6-19　报警阀

图 6-20　水流报警装置

图 6-21　延迟器

图 6-22　末端试水装置

（a）感烟　　　　（b）感温

图 6-23　火灾探测器

6.3.2.1 雨淋灭火系统的分类

雨淋喷水灭火系统可分为充水式雨淋喷水灭火系统和空管式雨淋喷水灭火系统2类。

（1）充水式雨淋喷水灭火系统 雨淋阀后的管网内平时充满水，水面高度低于开式喷头的出口，并借溢流管保持恒定。雨淋阀一旦开启，喷头立即喷水，喷水速度快，用于火灾危险性较大或有爆炸危险的场所，灭火效率较高。该系统可用易熔锁封、闭式喷头传动管或火灾探测装置控制启动，见图6-24。

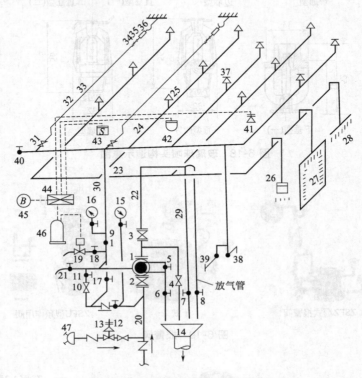

图6-24 充水式雨淋喷水灭火系统

1—成组作用阀；2～4—闸阀；5～9—截止阀；10—小孔阀；11，12—截止阀；13—单向阀；14—漏斗；15,16—压力表；
17,18—截止阀；19—电磁阀；20—供水干管；21—水嘴；22,23—配水主管；24—配水支管；25—开式喷头；26—淋水器；
27—淋水环；28—水幕；29—溢流管；30—传动管；31—传动阀门；32—钢丝绳；33—易熔锁头；34—拉紧弹簧；
35—拉紧连接器；36—钩子；37—闭式喷头；38—手动开关；39—长柄手动开关；40—截止阀；41—感光探测器；
42—感温探测器；43—感烟探测器；44—收信机；45—报警装置；46—自控箱；47—水泵接合器

（2）空管式雨淋喷水灭火系统 雨淋阀后的管网为干管状态，该系统可由传动管（图6-25）或电动设备（图6-26）启动。

6.3.2.2 雨淋灭火系统主要组件

（1）喷水器和开式喷头

喷水器的类型应根据灭火对象的具体情况进行选择。有些喷水器已有定型产品，有些可在现场加工制作。

开式喷头与闭式喷头的区别仅在于缺少有热敏感元件组成的释放机构，喷口呈常开状态。喷头由本体、支架、溅水盘等零件构成。

（2）雨淋报警阀

雨淋报警阀简称雨淋阀，是雨淋灭火系统中的关键设备，其作用是接通或关断向配水管

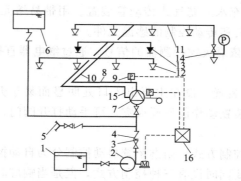

图 6-25　传动管启动雨淋喷水灭火系统

1—消防水池；2—水泵；3—闸阀；4—止回阀；5—水泵接合器；6—消防水箱；
7—雨淋阀组；8—配水干管；9—压力开关；10—配水管；11—配水支管；
12—开式喷头；13—闭式喷头；14—末端试水装置；15—传动管；
16—报警控制器；P—压力开关；M—驱动电机

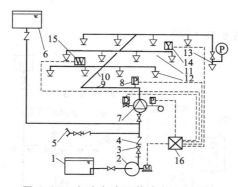

图 6-26　电动启动雨淋喷水灭火系统

1—消防水池；2—水泵；3—闸阀；4—止回阀；5—水泵接合器；6—消防水箱；
7—雨淋阀组；8—压力开关；9—配水干管；10—配水管；11—配水支管；
12—开式洒水喷头；13—末端试水装置；14—感烟探测器；15—感温探测器；16—报警控制器；
D—电磁阀；M—驱动电机

道的供水。雨淋报警阀不仅用于雨淋系统，还是水喷雾、水幕灭火系统的专用报警阀。

常用雨淋阀有隔膜式雨淋阀、杠杆式雨淋阀、双圆盘式雨淋阀等几种形式，见图 6-27。

ZSFM型隔膜式　　　　　ZSFG杠杆式　　　　　ZSFW温感雨淋阀

图 6-27　雨淋阀

（3）火灾探测传动控制装置　火灾探测传动控制装置主要有以下 4 种形式。

① 带易熔锁封钢索绳控制的传动装置。一般安装在房间的整个天花板下面，用拉紧弹簧和连接器，使钢丝绳保持 25kg 的拉力，从而使传动阀保持密闭状态。

② 带闭式喷头控制的充水或充气式传动管装置。用带易熔元件的闭式喷头或带玻璃球塞的闭式喷头作为探测火灾和传动控制的感温元件。

③ 电动传动管装置。依靠火灾探测器的信号，通过继电器直接开启传动管上的电磁阀，使传动管泄压开启雨淋阀。

④ 手动旋塞传动控制装置。设在主要出入口处明显而易于开启的场所。发生火灾时，如果在其他火灾探测传动装置动作前发现火灾，可手动打开阀门，使传动管网放水泄压，开启雨淋阀。

（4）雨淋灭火系统的控制方式　雨淋系统启动控制分为自动控制启动、手动远控启动和应急启动三种方式。一般要同时设有三种控制方式，但是当响应时间大于 60s 时，可采用手动控制和应急操作两种控制方式。

6.3.3　水幕系统

水幕系统不直接扑灭火灾，而是阻挡火焰热气流和热辐射向邻近保护区扩散，起到挡烟阻火和冷却分隔物作用。

水幕消防设备组成如图 6-28 所示。

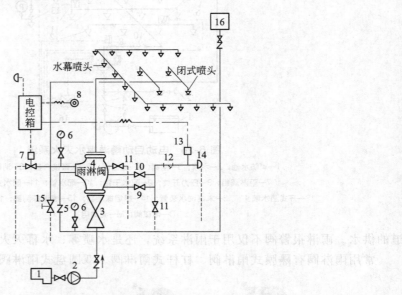

图 6-28　水幕消防系统

1—水池；2—水泵；3—供水阀门；4—雨淋阀；5—止回阀；6—压力表；7—电磁阀；
8—按钮；9—试警铃阀；10—警铃管阀；11—防水阀；12—滤网；13—压力开关；
14—警铃；15—手动开关；16—水箱

水幕喷头是开口的，按其构造与用途可分为幕帘式水幕喷头、窗口水幕喷头和檐口水幕喷头。

水幕喷头应根据喷水强度的要求布置，不应出现空白点。

6.3.4　水喷雾灭火系统

水喷雾灭火系统主要用于扑救易燃液体的火灾。它可以是独立式装置，也可以与其他灭火装置共同使用。

水喷雾灭火系统是利用水雾喷头在一定水压下将水流分解成细小水雾滴后喷射到正在燃烧的物质表面，通过表面冷却、窒息以及乳化、稀释的同时作用实现灭火。水喷雾灭火系统主要由喷雾喷头、管网、控制阀、过滤器和报警器等组成。

水喷雾灭火系统有自动控制、手动控制和应急操作三种控制方式。水喷雾灭火系统一般要同时设有三种控制方式，但是当响应时间大于 60s 时，可采用手动控制和应急操作两种控制方式。

6.4　建筑消防给水工程施工图的识读

建筑消防给水工程施工图的工图组成及识读程序参见 5.2 建筑给排水工程施工图的识读的相关内容。

6.4.1　消防设施图例

消防设施常用图例见表 6-2。

表 6-2　消防设施常用图例

名　称	图　例	名　称	图　例
消火栓给水管	——XH——	自动喷洒头（闭式，上喷）	平面 ○　系统
自动喷水灭火给水管	——ZP——	自动喷洒头（闭式，上下喷）	平面 ◉　系统
雨淋灭火给水管	——YL——	侧墙式自动喷洒头	平面 ○　系统
水幕灭火给水管	——SM——	水喷雾喷头	平面 ●　系统
水炮灭火给水管	——SP——	直立型水幕喷头	平面 ⊘　系统
室内消火栓（双口）	平面　系统	下垂型水幕喷头	平面 ⊘　系统
水泵接合器		室外消火栓	
自动喷洒头（开式）	平面 ○　系统	室内消火栓（单口）	平面　系统
自动喷洒头（闭式，下喷）	平面 ○　系统	湿式报警阀	平面 ◉　系统

名　称	图　例	名　称	图　例
干式报警阀	平面　系统	水流指示器	
预作用式报警阀	平面　系统	水力警铃	
雨淋阀	平面　系统	末端测试阀	平面　系统
信号闸阀		手提式灭火器	
信号蝶阀		推车式灭火器	
消防炮	平面　系统		

6.4.2　建筑消防给水工程平面图的识读

建筑消防给水工程平面布置图主要反映下列内容。

① 消防给水管道走向与平面布置，管材的名称、规格、型号、尺寸，管道支架的平面位置。

② 消防设备的平面位置，引用大样图的索引号，立管位置及编号。通过平面图，可以知道立管等前后、左右关系，相距尺寸。

③ 管道的敷设方式、连接方式、坡度及坡向。

④ 管道剖面图的剖切符号、投影方向。

⑤ 底层平面图应有引入管、水泵接合器等，以及建筑物的定位尺寸、穿建筑外墙管道的标高、防水套管形式等，还应有指北针。

⑥ 消防水池、消防水箱的位置与技术参数，消防水泵、消防气压罐的位置、型式、规格与技术参数。

⑦ 自动喷水灭火系统中的喷头型式与布置尺寸、水力警铃位置等。

⑧ 当有屋顶水箱时，屋顶给水排水平面图应反映出水箱容量、平面位置、进出水箱的各种管道的平面位置、管道支架、保温等内容。

建筑消防给水工程平面布置图识读时要查明消火栓的布置、口径大小及消防箱的形式与位置，消火栓一般装在消防箱内，但也可以装在消防箱外面。当装在消防箱外面时，消火栓应靠近消防箱安装。消防箱底距地面 1.10m，有明装、暗装和单门、双门之分，识图时都要注意搞清楚。

除了普通消防系统外，在物资仓库、厂房和公共建筑等重要部位，往往设有自动喷洒灭火系统或水幕灭火系统，如果遇到这类系统，除了弄清管路布置、管径、连接方法外，还要查明喷头及其他设备的型号、构造和安装要求。

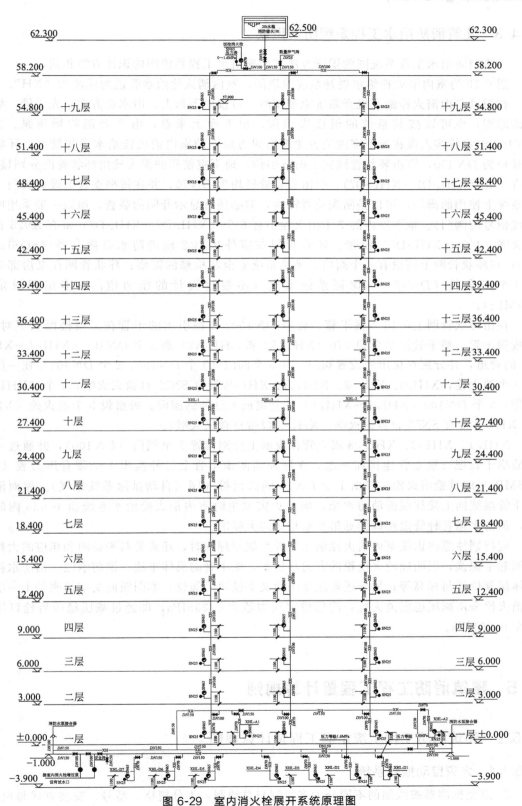

图 6-29　室内消火栓展开系统原理图

注: 十一层以下消火栓均采用稳压减压消火栓。阀后设定压力值 0.25MPa。

6.4.3　建筑消防给水工程系统图的识读

建筑消防给水工程系统图的识读方法与建筑给水工程系统图的识读方法相同。

图 6-29 为室内消火栓给水展开系统原理图，室内消火栓给水管道的标注为"XH"。

在识读室内消火栓给水展开系统原理图时，可按由下而上，沿水流方向，先干管、后支管的原则；也可以按其系统的组成来识读。由下而上来看，由 2 台消防增压泵、2 根 DN100 出水管接入设在地下室内或者建筑物周边地下的室内消火栓给水环状管网，环状管网管径为 DN150，再由环状管网向上向下引伸。地下室使用的消火栓由环状管网分别接出，共有 7 处（XHL-D1～XHL-D7），引出支管管径均为 DN70，并在每根支管上设有阀门（消防系统上使用的阀门，可以是闸阀或者蝶阀，但必须有显示开闭的装置，所以一般采用明杆的或信号的阀门）。地下室内的 7 个消火栓中有 6 个（XHL-D2～XHL-D7）带有 SN25 自救灭火喉，1 个（XHL-D1）没带。环状管网在室外接出 2 座消防水泵接合器（SQS100-E 型）；在环状管网上还设有 4 个阀门，满足系统安全和检修的需要；环状管网在泵房部分设有 1 个安全阀（DN150），保证系统安全（不超过设计的压力值，如本工程设定为 1.6MPa）。

在由环状管网上引出 2 根干管，管径 DN150。2 根引出的干管在二层楼面板下对接，形成横干管。横干管接 2 个 DN70（XHL-A1 和 XHL-A2）和 3 个 DN100（XHL-1～XHL-3）的管道，并分别在接出处设置阀门，共 5 个阀门（3 个 DN100，2 个 DN70）。在一层设有 5 个消火栓，XHL-1、XHL-2、XHL-A、XHL-B 带有 SN25 自救灭火喉，1 个"XHL-3"没带；3 个 DN100（XHL-1～XHL-3）的管道向上延伸到屋面。每层设 3 个消火栓（XHL-1、XHL-2 带有 SN25 自救灭火喉，XHL-3 没带自救灭火喉）。

XHL-1、XHL-2、XHL-33 根立管在屋面上分别设置 1 个阀门（DN100），并通过一根消防横干管把三根立管连接在一起。在屋面消防横干管上另外接出 1 个带有压力表（0～1.6MPa）的试验消火栓，接出 1 个 DN25 的微量排气阀（自动排除系统集气）。屋面消防横干管继续向上接往屋面消防水箱，满足火灾发生时室内消火栓给水系统前 10min 内的用水，消防水箱各种管道接口详见第 6 章相应的大样图。

应特别注意在识读室内消火栓给水展开系统原理图时，还需要与平面图和相应的大样图对照起来识读，以明确消火栓箱的方向与位置，横干管的具体走法，消防水池、消防水箱的具体接管位置与标高等；另外还要注意图面文字说明的阅读，本图图面文字说明是十一层以下消火栓采用减压稳压消火栓，阀后设定压力值为 0.25MPa，即经过减压稳压后栓口压力值余 0.25MPa。

6.5　建筑消防工程工程量计算规则

6.5.1　建筑消防工程全统定额工程量计算规则

6.5.1.1　火灾自动报警系统

① 点型探测器按线制的不同分为多线制与总线制，不分规格、型号、安装方式与位置，以"只"为计量单位。探测器安装包括了探头和底座的安装及本体调试。

② 红外线探测器以"只"为计量单位。红外线探测器是成对使用的，在计算时一对为两只。估价表中包括了探头支架安装和探测器的调试、对中。

③ 火焰探测器、可燃气体探测器按线制的不同分为多线制与总线制两种，计算时不分规格、型号、安装方式与位置，以"只"为计量单位。探测器安装包括了探头和底座的安装及本体调试。

④ 线形探测器的安装方式按环绕、正弦及直线综合考虑，不分线制及保护形式，以"m"为计量单位。估价表未包括探测器连接的一只模块和终端，其工程量应按相应项目另行计算。

⑤ 按钮包括消火栓按钮、手动报警按钮、气体灭火起/停按钮，以"只"为计量单位，按照在轻质墙体和硬质墙体上安装两种方式综合考虑，执行时不得因安装方式不同而调整。

⑥ 控制模块（接口）是指仅能起控制作用的模块（接口），亦称为中继器，依据其给出控制信号的数量，分为单输出和多输出两种形式。执行时不分安装方式，按照输出数量以"只"为计量单位。

⑦ 报警模块（接口）不起控制作用，只能起监视、报警作用。执行时，不分安装方式以"只"为计量单位。

⑧ 报警控制器按线制的不同分为多线制与总线制两种。其中又按其安装方式不同分为壁挂式和落地式。在不同线制、不同安装方式中按照"点"数的不同划分估价表项目，以"台"为计量单位。

多线制"点"是指报警控制器所带报警器件（探测器、报警按钮等）的数量。总线制"点"是指报警控制器所带有地址编码的报警器件（探测器、报警按钮、模块等）的数量。如果一块带数个探测器，则只能计为一点。

⑨ 联动控制器按线制的不同分为多线制与总线制两种，其中又按其安装方式不同分为壁挂式和落地式。在不同线制、不同安装方式中按照"点"数的不同划分估价表项目，以"台"为计量单位。

多线制"点"是指联动控制器所带联动设备的状态控制和状态显示的数量。总线制"点"是指联动控制器所带的有控制模块（接口）的数量。

⑩ 报警联动一体机按线制的不同分为多线制与总线制两种，其中又按其安装方式不同分为壁挂式和落地式。在不同线制、不同安装方式中按照"点"数的不同划分估价表项目，以"台"为计量单位。

多线制"点"是指报警联动一体机所带报警器件与联动设备的状态控制和状态显示的数量。总线制"点"是指报警联动一体机所带的有地址编码的报警器件与控制模块（接口）的数量。

⑪ 重复显示器（楼层显示器）不分规格、型号、安装方式，按总线制与多线制划分，以"台"为计量单位。

⑫ 警报装置分为声光报警和警铃报警两种形式，均以"台"为计量单位。

⑬ 远程控制器按其控制回路数以"台"为计量单位。

⑭ 火灾事故广播中的功放机、录音机的安装按柜内及台上两种方式综合考虑，分别以"台"为计量单位。

⑮ 消防广播控制柜是指安装成套消防广播设备的成品机柜，不分规格、型号以"台"

为计量单位。

⑯ 火灾事故广播中的扬声器不分规格、型号，按照吸顶式与壁挂式以"只"为计量单位。

⑰ 广播分配器是指单独安装的消防广播用分配器（操作盘），以"台"为计量单位。

⑱ 消防通信系统中的电话交换机按"门"数不同以"台"为计量单位；通信分机、插孔是指消防专用电话分机与电话插孔，不分安装方式，分别以"部"、"个"为计量单位。

⑲ 报警备用电源综合考虑了规格、型号，以"台"为计量单位。

6.5.1.2　水灭火系统

① 管道安装按设计管道中心长度，以"m"为计量单位，不扣除阀门、管件及各种组件所占长度。主材数量应按估价表用量计算，管件含量见表6-3。

表6-3　镀锌钢管（螺纹连接）管件含量表　　　　　单位：10m

项目	名称	公称直径(以内)/mm						
		25	32	40	50	70	80	100
管件含量	四通	0.02	1.2	0.53	0.69	0.73	0.95	0.47
	三通	2.29	3.24	4.02	4.13	3.04	2.95	2.12
	弯头	4.92	0.98	1.69	1.78	1.87	1.47	1.16
	管箍		2.65	5.99	2.73	3.27	2.89	1.44
	小计	7.23	8.07	12.23	9.33	8.91	8.26	5.19

② 镀锌钢管安装项目也适用于镀锌无缝钢管，其对应关系见表6-4。

表6-4　镀锌钢管与镀锌无缝钢管的对应关系

公称直径/mm	15	20	25	32	40	50	70	80	100	150	200
无缝钢管外径/mm	20	25	32	38	45	57	76	89	108	159	219

③ 镀锌钢管法兰连接项目，管件是按成品、弯头两端是按接短管焊法兰考虑的，估价表中包括直管、管件、法兰等全部安装工作内容，但管件、法兰及螺栓的主材数量应按设计规定另行计算。

④ 喷头安装按有吊顶、无吊顶分别以"个"为计量单位。

⑤ 报警装置安装按成套产品以"组"为计量单位。其他报警装置适用于雨淋、干湿两用及预作用报警装置，其安装执行湿式报警装置安装项目，其人工乘以系数1.2，其余不变。成套产品包括的内容详见表6-5。

表6-5　成套产品包括的内容

序号	项目名称	型号	包括内容
1	湿式报警装置	ZSS	湿式阀、蝶阀、装配管、供水压力表、装置压力表、试验阀、泄放试验阀、泄放试验管、试验管流量计、过滤器、延时器、水力警铃、报警截止阀、漏斗、压力开关等
2	干湿两用报警装置	ZSL	两用阀、蝶阀、装置截止阀、装配管、加速器、加速器压力表、供水压力表、试验阀、泄放试验阀（湿式）、泄放试验阀（干式）、挠性接头、泄放试验管、试验管流量计、排气阀、截止阀、漏斗、过滤器、延时器、水力警铃、压力开关等
3	电动雨淋报警装置	ZSY1	雨淋阀、蝶阀（2个）、装配管、压力表、泄放试验阀、流量表、截止阀、注水阀、止回阀、电磁阀、排水阀、手动应急球阀、报警试验阀、漏斗、压力开关、过滤器、水力警铃等

序号	项目名称	型号	包括内容
4	预作用报警装置	ZSU	干式报警阀、控制蝶阀（2 个）、压力表（2 块）、流量表、截止阀、排放阀、注水阀、止回阀、泄放阀、报警试验阀、液压切断阀、装配管、供水检验管、气压开关（2 个）、试压电磁阀、应急手动试压器、漏斗、过滤器、水力警铃等
5	室内消火栓	SN	消火栓箱、消火栓、水枪、水龙带、水龙带接扣、挂架、消防按钮
6	室外消火栓	地上式 SS 地下式 SX	地上式消火栓、法兰接管、弯管底座 地下式消火栓、法兰接管、弯管底座或消火栓三通
7	消防水泵接合器	地上式 SQ 地下式 SQX 墙壁式 SQB	消防接口本体、止回阀、安全阀、闸阀、弯管底座、放水阀 消防接口本体、止回阀、安全阀、闸阀、弯管底座、放水阀 消防接口本体、止回阀、安全阀、闸阀、弯管底座、放水阀、标牌
8	室内消火栓组合卷盘	SN	消火栓箱、消火栓、水枪、水龙带、水龙带接扣、挂架、消防按钮、消防软管卷盘

⑥ 温感式水幕装置安装，按不同型号和规格以"组"为计量单位。但给水三通至喷头、阀门间管道的主材数量按设计管道中心长度另加损耗计算，喷头数量按设计数量另加损耗计算。

⑦ 水流指示器、减压孔板安装，按不同规格均以"个"为计量单位。

⑧ 末端试水装置按不同规格均以"组"为计量单位。

⑨ 集热板制作安装均以"个"为计量单位。

⑩ 室内消火栓安装，区分单栓和双栓以"套"为计量单位，所带消防按钮的安装另行计算。成套产品包括的内容详见表 6-5。

⑪ 室内消火栓组合卷盘安装，执行室内消火栓安装项目乘以系数 1.2。成套产品包括的内容详见表 6-5。

⑫ 室外消火栓安装，区分不同规格、工作压力和覆土深度以"套"为计量单位。

⑬ 消防水泵接合器安装，区分不同安装方式和规格以"套"为计量单位。如设计要求用短管时，其本身价值可另行计算，其余不变。成套产品包括的内容详见表 6-5。

⑭ 隔膜式气压水罐安装，区分不同规格以"台"为计量单位。出入口法兰和螺栓按设计规定另行计算。地脚螺栓是按设备带有考虑的，估价表中包括指导二次灌浆用工，但二次灌浆费用应按相应项目另行计算。

⑮ 管道支吊架已综合支架、吊架及防晃支架的制作安装，均以"kg"为计量单位。

⑯ 自动喷水灭火系统管网水冲洗，区分不同规格以"m"为计量单位。

⑰ 阀门、法兰安装、各种套管的制作安装、泵房间管道安装及管道系统强度试验、严密性试验执行《全国统一安装工程预算工程量计算规则》第六册《工业管道安装工程》相应项目。

⑱ 消火栓管道、室外给水管道安装及水箱制作安装，执行《全国统一安装工程预算工程量计算规则》第八册《给排水、采暖、燃气安装工程》相应项目。

⑲ 各种消防泵、稳压泵等的安装及二次灌浆，执行《全国统一安装工程预算工程量计算规则》第一册《机械设备安装工程》相应项目。

⑳ 各种仪表的安装、带电信信号的阀门、水流指示器、压力开关的接线、校线，执行《全国统一安装工程预算工程量计算规则》第十册《自动化控制仪表安装工程》相应项目。

㉑ 各种设备支架的制作安装等，执行《全国统一安装工程预算工程量计算规则》第五

册《静置设备与工艺金属结构制作安装工程》相应项目。

㉒ 管道、设备、支架、法兰焊口除锈刷油，执行《全国统一安装工程预算工程量计算规则》第十一册《刷油、防腐蚀、绝热工程》相应项目。

㉓ 系统调试执行《全国统一安装工程预算工程量计算规则》第三册《管道安装工程》相应项目。

6.5.1.3 气体灭火系统

① 管道安装包括无缝钢管的螺纹连接、法兰连接、气动驱动装置管道安装及钢制管件的螺纹连接。

② 各种管道安装按设计管道中心长度，以"m"为计量单位，不扣除阀门、管件及各种组件所占长度，主材数量应按估价表用量计算。

③ 钢制管件螺纹连接均按不同规格以"个"为计量单位。

④ 无缝钢管螺纹连接不包括钢制管件连接内容，其工程量应按设计用量执行钢制管件连接项目。

⑤ 无缝钢管法兰连接项目，管件是按成品、弯头两端是按接短管焊法兰考虑的，包括了直管、管件、法兰等预装和安装的全部工作内容，但管件、法兰及螺栓的主材数量应按设计规定另行计算。

⑥ 螺纹连接的不锈钢管、铜管及管件安装时，按无缝钢管和钢制管件安装相应项目乘以系数1.2。

⑦ 无缝钢管和钢制管件内外镀锌及场外运输费用另行计算。

⑧ 气动驱动装置管道安装项目包括卡套连接件的安装，其本身价值按设计用量另行计算。

⑨ 喷头安装均按不同规格以"个"为计量单位。

⑩ 选择阀安装按不同规格和连接方式分别以"个"为计量单位。

⑪ 贮存装置安装中包括灭火剂贮存容器和驱动气瓶的安装固定和支框架、系统组件（集流管、容器阀、单向阀、高压软管）、安全阀等贮存装置和阀驱动装置的安装及氮气增压。贮存装置安装按贮存容器和驱动气瓶的规格（L）以"套"为计量单位。

⑫ 二氧化碳贮存装置安装时，如不需增压，应扣除高纯氮气，其余不变。

⑬ 二氧化碳称重检漏装置包括泄漏报警开关、配重、支架等，以"套"为计量单位。

⑭ 系统组件包括选择阀、单向阀（含气、液）及高压软管。试验按水压强度试验和气压严密性试验，分别以"个"为计量单位。

⑮ 无缝钢管、钢制管件、选择阀安装及系统组件试验均适用于卤代烷1211和1301灭火系统。二氧化碳灭火系统，按卤代烷灭火系统相应安装项目乘以系数1.2。

⑯ 管道支吊架的制作安装执行本册第2章相应项目及有关规定。

⑰ 不锈钢管、铜管及管件的焊接或法兰连接、各种套管的制作安装、管道系统强度试验、严密性试验和吹扫等均执行《全国统一安装工程预算工程量计算规则》第六册《工业管道安装工程》相应项目。

⑱ 管道及支吊架的防腐、刷油等执行《全国统一安装工程预算工程量计算规则》第十一册《刷油、防腐蚀、绝热工程》相应项目。

⑲ 系统调试执行本册第5章相应项目。

⑳ 电磁驱动器与泄漏报警开关的电气接线等执行《全国统一安装工程预算工程量计算规则》第十册《自动化控制仪表安装工程》相应项目。

6.5.1.4　泡沫灭火系统

① 泡沫发生器及泡沫比例混合器安装中已包括整体安装、焊法兰、单体调试及配合管道试压时隔离本体所消耗的人工和材料，不包括支架的制作安装和二次灌浆的工作内容，其工程量应按相应项目另行计算。地脚螺栓按设备带有来考虑。

② 泡沫发生器安装均按不同型号以"台"为计量单位，法兰和螺栓按设计规定另行计算。

③ 泡沫比例混合器安装均按不同型号以"台"为计量单位，法兰和螺栓按设计规定另行计算。

④ 泡沫灭火系统的管道、管件、法兰、阀门、管道支架等的安装及管道系统水冲洗、强度试验、严密性试验等执行《全国统一安装工程预算工程量计算规则》第六册《工业管道安装工程》相应项目。

⑤ 消防泵等机械设备安装及二次灌浆执行《全国统一安装工程预算工程量计算规则》第一册《机械设备安装工程》相应项目。

⑥ 除锈、刷油、保温等执行《全国统一安装工程预算工程量计算规则》第十一册《刷油、防腐蚀、绝热工程》相应项目。

⑦ 泡沫液贮罐、设备支架制作安装执行《全国统一安装工程预算工程量计算规则》第五册《静置设备与工艺金属结构制作安装工程》相应项目。

⑧ 泡沫喷淋系统的管道组件、气压水罐、管道支吊架等安装应执行本册第二章相应项目及有关规定。

⑨ 泡沫液充装是按生产厂在施工现场充装考虑的，若由施工单位充装时，可另行计算。

⑩ 油罐上安装的泡沫发生器及化学泡沫室执行第五册《静置设备与工艺金属结构制作与安装工程》相应项目。

⑪ 泡沫灭火系统调试应按批准的施工方案另行计算。

6.5.1.5　消防系统调试

① 消防系统调试包括：自动报警系统、水灭火系统、火灾事故广播、消防通信系统、消防电梯系统、电动防火门、防火卷帘门、正压送风阀、排烟阀、防火阀控制装置、气体灭火系统装置。

② 自动报警系统包括各种探测器、报警按钮、报警控制器，分别按照不同点数以"系统"为计量单位，其点数按多线制与总线制报警器的点数计算。

③ 水灭火系统控制装置按照不同点数以"系统"为计量单位，其点数按多线制与总线制联动控制器的点数计算。

④ 火灾事故广播、消防通信系统中的消防广播喇叭、音箱和消防通信的电话分机、电话插孔，按其数量以"个"为计量单位。

⑤ 消防用电梯与控制中心间的控制调试以"部"为计量单位。

⑥ 电动防火门、防火卷帘门指可由消防控制中心显示与控制的电动防火门、防火卷帘门，以"处"为计量单位，每樘为一处。

⑦ 正压送风阀、排烟阀、防火阀以"处"为计量单位，一个阀为一处。

⑧ 气体灭火系统装置调试包括模拟喷气试验、备用灭火器贮存容器切换操作试验，按试验容器的规格（L），分别以"个"为计量单位。试验容器的数量包括系统调试、检测和验收所消耗的试验容器的总数，试验介质不同时可以换算。

6.5.1.6 安全防范设备安装

① 设备、部件按设计成品以"台"或"套"为计量单位。

② 模拟盘以"m²"为计量单位。

③ 入侵报警系统调试以"系统"为计量单位，其点数按实际调试点数计算。

④ 电视监控系统调试以"系统"为计量单位，其头尾数包括摄像机、监视器数量之和。

⑤ 其他联动设备的调试已考虑在单机调试中，其工程量不得另行计算。

6.5.2 建筑消防工程清单计价工程量计算规则

《通用安装工程工程量计算规范》（GB 50856—2013）附录 I 对消防工程工程量清单项目设置及计算规则作了规定，现将"附录 I 消防工程"中的工程量清单项目设置及计算规则以列表的形式叙述如下。

（1）水灭火系统 水灭火系统工程量清单项目设置、项目特征描述的内容、计量单位及工程量计算规则，应按表 6-6 的规定执行。

表 6-6　水灭火系统（编码：030901）

项目编码	项目名称	项目特征	计量单位	工程量计算规则	工作内容
030901001	水喷淋钢管	1. 安装部位 2. 材质、规格 3. 连接形式 4. 钢管镀锌设计要求 5. 压力试验及冲洗设计要求 6. 管道标识设计要求	m	按设计图示管道中心线以长度计算	1. 管道及管件安装 2. 钢管镀锌及二次安装 3. 压力试验 4. 冲洗 5. 管道标识
030901002	消火栓钢管				
030901003	水喷淋（雾）喷头	1. 安装部位 2. 材质、型号、规格 3. 连接形式 4. 装饰盘材质、型号	个		1. 安装 2. 装饰盘安装 3. 严密性试验
030901004	报警装置	1. 名称 2. 型号、规格	组		
030901005	温感式水幕装置	1. 型号、规格 2. 连接形式			
030901006	水流指示器	1. 规格、型号 2. 连接形式	个	按设计图示数量计算	安装
030901007	减压孔板	1. 材质、规格 2. 连接形式			
030901008	末端试水装置	1. 规格 2. 组装形式	组		
030901009	集热板制作安装	1. 材质 2. 支架形式	个		1. 制作、安装 2. 支架制作、安装
030901010	室内消火栓	1. 安装方式 2. 型号、规格 3. 附件材质、规格	套		1. 箱体及消火栓安装 2. 配件安装
030901011	室外消火栓				1. 安装 2. 配件安装
030901012	消防水泵接合器	1. 安装部位 2. 型号、规格 3. 附件材质、规格			1. 安装 2. 附件安装
030901013	灭火器	1. 形式 2. 规格、型号	具（组）		设置

项目编码	项目名称	项目特征	计量单位	工程量计算规则	工作内容
030901014	消防水炮	1. 水炮类型 2. 压力等级 3. 保护半径	台	按设计图示数量计算	1. 本体安装 2. 调试

注：1. 水灭火管道工程量计算，不扣除阀门、管件及各种组件所占长度以延长米计算。

2. 水喷淋（雾）喷头安装部位应区分有吊顶、无吊顶。

3. 报警装置适用干、湿式报警装置，电动雨淋报警装置，预制作用报警装置等报警装置安装。报警装置安装包括装配管（除水力警铃进水管）的安装，水力警铃进水管并入消防管道工程量。其中

① 湿式报警装置包括内容：湿式阀、蝶阀、装配管、供水压力表、装置压力表、试验阀、泄放试验阀、泄放试验管、试验管流量计、过滤器、延时器、水力警铃、报警截止阀、漏斗、压力开关等。

② 干湿两用报警装置包括内容：两用阀、蝶阀、装配管、加速器、加速器压力表、供水压力表、试验阀、泄放试验阀（湿式、干式）、挠性接头、泄放试验管、试验管流量计、排气阀、截止阀、漏斗、过滤器、延时器、水力警铃、压力开关等。

③ 电动雨淋报警装置包括内容：雨淋阀、蝶阀、装配管、压力表、泄放试验阀、流量表、截止阀、注水阀、止回阀、电磁阀、排水阀、手动应急球阀、报警试验阀、漏斗、压力开关、过滤器、水力警铃等。

④ 预作用报警装置包括内容：报警阀、控制蝶阀、压力表、流量表、截止阀、排放阀、注水阀、止回阀、泄放阀、报警试验阀、液压切断阀、装配管、供水检验管、气压开关、试压电磁阀、空压机、应急手动试压器、漏斗、过滤器、水力警铃等。

4. 温感式水幕装置，包括给水三通至喷头，阀门间的管道、管件、阀门、喷头等全部内容的安装。

5. 末端试水装置，包括压力表、控制阀等附件安装。末端试水装置安装中不含连接管及排水管安装，其工程量并入消防管道。

6. 室内消火栓，包括消火栓箱、消火栓、水枪、水龙头、水龙带接扣、自救卷盘、挂架、消防按钮；落地消火栓箱包括箱内手提灭火器。

7. 室外消火栓，安装方式分地上式、地下式。地上式消火栓安装包括地上式消火栓、法兰接管、弯管底座；地下式消火栓安装包括地下式消火栓、法兰接管、弯管底座或消火栓三通。

8. 消防水泵接合器，包括法兰接管及弯头安装，接合器井内阀门、弯管底座、标牌等附件安装。

9. 减压孔板若在法兰盘内安装，其法兰计入组价中。

10. 消防水炮：分普通手动水炮、智能控制水炮。

（2）气体灭火系统　气体灭火系统工程量清单项目设置、项目特征描述的内容、计量单位及工程量计算规则，应按表 6-7 的规定执行。

表 6-7　气体灭火系统（编码：030902）

项目编码	项目名称	项目特征	计量单位	工程量计算规则	工作内容
030902001	无缝钢管	1. 介质 2. 材质、压力等级 3. 规格 4. 焊接方法 5. 钢管镀锌设计要求 6. 压力试验及吹扫设计要求 7. 管道标识设计要求	m	按设计图示管道中心线以长度计算	1. 管道安装 2. 管件安装 3. 钢管镀锌及二次安装 4. 压力试验 5. 吹扫 6. 管道标识
030902002	不锈钢管	1. 材质、压力等级 2. 规格 3. 焊接方法 4. 压力试验及吹扫设计要求 5. 管道标识设计要求			1. 管道安装 2. 压力试验 3. 吹扫 4. 管道标识
030902003	不锈钢管管件	1. 材质、压力等级 2. 规格 3. 焊接方法	个	按设计图示数量计算	管件安装

项目编码	项目名称	项目特征	计量单位	工程量计算规则	工作内容
030902004	气体驱动装置管道	1. 材质、压力等级 2. 规格 3. 焊接方法 4. 压力试验及吹扫设计要求 5. 管道标识设计要求	m	按设计图示管道中心线以长度计算	1. 管道安装 2. 压力试验 3. 吹扫 4. 管道标识
030902005	选择阀	1. 材质 2. 型号、规格 3. 连接形式			1. 安装 2. 压力试验
030902006	气体喷头	1. 材质 2. 型号、规格 3. 连接形式			喷头安装
030902007	贮存装置	1. 介质、类型 2. 型号、规格 3. 气体增压设计要求	个	按设计图示数量计算	1. 贮存装置安装 2. 系统组件安装 3. 气体增压
030902008	称重检漏装置	1. 型号 2. 规格			
030903009	无管网气体灭火装置	1. 类型 2. 型号、规格 3. 安装部位 4. 调试要求			1. 安装 2. 调试

注：1. 气体灭火管道工程量计算，不扣除阀门、管件及各种组件所占长度以延长米计算。

2. 气体灭火介质，包括七氟丙烷灭火系统、IG541灭火系统、二氧化碳灭火系统等。

3. 气体驱动装置管道安装，包括卡、套连接件。

4. 贮存装置安装，包括灭火剂存贮器、驱动气瓶、支框架、集流阀、容器阀、单向阀、高压软管和安全阀等贮存装置和阀驱动装置、减压装置、压力指示仪等。

（3）泡沫灭火系统　泡沫灭火系统工程量清单项目设置、项目特征描述的内容、计量单位及工程量计算规则，应按表6-8的规定执行。

表6-8　泡沫灭火系统（编码：030903）

项目编码	项目名称	项目特征	计量单位	工程量计算规则	工作内容
030903001	碳钢管	1. 材质、压力等级 2. 规格 3. 焊接方法 4. 无缝钢管镀锌及二次安装设计要求 5. 压力试验、吹扫设计要求 6. 管道标识设计要求	m	按设计图示管道中心线以长度计算	1. 管道安装 2. 管件安装 3. 无缝钢管镀锌及二次安装 4. 压力试验 5. 吹扫 6. 管道标识
030903002	不锈钢管	1. 材质、压力等级 2. 规格 3. 焊接方法 4. 压力试验、吹扫设计要求 5. 管道标识设计要求			1. 管道安装 2. 压力试验 3. 吹扫 4. 管道标识
030903003	铜管				

项目编码	项目名称	项目特征	计量单位	工程量计算规则	工作内容
030903004	不锈钢管、铜管管件	1. 材质、压力等级 2. 规格 3. 焊接方法	个	按设计图示数量计算	管件安装
030903005	泡沫发生器	1. 类型 2. 型号、规格 3. 二次灌浆材料	台		1. 安装 2. 调试 3. 二次灌浆
030903006	泡沫比例混合器				
030903007	泡沫液贮罐	1. 质量/容量 2. 型号、规格 3. 二次灌浆材料			

注：1. 泡沫灭火管道工程量计算，不扣除阀门、管件及各种组件所占长度以延长米计算。

2. 泡沫发生器、泡沫比例混合器安装，包括整体安装、焊法兰、单体调试及配合管道试压时隔离本体所消耗的工料。

3. 泡沫液贮罐内如需充装泡沫液，应明确描述泡沫灭火剂品种、规格。

（4）火灾自动报警系统　火灾自动报警系统工程量清单项目设置、项目特征描述的内容、计量单位及工程量计算规则，应按表 6-9 的规定执行。

表 6-9　火灾自动报警系统（编码：030904）

项目编码	项目名称	项目特征	计量单位	工程量计算规则	工作内容
030904001	点型探测器	1. 名称 2. 规格 3. 线制 4. 类型	个	按设计图示数量计算	1. 探头安装 2. 底座安装 3. 校接线 4. 编码 5. 探测器调试
030904002	线型探测器	1. 名称 2. 规格 3. 安装方式	m		1. 探测器安装 2. 接口模块安装 3. 报警终端安装 4. 校接线 5. 调试
030904003	按钮	1. 名称 2. 规格	个		1. 安装 2. 校接线 3. 编码 4. 调试
030904004	消防警铃				
030904005	声光报警器				
030904006	消防报警电话插孔（电话）	1. 名称 2. 规格 3. 安装方式	个（部）		
030904007	消防广播（扬声器）	1. 名称 2. 功率 3. 安装方式	个		
030904008	模块（模块箱）	1. 名称 2. 规格 3. 类型 4. 输出形式	个（台）		1. 安装 2. 校接线 3. 编码 4. 调试

项目编码	项目名称	项目特征	计量单位	工程量计算规则	工作内容
030904009	区域报警控制箱	1. 多线制 2. 总线制 3. 安装方式 4. 控制点数量 5. 显示器类型	台	按设计图示数量计算	1. 本体安装 2. 校接线、摇测绝缘电阻 3. 排线、绑扎、导线标识 4. 显示器安装 5. 调试
030904010	联动控制箱				
030904011	远程控制箱（柜）	1. 规格 2. 控制回路			
030904012	火灾报警系统控制主机	1. 规格、线制 2. 控制回路 3. 安装方式			1. 安装 2. 校接线 3. 调试
030904013	联动控制主机				
030904014	消防广播及对讲电话主机（柜）				
030904015	火灾报警控制微机（CRT）	1. 规格 2. 安装方式			1. 安装 2. 调试
030904016	备用电源及电池主机（柜）	1. 名称 2. 容量 3. 安装方式	套		

注：1. 消防报警系统配管、配线、接线盒均应按《通用安装工程工程量计算规范》附录 D 电气设备安装工程相关项目编码列项。

2. 消防广播及对讲电话主机包括功放、录音机、分配器、控制柜等设备。

3. 报警联动一体机按消防报警系统控制主机计算。

4. 点型探测器包括火焰、烟感、温感、红外光束、可燃气体探测器等。

（5）消防系统调试　消防系统调试工程量清单项目设置、项目特征描述的内容、计量单位及工程量计算规则，应按表 6-10 的规定执行。

表 6-10　消防系统调试（编码：030905）

项目编码	项目名称	项目特征	计量单位	工程量计算规则	工作内容
030905001	自动报警系统装置调试	点数 线制	系统	按设计图示数量计算	系统装置调试
030905002	水灭火系统控制装置调试				
030905003	防火控制装置联动调试	1. 名称 2. 类型	个		调试
030905004	气体灭火系统装置调试	1. 试验容器规格 2. 气体试喷、二次充药剂设计要求	组	按调试、检验和验收所消耗的试验容器总数计算	1. 模拟喷气试验 2. 备用灭火器贮存容器切换操作试验 3. 气体试喷 4. 二次充药剂

注：1. 自动报警系统包括各种探测器、报警按钮、报警控制器组成的报警系统；按不同点数以系统计算。

2. 水灭火系统控制装置，是由消火栓、自动喷水灭火等组成的灭火系统装置；按不同点数以系统计算。

3. 气体灭火系统装置调试，是由七氟丙烷、IG541、二氧化碳等组成的灭火系统装置；按气体灭火系统装置的瓶组计算。

4. 防火控制装置联动调试，包括电动防火门、防火卷帘门、正压送风阀、排烟阀、防火控制阀等防火控制装置。

（6）其他相关问题　管道界限的划分应遵循以下规定。

① 喷淋系统水灭火管道：室内外界限应以建筑物外墙皮 1.5m 为界，入口处设阀门者应以阀门为界；设在高层建筑物内消防泵间的管道应以泵间外墙皮为界。

② 消火栓管道：给水管道室内外界限划分应以外墙皮 1.5m 为界，入口处设阀门者应以阀门为界。

③ 与市政给水管道的界限：以水表井为界；无水表井的，以与市政给水管道碰头点为界。

凡涉及管沟及井类的土石方开挖、垫层、基础、砌筑、抹灰、地井盖板预制安装、回填、运输，路面开挖及修复、管道支墩等，应按《房屋建筑与装饰工程计量规范》、《市政工程计量规范》相关项目编码列项。

消防水泵房内的管道，应按《通用安装工程工程量计算规范》（GB 50856—2013）附录 H 工业管道工程相关项目编码列项；消防管道如需进行探伤，应按本规范附录 H 工业管道工程相关项目编码列项。

消防管道上的阀门、管道及设备支架、套管制作安装，应按《通用安装工程工程量计算规范》（GB 50856—2013）附录 J 给排水、采暖、燃气工程相关项目编码列项。

管道及设备除锈、刷油、保温除注明者外，均应按《通用安装工程工程量计算规范》附录 L 刷油、防腐蚀、绝热工程相关项目编码列项。

消防工程措施项目，应按《通用安装工程工程量计算规范》（GB 50856—2013）附录 M 措施项目相关项目编码列项。

6.6　建筑消防工程清单计量与计价示例

【例 6-1】　某办公楼项目，共二层，其消火栓平面图、系统图分别如图 6-30 和图 6-31

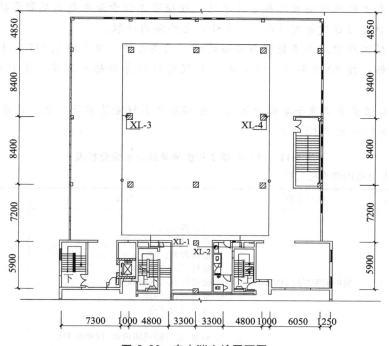

图 6-30　室内消火栓平面图

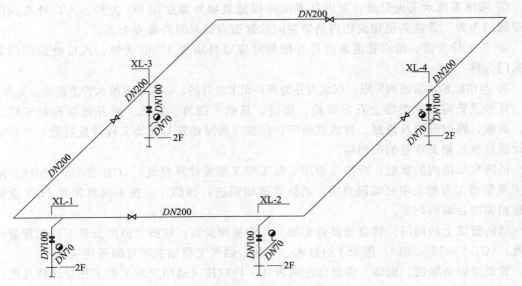

图 6-31 室内消火栓系统图

所示。消火栓管道采用焊接钢管，焊接连接。铝合金消火栓箱，箱体尺寸为 800mm×650mm×240mm，箱体内配有普通单栓 *DN*65 1 个、25m 长水龙带 1 条、水枪 1 只及卡扣件等。

解 编制依据及有关说明如下。

① 本工程以《建设工程工程量清单计价》（GB50500—2008）为计价依据。

② 消耗量及取费标准：依据 2008 年《辽宁省安装工程计价定额》第七册《消防工程》、第八册《给排水、采暖、燃气工程》及 2008 年《辽宁省建设工程费用标准》。

③ 取费：本工程属于安装工程专业承包，按安装工程专业承包三类取费执行。

④ 规费：暂按《辽建价发［2009］5 号》文件满额计取。

⑤ 税金：根据辽宁省内多数城市颁布的税金调整文件，市内按 3.477% 计取。

⑥ 材料价格：按 2008 年《辽宁省建设工程材料预算价格》取定，未计价材料按市场价格。

分部分项工程量清单综合单价分析表、分部分项工程量清单计价表、措施项目清单与计价表分别见表 6-11～表 6-13。

表 6-11 分部分项工程量清单综合单价分析表

工程名称：某办公楼内消火栓工程

序号	项目编码	项目名称	项目特征	定额编号
1	030801002060	室内钢管焊接 *DN*200	1. 安装部位:室内 2. 管道材质:焊接钢管 3. 连接方式:焊接 4. 规格:*DN*200 5. 公称压力:1.6MPa 6. 管道消毒、冲洗 7. 管道压力试验 8. 除锈:手工除轻锈 9. 刷油:红丹防锈漆两道、调和漆两道	8-123,8-604,8-609, 14-1,14-51,14-52, 14-60,14-61

序号	项目编码	项目名称	项目特征	定额编号
2	030801002057	室内钢管焊接 DN100	1. 安装部位:室内 2. 管道材质:焊接钢管 3. 连接方式:焊接 4. 规格:DN100 5. 公称压力:1.6MPa 6. 管道消毒、冲洗 7. 管道压力试验 8. 除锈:手工除轻锈 9. 刷油:红丹防锈漆两道、调和漆两道	8-120,8-603,8-608, 14-1,14-51,14-52, 14-60,14-61
3	030801002055	室内钢管焊接 DN65	1. 安装部位:室内 2. 管道材质:焊接钢管 3. 连接方式:焊接 4. 规格:DN70 5. 公称压力:1.6MPa 6. 管道消毒、冲洗 7. 管道压力试验 8. 除锈:手工除轻锈 9. 刷油:红丹防锈漆两道、调和漆两道	8-118,8-603,8-608, 14-1,14-51,14-52, 14-60,14-61
4	030802001001	一般管道支架制作安装	1. 制作、安装 2. 除锈:手工除轻锈 3. 刷油:红丹防锈漆两道、银粉两道	8-648,14-7,14-117, 14-118,14-122, 14-123
5	030701018001	室内消火栓安装 DN65mm 以内单栓	1. 安装部位:室内 2. 型号、规格:铝合金消火栓箱,箱体尺寸 800mm×650mm×240mm 3. 箱体配件:普通单栓 DN65 一个、25m长水龙带 1 条、水枪 1 只及卡扣件等	7-78
6	030701007009	对夹蝶阀安装 DN200mm 以内	1. 名称:对夹蝶阀 2. 型号、规格:D71XP-16 DN200 3. 连接方式:法兰连接	7-48
7	030701007006	对夹蝶阀安装 DN100mm 以内	1. 名称:对夹蝶阀 2. 型号、规格:D71XP-16 DN100 3. 连接方式:法兰连接	7-45
8	030707001005	脚手架搭拆费		7-257
9	030808001007	脚手架搭拆费		8-1299
10	031412001006	脚手架搭拆费		14-2526

序号	计量单位	综合单价组成/元						综合单价/元
		人工费	材料费	机械费	管理费	利润	风险	
1	10m	333.83	1611.63	158.96	55.19	70.96		2230.57
2	10m	248.65	553.59	60.16	34.59	44.47		941.46
3	10m	204.44	361.27	38.06	27.16	34.92		665.85
4	100kg	557.63	614.28	315.4	97.78	125.72		1710.81
5	套	43.96	608.24	0.62	4.99	6.42		664.23
6	个	91.6	546.41	44.28	15.22	19.57		717.08
7	个	43.49	225.09	18.12	6.9	8.87		302.47
8	项	11.15	33.45		1.25	1.61		47.46
9	项	54.22	162.65		6.07	7.81		230.75
10	项	15.27	45.82		1.71	2.2		65

表 6-12　分部分项工程量清单计价表

工程名称：某办公楼内消火栓工程

序号	项目编码	项目名称	特征	计量单位	工程数量	综合单价	合价	其中：人工费＋机械费
						金额/元		
1	030801002060	室内钢管焊接 DN200	1. 安装部位：室内 2. 管道材质：焊接钢管 3. 连接方式：焊接 4. 规格：DN200 5. 公称压力：1.6MPa 6. 管道消毒、冲洗 7. 管道压力试验 8. 除锈：手工除轻锈 9. 刷油：红丹防锈漆两道、调和漆两道	10m	10.095	2230.57	22517.6	4974.7
2	030801002057	室内钢管焊接 DN100	1. 安装部位：室内 2. 管道材质：焊接钢管 3. 连接方式：焊接 4. 规格：DN100 5. 公称压力：1.6MPa 6. 管道消毒、冲洗 7. 管道压力试验 8. 除锈：手工除轻锈 9. 刷油：红丹防锈漆两道、调和漆两道	10m	1.14	941.46	1073.26	352.04
3	030801002055	室内钢管焊接 DN65	1. 安装部位：室内 2. 管道材质：焊接钢管 3. 连接方式：焊接 4. 规格：DN70 5. 公称压力：1.6MPa 6. 管道消毒、冲洗 7. 管道压力试验 8. 除锈：手工除轻锈 9. 刷油：红丹防锈漆两道、调和漆两道	10m	0.8	665.85	532.68	194
4	030802001001	一般管道支架制作安装	1. 制作、安装 2. 除锈：手工除轻锈 3. 刷油：红丹防锈漆两道、银粉两道	100kg	2.7225	1710.81	4657.68	2376.84
5	030701018001	室内消火栓安装 DN65mm 以内单栓	1. 安装部位：室内 2. 型号、规格：铝合金玻璃门，箱体尺寸 800mm×650mm×240mm 3. 箱体配件：普通单栓 DN65 一个，25m 长水龙带 1 条，水枪 1 只，卡扣件等	套	8	664.23	5313.84	356.64
6	030701007009	对夹蝶阀安装 DN200mm 以内	1. 名称：对夹蝶阀 2. 型号、规格：D71XP-16 DN200 3. 连接方式：法兰连接	个	4	717.08	2868.32	543.52

序号	项目编码	项目名称	特征	计量单位	工程数量	金额/元		
						综合单价	合价	其中:人工费＋机械费
7	030701007006	对夹蝶阀安装 DN100mm 以内	1. 名称:对夹蝶阀 2. 型号、规格:D71XP-16 DN100 3. 连接方式:法兰连接	个	4	302.47	1209.88	246.44
8	030707001005	脚手架搭拆费	脚手架搭拆费(消防工程)	项	1	47.46	47.46	11.15
9	030808001007	脚手架搭拆费	脚手架搭拆费(给排水工程)	项	1	230.75	230.75	54.22
10	031412001006	脚手架搭拆费	脚手架搭拆费(刷油工程)	项	1	65	65	15.27
		合计					38516.47	9124.82

表 6-13　措施项目清单与计价表

工程名称:某办公楼内消火栓工程

序号	项目名称	计算基数	费率	金额/元
一	措施项目			1085.85
1	安全文明施工措施费	分部分项人工费＋分部分项机械费－燃料动力价差	11.9	1085.85
2	夜间施工增加费			
3	二次搬运费			
4	已完工程及设备保护费			
5	冬雨季施工费	分部分项人工费＋分部分项机械费－燃料动力价差	0	
6	市政工程干预费	分部分项人工费＋分部分项机械费－燃料动力价差	0	
7	焦炉施工大棚(C.4 炉窑砌筑工程)			
8	组装平台(C.5 静置设备与工艺金属结构制作安装工程)			
9	格架式抱杆(C.5 静置设备与工艺金属结构制作安装工程)			
10	其他措施项目费			
	合计			1085.85

:::::::::::::: 思考题与练习题 ::::::::::::::

1. 室内消火栓给水系统由哪几部分组成?

2. 简述室内消火栓给水系统类型。

3. 室外消火栓给水系统由哪几部分组成?

4. 高层建筑消火栓灭火系统分区给水有哪几种方式? 分区的条件是什么?

5. 闭式自动喷水灭火系统类型有哪些? 主要组件有哪些?

6. 雨淋灭火系统类型有哪些? 主要组件有哪些?

第 7 章　建筑采暖工程计量与计价

7.1　建筑采暖工程基础知识

采暖也称供暖，是指向建筑物供给热量，保持一定的室内温度，以达到适宜的生活条件或工作条件的工程技术。采暖系统由热媒制备（热源）、热媒输送（管网系统）和热媒利用（散热设备）三个主要部分组成。热媒是热能的载体，工程上指传递热能的媒介物。热源是采暖热媒的来源或能从中吸取热量的任何物质、装置或天然能源。管网系统是将热媒从热源输送至热用户（或散热设备）的管道、动力装置、调节装置及其他附属的统称。散热设备是把热媒的部分热量传给室内空气的放热设备。

7.1.1　采暖方式与采暖系统种类

7.1.1.1　采暖方式

采暖方式可以从不同方面进行分类，常用的分类主要有以下几种。

（1）集中采暖与分散采暖

① 集中采暖：热源和散热设备分别设置，用热媒管道相连接，由热源向各个房间或各个建筑物供给热量的采暖方式。

② 分散采暖：热源、热媒输送和散热设备在构造上合为一体的就地采暖方式。

（2）全面采暖与局部采暖

① 全面采暖：为使整个采暖房间保持一定温度要求而设置的采暖方式。

② 局部采暖：为使室内局部区域或局部工作地点保持一定温度要求而设置的采暖方式。

（3）连续采暖与间歇采暖

① 连续采暖：对于全天使用的建筑物，使其室内平均温度全天均能达到设计温度的采暖方式。

② 间歇采暖：对于非全天使用的建筑物，仅在使用时间内使室内平均温度达到设计温度，而在非使用时间内可自然降温的采暖方式。

7.1.1.2　集中采暖的热媒

集中采暖系统的常用热媒（也称为热介质）是热水和蒸汽，民用建筑应采用热水做热媒。工业建筑，当厂区只有采暖用热或以采暖用热为主时，宜采用高温水做热媒；当厂区供热以工艺用蒸汽为主时，在不违反卫生、技术和节能要求的条件下，可采用蒸汽做热媒。利用余热或天然热源采暖时，采暖热媒及其参数可根据具体情况确定。

7.1.1.3　采暖系统的分类

按采暖系统使用热媒可分为热水采暖系统和蒸汽采暖系统。以热水做热媒的采暖系统，称为热水采暖系统。以蒸汽做热媒的采暖系统，称为蒸汽采暖系统。

　　按采暖系统中使用的散热设备可分为散热器采暖系统和热风采暖系统。以各种对流散热器或辐射对流散热器作为室内散热设备的热水或蒸汽采暖系统，称为散热器采暖系统。以热空气作为传热媒介的采暖系统，称为热风采暖系统。一般指用暖风机、空气加热器等散热设将室内循环空气加热或与室外空气混合再加热，向室内供给热量的采暖系统。

7.1.2　室内热水采暖系统

7.1.2.1　热水采暖系统的分类

　　① 按系统中水的循环动力的不同，热水采暖系统分为重力（自然）循环系统和机械循环系统。以供回水密度差作动力进行循环的系统，称为重力（自然）循环系统；以机械（水泵）动力进行循环的系统，称为机械循环系统。

　　② 按供、回水方式的不同，将热水采暖系统分为上供下回式、下供下回式、中供式、下供上回式（如图 7-1～图 7-5）和混合式系统（图 7-6）。

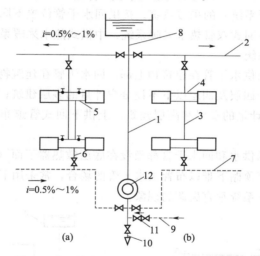

图 7-1　重力循环热水采暖系统常用形式示意图

1—总立管；2—供水干管；3—供水立管；4—散热器供水支管；
5—散热器回水支管；6—回水立管；7—回水干管；8—膨胀水箱连接管；
9—充水管(接上水管)；10—泄水管(接下水管)；11—止回阀；12—热水锅炉

　　③ 按散热器的连接方式的不同，将热水采暖系统分为垂直式与水平式系统。垂直式采暖系统系指不同楼层的各散热器用垂直立管连接的系统，水平式采暖系统系指同一楼层的各散热器用水平管线连接的系统。

　　④ 按各并联环路水的流程的不同，将热水采暖系统分为同程式系统与异程式系统。热媒沿管网各环路管路总长度不同的系统，称为异程式系统。热媒沿管网各环路管路总长度基本相同的系统，称为同程式系统。

　　⑤ 按供水温度的不同，将热水采暖系统分为低温水采暖系统和高温水采暖系统。低温水采暖系统系指水温低于或等于 100℃的热水采暖系统，高温水采暖系统系指水温超过 100℃的热水采暖系统。

⑥ 按连接散热器的管道数量不同，将热水采暖系统划分为双管系统和单管系统。双管系统是用两根管道将多组散热器相互并联起来的系统，见图7-1(a)，单管系统是用一根管道将多组散热器依次串联起来的系统，见图7-1(b)。

7.1.2.2　重力(自然)循环热水采暖系统

图7-1(a)为双管上供下回式，适用于作用半径不超过50m的三层（≤10m）以下建筑。图7-1(b)为单管顺流式，适用于作用半径不超过50m的多层建筑。自然循环热水采暖系统的特点是：作用压力小、管径大、系统简单、不消耗电能。

7.1.2.3　机械循环热水采暖系统

机械循环系统靠水泵的机械能，使水在系统中强制循环，增加了系统的运行电费和维护工作；但由于水泵作用压力大，机械循环系统可用于单幢建筑和多幢建筑。主要有以下几种形式。

(1) 无计量的机械循环热水采暖系统　适用于除住宅建筑以外的一般建筑采暖，主要形式如下。

① 垂直式系统。是竖向布置的散热器沿一根立管串接（垂直单管采暖系统）或沿供、回水立管并接（垂直双管采暖系统）的采暖系统。按供回水干管位置不同，有上供下回式双管和单管热水采暖系统；下供下回式双管热水采暖系统；中供式热水采暖系统；下供上回式热水采暖系统；混合式热水采暖系统。

上供下回式采暖系统的供水干管在建筑物上部，回水干管在建筑物下部，分上供下回双管采暖系统（图7-2），适用于四层及四层以下不设分户计量的多层建筑；上供下回单管采暖系统（图7-2），适用于不设分户计量的多层和高层建筑。上供下回式管道布置合理，是最常用的一种布置形式。

下供下回式采暖系统的供水和回水干管都敷设在底层散热器下面（图7-3）。在设有地下室的建筑物，或在平屋顶建筑顶棚下难以布置供水干管的场合，常采用下供下回式系统。下供下回式缓和了上供下回式双管系统垂直失调的现象。

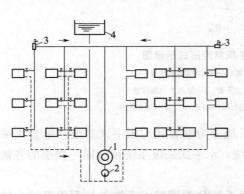

图7-2　机械循环上供下回式热水采暖系统示意图
1—热水锅炉；2—循环水泵；3—集气罐；4—膨胀水箱

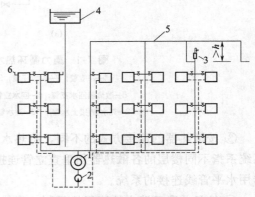

图7-3　机械循环下供下回式系统
1—热水锅炉；2—循环水泵；3—集气罐；4—膨胀水箱；5—空气管；6—放气阀

中供式采暖系统的水平供水干管敷设在系统的中部。下部系统呈上供下回式。上部系统可采用下供下回式（双管）[图7-4(a)]，也可采用上供下回式（单管）[图7-4(b)]。中供式系统可避免由于顶层梁底标高过低，致使供水干管挡住顶层窗户的不合理布置，并减轻了上供下回式易出现垂直失调现象,但上部系统要增加排气装置。

下供上回式(倒流式)采暖系统的供水干管设在下部,而回水干管设在上部,顶部还设置有顺流式膨胀水箱(图7-5)。倒流式系统适用于热媒为高温水的多层建筑,供水干管设在底层,可降低防止高温水汽化所需的膨胀水箱的标高。散热器的传热系数远低于上供下回系统,因此在相同的立管供水温度下,散热器的面积要比上供下回顺流式系统的面积要大。

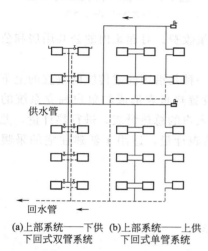

(a)上部系统——下供 (b)上部系统——上供
下回式双管系统   下回式单管系统

图 7-4 机械循环中供式热水采暖系统示意图

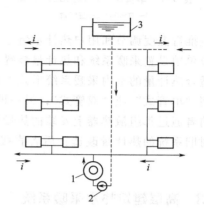

图 7-5 机械循环下供上回式(倒流式)
热水采暖系统示意图

1—热水锅炉;2—循环水泵;3—膨胀水箱

混合式系统是由下供上回式(倒流式)和上供下回式两组系统串联组成的系统(图7-6)。由于两组系统串联,系统压力损失大些。这种系统一般只宜用在连接于高温热水网路上的卫生条件要求不高的民用建筑或生产厂房中。

② 水平式系统。按供水管与散热器的连接方式,可分为顺流式(图7-7)和跨越式(图7-8)两类。水平式系统的排气方式要比垂直式上供下回系统复杂些。它需要在散热器上设置排气阀分散排气,或在同一层散热器上部串联一根空气管集中排气。适用于单层建筑或不能敷设立管的多层建筑。

水平系统的总造价一般要比垂直系统低;管路简单,无穿过各层楼板的立管,施工方便;有可能利用最高层的辅助间(如楼梯间、厕所等),架设膨胀水箱,不必在顶棚上专设安装膨胀水箱的房间。

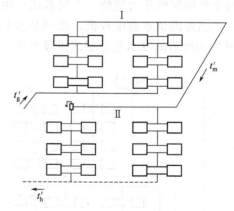

图 7-6 机械循环混合式热水
采暖系统示意图

这不仅降低了建筑造价,还不影响建筑物外形美观。对一些各层有不同使用功能或不同温度要求的建筑物,采用水平式系统,更便于分层管理和调节。这种系统还适宜于住宅建筑室内采暖分户计量热量的系统。

(2)住宅建筑(分户计量)的机械循环热水系统 新建住宅建筑设置集中热水采暖系统

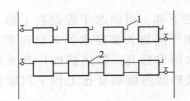

图 7-7 单管水平串联方式示意图
1—放气阀；2—空气管

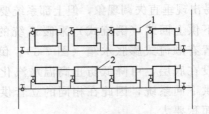

图 7-8 单管水平跨越式示意图
1—放气阀；2—空气管

时，应推行温度调节和用户热计量装置，实行供热计量收费。对建筑内的公共用房和公共空间，应单独设置采暖系统和热计量装置。

适合热计量的室内采暖系统形式大体分为两种：一种是沿用前述传统的垂直的上下贯通的所谓"单管式"或"双管式"；另一种是适应按户设置热量表形成的单户独立系统的新形式。前者通过每组散热器上安装的热量分配表及建筑入户的总热量表，进行热计量，尤其适用于对旧系统的热计量改造；后者直接由每户的用热表计量，适用于新建住宅的采暖分户计量。

7.1.3 高层建筑热水采暖系统

目前国内高层建筑热水供暖系统，有如下几种形式。

7.1.3.1 分层式供暖系统

在高层建筑供暖系统中，垂直方向上分为两个或两个以上独立系统的称为分层式供暖系统。

下层系统通常与室外网路直接连接。它的高度主要取决于室外网路的压力工况和散热器的承压能力。上层建筑与外网采用隔绝式连接（图 7-9），利用水加热器使上层系统的压力与室外网路的压力隔绝。上层系统采用隔绝连接，是目前常用的一种形式。

当外网供水温度较低，使用热交换器所需加热面过大而不经济合理时，可考虑采用如图 7-10 所示的双水箱分层式供暖系统。

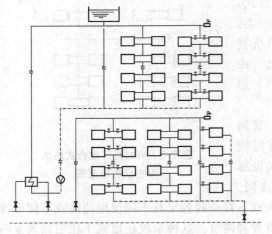

图 7-9 分层式热水供暖系统

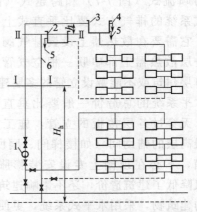

图 7-10 双水箱分层式热水供暖系统
1—加压水泵；2—回水箱；3—进水箱；
4—进水箱溢流管；5—信号管；6—回水箱溢流管

7.1.3.2　双线式系统

双线式系统有垂直式和水平式两种形式。

（1）垂直双线式单管热水供暖系统（图 7-11）　垂直双线式单管热水供暖系统是由竖向的Ⅱ形单管式立管组成的。双线系统的散热器通常采用蛇形管或辐射板式（单块或砌入墙内形成整体式）结构。由于散热器立管是由上升立管和下降立管组成的，因此各层散热器的平均温度近似地认为是相同的。这种各层散热器的平均温度近似相同的单管式系统，尤其对高层建筑，有利于避免系统垂直失调。这是双线式系统的突出优点。

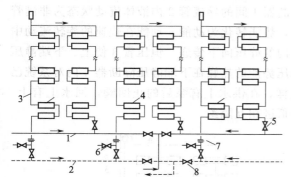

图 7-11　垂直双线式单管热水供暖系统
1—供水干管；2—回水干管；3—双线立管；4—散热器
5—截止阀；6—排水阀；7—节流孔板；8—调节阀

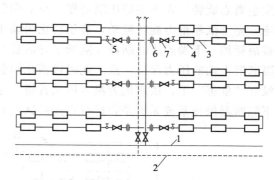

图 7-12　水平双线式热水供暖系统
1—供水干管；2—回水干管；3—双线水平管；
4—散热器；5—截止阀；6—节流孔阀；7—调节阀

垂直双线式系统的每一组Ⅱ形单管式立管最高点处应设置排气装置。此外，由于立管的阻力较小，容易引起水平失调。可考虑在每根立管的回水立管上设置孔板，增大立管阻力，或采用同程式系统来消除水平失调。

（2）水平双线式热水供暖系统（图 7-12）　水平双线式系统，在水平方向各组散热器平均温度近似地认为是相同的。当系统的水温度或流量发生变化时，每组双线上的各个散热器的传热系数 K 值的变化程度近似是相同的，因而对避免冷热不均很有利（垂直双线式也有此特点）。同时，水平双线式与水平单管式一样，可以在每层设置调节阀进行分层调节。此外，为避免系统垂直失调，可考虑在每层水平分支线上设置截流孔板，以增加各水平环路的阻力损失。

7.1.3.3　单、双管混合式系统

若将散热器沿垂直方向分成若干组，在每组内采用双管形式，而组与组之间则用单管连接，这就组成了单、双混合式系统，如图 7-13 所示。

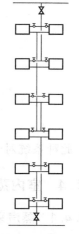

图 7-13　单、双管
混合式系统

这种系统的特点是：既避免了双管系统在楼层数过多时出现的严重竖向失调现象，同时又能避免散热器支管管径过粗的缺点，而且散热器还能进行局部调节。

7.1.3.4　专用分区供暖

当高层建筑面积较大或是成片的高层小区，可考虑将高层建筑竖向按高度分区，在垂直方向上分为两个或多个采暖分区，分别由不同的采暖系统与设备供给，各区域供暖参数可保持一致。分区高度主要由散热器的承压能力、系统管材附件的材质性能以及系统的水力工况

特性决定。

7.1.3.5 高层建筑直连(静压隔断)式供暖系统

高层建筑直接连接供暖系统不管形式如何,热媒都必须经历低区管网供水经泵加压(并止回)送至高区,在散热器散热后,回水减压并回到低区回水管网的过程。关键在于如何将系统热媒静压力消耗到合理的范围,重点在减压。前提是高区与低区采暖系统必须分开,控制的过程为回水流回低区管网这一过程。图 7-14 中的上端静压隔断器 1 具有隔断、排气的作用,更重要的是热媒利用余压由隔断器的切向流入,隔断器直径较大,缓冲减压,使液体发生离心旋转,在下端静压隔断器 4 与上端隔断器 1 间的导流管 2 内液体流动状态为非满管流,完全依靠重力旋转流动,静压转化为动压,势能转化为动能,动能在快速的旋转流动中被消耗掉。下端静压隔断器 4 隔断了导流管 2 内的静压向下传递,恒压管 3 使上、下端静压隔断器上端的压力保持一致。此时被消化掉静压势能的热媒在下端静压隔断器 4 内对系统已没有"危害"了,依靠重力流入回水管道。这样,在供水上有泵后的止回阀,回水上有上、下隔断器保证系统无论是否运行直连高区均与低区相互隔绝。

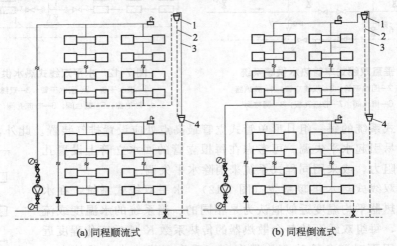

(a) 同程顺流式　　　　　　　(b) 同程倒流式

图 7-14　高层采暖直连系统原理图

1—上端静压隔断器;2—导流管;3—恒压管;4—下端静压隔断器

此种系统对于分户采暖系统也是适用的,并且多栋高层建筑可以共用一套供水系统。

7.1.4 室内蒸汽采暖系统

7.1.4.1 蒸汽采暖系统的分类

按照供汽压力的大小,供汽的表压力高于 70kPa 时,称为高压蒸汽采暖;供汽的表压力低于或等于 70kPa 但高于当地大气压力时,称为低压蒸汽采暖;当系统中的压力低于大气压力时,称为真空蒸汽采暖。

按照蒸汽干管布置的不同,蒸汽采暖系统可有上供式、中供式、下供式三种。

按照立管的布置特点,蒸汽采暖系统可以分为单管式和双管式。目前国内绝大多数蒸汽采暖系统都采用机械回水方式。

7.1.4.2 低压蒸汽采暖系统

如图 7-15 所示是重力回水低压蒸汽采暖示意图,(a) 是上供式,(b) 是下供式。锅炉加热后产生的蒸汽，在自身压力作用下，克服流动阻力，沿供汽管道输进散热器内，并将积聚在供汽管道和散热器内的空气驱入凝水管，最后经连接在凝水管末端的排气管排出。蒸汽在散热器内冷凝放热。凝水靠重力作用返回锅炉，重新加热变成蒸汽。

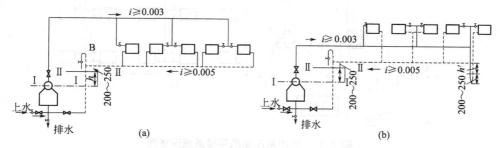

图 7-15　重力回水低压蒸汽采暖系统示意图

图 7-16 是机械回水的中供式低压蒸汽采暖系统示意图。凝水首先进入凝水箱，再用凝结水泵将凝水送回锅炉重新加热。

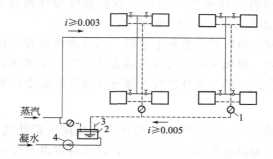

图 7-16　机械回水的中供式低压蒸汽采暖系统示意图

1—低压恒温疏水器；2—凝水箱；3—空气管；4—凝水泵

重力回水低压蒸汽采暖系统形式简单，无需设置凝结水泵，运行时不消耗电能，宜在小型系统中采用。但在采暖系统作用半径较长时采用机械回水系统。机械回水系统最主要的优点就是扩大了供热范围，因而应用最为普遍。

7.1.4.3　高压蒸汽采暖系统

如图 7-17 所示是一个用户入口和室内高压蒸汽采暖系统示意图。高压蒸汽通过室外蒸汽管路进入用户入口的高压分汽缸。根据各种热用户的使用情况和要求的压力不同，季节性的室内蒸汽采暖管道系统宜与其他热用户的管道系统分开，即从不同的分汽缸中引出蒸汽分送不同的用户。当蒸汽入口压力或生产工艺用热的使用压力高于采暖系统的工作压力时，应在分汽缸之间设置减压装置。

7.1.5　热风采暖与空气幕

7.1.5.1　热风采暖系统

热风采暖是将室外或室内空气或部分室内与室外的混合空气加热后通过风机直接送入室内，与室内空气进行混合换热，维持室内空气温度达到采暖设计温度。

热风采暖的热媒宜采用 0.1～0.3MPa 的高压蒸汽或不低于 90℃ 的热水，也可以采用燃

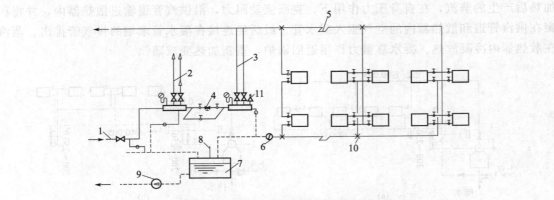

图 7-17 室内高压蒸汽采暖系统示意图

1—室外蒸汽管；2—室内高压蒸汽供热管；3—室内高压蒸汽采暖管；
4—减压装置；5—补偿器；6—疏水器；7—开式凝水箱；8—空气管；
9—凝水泵；10—固定支点；11—安全阀

气、燃油或电加热，但应符合国家现行标准《城镇燃气设计规范》（GB50028—2006）和《建筑设计防火规范》（GB 50016—2014）的要求。

根据送风方式的不同，热风采暖有集中送风、风道送风及暖风机送风等几种基本形式。按被加热空气的来源不同，热风采暖还可分为直流式（空气全部来自室外）、再循环式（空气全部来自室内）及混合式（部分室外空气与部分室内空气混合）等系统。

7.1.5.2 热空气幕

空气幕是利用特制的空气分布器喷出一定速度和温度的幕状气流，借此封闭大门、门厅、门洞，柜台等，减少和隔绝外界气流的侵入，以维持室内或某一工作区域一定的环境条件，同时还可阻挡灰尘、有害气体和昆虫的进入，不仅可维护室内环境，而且还可节约建筑能耗。

按照空气分布器的安装位置空气幕可以分为上送式、侧送式和下送式三种。

按送出气流温度可分为热空气幕、等温空气幕和冷空气幕。

空气幕由空气处理设备、风机、风管系统及空气分布器组成。可将空气处理设备、风机、空气分布器三者组合起来而形成一种产品。在采暖建筑中用的空气幕是带热盘管或电加热器的热空气幕，其热媒可为蒸汽、热水或电加热。

7.1.6 辐射采暖系统

7.1.6.1 辐射采暖分类

当辐射表面温度小于 80℃时，称为低温辐射采暖。低温辐射采暖的结构形式是把加热管（或其他发热体）直接埋设在建筑构件内而形成散热面。当辐射采暖温度为 80～200℃时，称为中温辐射采暖。中温辐射采暖通常是用钢板和小管径的钢管制成矩形块状或带状散热板。当辐射体表面温度高于 500℃时，称为高温辐射采暖。燃气红外辐射器、电红外线辐射器筹，均为高温辐射散热设备。

辐射采暖的热媒可用热水、蒸汽、空气、电和可燃气体或液体（如人工煤气、天然气、液化石油气等）。

目前，应用最广的是低温热水辐射采暖。

7.1.6.2　低温辐射采暖

低温辐射采暖的散热面是与建筑构件合为一体的，根据其安装位置分为顶棚式、地板式、墙壁式、踢脚板式等；根据其构造分为埋管式、风道式和组合式。低温辐射采暖系统主要有以下几类。

（1）低温热水地板辐射采暖　低温热水地板辐射采暖具有舒适性强、节能、方便实施按户计量、便于住户二次装修等特点，还可以有效地利用低温热源如太阳能、地下热水、采暖和空调系统的回水、热泵型冷热水机组、工业与城市余热和废热等。

目前常用的低温热水地板辐射采暖是以低温热水（≤60℃）为热媒，采用塑料管预埋在地面混凝土垫层内，埋设深度不宜小于30mm。

地面结构一般由结构层（楼板或土壤）、绝热层（上部敷设一定管间距固定的加热管）、填充层、防水层、防潮层和地面层（如大理石、瓷砖、木地板等）组成。

早期的地板采暖均采用钢管或铜管；现在地板采暖均采用塑料管。

塑料管均具有耐老化、耐腐蚀、不结垢、承压高、无污染、沿程阻力小、容易弯曲、埋管部分无接头、易于施工等优点。

图7-18是低温热水地板辐射采暖系统示意图。其构造形式与前述的分户热量计量系统基本相同，只是户内加设了分、集水器而已。另外，当集中采暖热媒温度超过低温热水地板辐射采暖的允许温度时，可设集中的换热站，也有在户内入口处加热交换机组的系统。后者更适合于要将分户热量计量对流采暖系统改装为低温热水地板辐射采暖系统的用户。

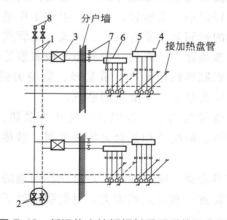

图 7-18　低温热水地板辐射采暖系统示意图

1—共用立管；2—立管调节装置；3—入户装置；4—散热器放气装置；

5—分水器；6—集水器；7—球阀；8—自动排气阀

低温地板辐射采暖的楼内系统一般通过设置在户内的分水器、集水器与户内管路系统连接。分、集水器常组装在一个分、集水器箱体内，每套分、集水器宜接3～5个回路，最多不超过8个。分、集水器宜布置于厨房、盥洗间、走廊两头等既不占用主要使用面积，又便于操作的部位，并留有一定的检修空间，且每层安装位置应相同。建筑设计时应给予考虑。

（2）低温辐射电热膜采暖　低温辐射电热膜采暖方式是以电热膜为发热体，大部分热量以辐射方式散入采暖区域。它是一种通电后能发热的半透明聚酯薄膜，由可导电的特制油墨、金属载流条经印刷、热压在两层绝缘聚酯薄膜之间制成的。电热膜工作时表面温度为40～60℃，通常布置在顶棚上或地板下或墙裙、墙壁内，同时配以独立的温控装置。

（3）低温加热电缆采暖 发热电缆是一种通电后发热的电缆，它由实芯电阻线（发热体）、绝缘层、接地导线、金属屏蔽层及保护套构成。低温加热电缆采暖系统由可加热电缆和感应器、恒温器等组成，也属于低温辐射采暖，通常采用地板式，将发热电缆埋设于混凝土中，直接供热及存储供热。

7.1.7 采暖系统的散热设备

7.1.7.1 散热器

供热系统的热媒（蒸汽或热水）通过散热设备的壁面，主要以对流传热方式（对流传热量大于辐射传热量）向房间传热，这种散热设备通称为散热器。

散热器按其制造材质可分为金属材质散热器和非金属材质散热器。金属材质散热器又可分为铸铁、钢、铝、钢（铜）铝复合散热器及全铜水道散热器等；非金属材质散热器有塑料散热器、陶瓷散热器等，但后者美工不理想。按结构形式，有柱型、翼型、管型、平板型等。

铸铁型散热器具有结构简单、防腐性好、使用寿命长以及热稳定性好的优点，但金属耗量大，金属热强度低，运输、组装工作量大，承压能力低，不宜用于高层，而在多层建筑热水及低压蒸汽采暖工程中广泛应用。常用的铸铁散热器有四柱型、M-132型、长翼型、圆翼型等。

钢制散热器存在易被腐蚀、使用寿命短等缺点，应用范围受到一定限制。但它具有制造工艺简单，外形美观，金属耗量小，重量轻，运输、组装工作量小，承压能力高等特点，可应用于高层建筑采暖。常用的钢制散热器有柱式、板式、扁管式、串片式、光排管式等。

铝制及钢（铜）铝复合散热器有柱翼型、管翼型、板翼型等形式，管柱型与上下水道连接采用焊接或钢拉杆连接。铝制器结构紧凑、重量轻、造型美观、装饰性强、热工性能好、承压高。铝制散热器的热媒应为热水，不能采用蒸汽。

以钢管、不锈钢管、铜管等为内芯，以铝合金翼片为散热元件的钢铝、铜铝复合散热器，结合了钢管、铜管高承压、耐腐蚀和铝合金外表美观、散热效果好的优点，是住宅建筑理想的散热器替代产品。

塑料散热器重量轻，节省金属，防腐性好，是有发展前途的一种散热器。塑料散热器的基本构造有竖式（水道竖起设置）和横式两大类。目前我国处于研制开发阶段。

7.1.7.2 钢制辐射板

根据钢制辐射板长度的不同，钢制辐射板有块状辐射板和带状辐射板。钢制辐射板的特点是采用薄钢板、小管径和小管距。薄钢板的厚度一般为0.5～1.0mm，加热管通常为水煤气管，管径为DN15、DN20、DN25；保温材料为蛭石、珍珠岩、岩棉等。

钢制块状辐射板构造简单，加工方便，便于就地生产，在同样的放热情况下，它的耗金属量可比铸铁散热器供暖系统节省50%左右。

带状辐射板适用于大空间建筑。带状辐射板与块状辐射板比较，由于排管较长，加工安装不便；而且排管的热膨胀、排空气以及排凝结水等问题也较难解决。

7.1.7.3 暖风机

暖风机是由通风机、电动机及空气加热器组合而成的联合机组。在风机的作用下，空气由吸风口进入机组，经空气加热器加热后，从送风口送至室内，维持室内要求的温度。

暖风机分为轴流式与离心式两种，常称为小型暖风机和大型暖风机。根据其结构特点及适用的热媒不同，又可分为蒸汽暖风机、热水暖风机、蒸汽-热水两用暖风机以及冷热水两用暖风机等。

轴流式暖风机体积小，结构简单，安装方便；但它送出的热风气流射程短，出口风速低。轴流式暖风机一般悬挂或支架在墙上或柱子上，热风经出风口处百叶调节板直接吹向工作区。离心式暖风机是用于集中输送大量热风的供暖设备。由于它配用离心式通风机，有较大的作用压头和较高的出口速度，它比轴流式暖风机的气流射程长，送风量和产热量大，常用于集中送风供暖系统。

7.1.8 常用的采暖管道

7.1.8.1 钢管

目前，在供暖工程中可选用焊接钢管、镀锌钢管、热镀锌钢管。室内、外供暖干管一般应选用焊接钢管、镀锌钢管或热镀锌钢管，室内明装支、立管一般应选用镀锌钢管、热镀锌钢管。金属管道的使用寿命主要与其工作压力有关，与工作温度关系不大。

7.1.8.2 化学管道

散热器供暖系统的室内埋地暗装供暖管道一般应选用耐温较高的聚丁烯（PB）管、交联聚乙烯（PEX）管等化学管道或铝塑复合管（XPAP），地面辐射供暖系统的室内埋地暗装供暖管道一般应选用耐热聚乙烯（PE-RT）管、无规共聚聚丙烯（PP-R）管等化学管道。化学管道的使用寿命与其工作压力和工作温度都密切相关。在一定工作温度下，随着工作压力的增大，化学管道的寿命将缩短；在一定的工作压力下，随着工作温度的升高，化学管道的使用寿命也将缩短。

7.1.8.3 有色金属管道

铜管是一种适用于低温热水地面辐射供暖系统的有色金属管道，具有热导率高、阻氧性能好、易于弯曲且符合绿色环保要求的特点。

7.1.9 采暖系统附属装置

7.1.9.1 阀门

阀门是用来开闭管路和调节输送介质流量的装置。供热管道常用阀门形式有截止阀、闸阀、蝶阀、止回阀、调节阀和球阀等。

截止阀按介质流向可分为直通式、直角式和直流式（斜杆式）三种。按结构形式有明杆和暗杆两种。

闸阀按结构形式也有明杆和暗杆两种，闸板有楔式和平行式。

蝶阀通过调整阀板角度调节开度，调节性能优于截止阀和闸阀。

止回阀常用的有旋启式和升降式，用来防止管道和设备中介质倒流。

调节阀通过调节阀瓣位置改变流通面积从而调节流量，分手动和自动两种。包括平衡阀、流量控制阀、压差控制阀和锁闭阀等。

散热器温控阀是一种自动控制散热器散热量的设备，由阀体和感温元件控制部分组成。

球阀的阀球采用不锈钢，阀球密封采用碳强化 PT-PE。根据使用功能，球阀可分为关断球阀和关断调节球阀。

7.1.9.2 放气、排水及疏水装置

放气装置应设置在热水、凝结水管道的高点处（包括分段阀门划分的每个管段的高点处），放气阀门的管径一般采用 $\phi 15 \sim 32mm$。

热水、凝结水管道的低点处（包括分段阀门划分的每个管段的低点处）应安装放水装置。热水管道的放水装置应保证一个放水段的放水时间不超过有关规定，以免供暖系统和网路冻结。

为排除蒸汽管道的沿途凝水，蒸汽管道的低点和垂直升高的管段前应设启动疏水和经常疏水装置。

7.1.9.3 补偿器

管道补偿器主要有管道的自然补偿器、方形补偿器、波纹补偿器、套筒补偿器和球形补偿器等几种形式。在考虑管道热补偿时，应尽量利用其自弯曲的补偿能力。

7.1.9.4 管道支架

管道支架又称管道支座，是直接支承管道并承受管道作用力的管路附件。它的作用是支撑管道和限制管道位移。根据支架（座）对管道位移的限制情况，分为活动支架（座）和固定支架（座）。

活动支架（座）是允许管道和支承结构有相对位移的管道支架（座）。活动支架（座）按其构造和功能分为滑动、滚动、弹簧、悬吊和导向等支架（座）形式。

固定支架（座）是不允许管道和支承结构有相对位移的管道支架（座）。它主要用于将管道划分成若干补偿管段，分别进行热补偿，从而保证补偿器的正常工作。

7.1.9.5 热能表

热能表通过测量水流量及供、回水温度并经运算和累积得出某一系统使用的热能量。热能表包括流量传感器及流量计、供回水温度传感器、热表计算器（也称积分仪）几部分。根据流量测量元件不同，可分为机械式、超声波式、电磁式等；根据热能表各部分的组合方式，可分为流量传感器和计算器分开安装的分体式和组合安装的紧凑式以及计算器、流量传感器、供回水温度传感器均组合在一起的一体式。

7.1.10 室内采暖系统管路布置与敷设

7.1.10.1 室内热水采暖管道

供暖系统的引入口宜设置在建筑物热负荷对称分配的位置，一般宜在建筑中部，这样可以缩短系统的作用半径。在民用建筑和生产厂房辅助性建筑中，系统总立管在房间内的布置不应影响人们的生活和工作。

供、回水干管常见的布置方式有四个分支环路的异程式系统和两个分支环路的同程式系统。前者是系统南北分环，容易调节；各环的供、回水干管管径较小，但如各环的作用半径过大，容易出现水平失调。一般宜将供水干管的始端放置在朝北向一侧，而末段设在朝南向一侧。

室内热水供暖系统的管路应明装，有特殊要求时，方采用暗装。尽可能将立管布置在房间的角落，尤其在两外墙的交接处。在每根立管的上、下端应装阀门，以便检修放水。对于

立管很少的系统，也可仅在分环供、回水干管上装阀门。

对于上供下回系统，供水干管多设在顶层顶棚下。回水干管可敷设在地面上，地面上不容许设置（如过门时）或净空高度不够时，回水干管设置在半通行地沟或不通行地沟内。地沟上每隔一段距离应设活动盖板，过门地沟也应设活动盖板，以便于检修。

7.1.10.2 室内蒸汽采暖管道

室内蒸汽采暖系统管道布置大多适用上供下回式。当地面不便布置凝水管时，也可采用上供下回式。上供上回式布置方式必须在每个散热设备的凝水排出管上安装疏水器和止回阀。

在蒸汽采暖系统中，水平敷设的供汽管路，尽可能保持汽、水同向流动，坡度不得小于 0.002。

供汽干管向上拐弯处，必须设置疏水装置，定期排出沿途流出来的凝水。

为使空气能顺利排除，当干凝水管路（无论低压或高压蒸汽系统）通过过门地沟时，必须设空气绕行管。当室内高压蒸汽采暖系统的某个散热器需要停止供汽时，为防止蒸汽通过凝水管窜入散热器，每个散热器的凝水支管上都应增设阀门，供关断用。

7.2 建筑采暖工程施工图识读

7.2.1 建筑采暖工程施工图组成及识读内容

7.2.1.1 建筑采暖工程施工图组成

（1）平面图 室内采暖平面图表示建筑各层供暖管道与设备的平面布置。内容包括：

① 建筑物的平面布置，其中应注明轴线、房间主要尺寸、指北针，必要时应注明房间名称。在图上应注明轴线编号、外墙总长尺寸、地面及楼板标高等与采暖系统施工安装有关的尺寸。

② 热力入口位置，供、回水总管名称、管径。

③ 干、立、支管位置和走向，管径以及立管（平面图上为小圆圈）编号。

④ 散热器（一般用小长方形表示）的类型、位置和数量。

⑤ 对于多层建筑，各层散热器布置基本相同时，也可采用标准层画法。在标准层平面图上，散热器要注明层数和各层的数量。

⑥ 主要设备或管件（如支架、补偿器、膨胀水箱、集气罐等）在平面上的位置。

⑦ 用细虚线画出的采暖地沟、过门地沟的位置。

（2）系统图 系统图又称流程图，也叫系统轴测图，与平面图配合，表明了整个采暖系统的全貌。采暖工程系统图应以轴测投影法绘制，并宜用正等轴测或正面斜轴测投影法。当采用正面斜轴测投影法时，y 轴与水平线的夹角可选用 45°或 30°。系统图的布置方向一般应与平面图一致。

系统图包括水平方向和垂直方向的布置情况，散热器、管道及其附件（阀门、疏水器）均在图上表示出来。此外，还标注各立管编号、各段管径和坡度、散热器片数、干管的标高。

供暖系统图应包括如下内容：

① 采暖管道的走向、空间位置、坡度，管径及变径的位置，管道与管道之间连接方式。

② 散热器与管道的连接方式，例如是竖单管还是水平串联的，是双管上分或是下分等。

③ 管路系统中阀门的位置、规格。

④ 集气罐的规格、安装形式（立式或卧式）。

⑤ 蒸汽供暖疏水器和减压阀的位置、规格、类型。

⑥ 节点详图的索引号。

⑦ 按规定对系统图进行编号，并标注散热器的数量。柱型、圆翼型散热器的数量应注在散热器内，如图 7-19 所示；光管式、串片式散热器的规格及数量应注在散热器的上方，如图 7-20 所示。

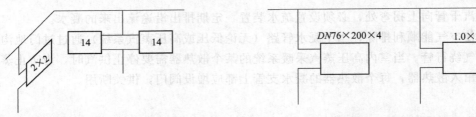

图 7-19　柱型、圆翼型散热器画法　　　　图 7-20　光管式、串片式散热器画法

⑧ 采暖系统编号、入口编号由系统代号和顺序号组成。室内采暖系统代号"X"，其画法如图 7-21 所示，其中图（b）为系统分支画法。

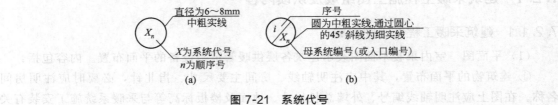

图 7-21　系统代号

（3）详图　在供暖平面图和系统图上表达不清楚、用文字也无法说明的地方，可用详图画出。详图是局部放大比例的施工图，因此也叫大样图。它能表示采暖系统节点与设备的详细构造及安装尺寸要求，例如，一般供暖系统入口处管道的交叉连接复杂，因此需要另画一张比例比较大的详图。它包括节点图、大样图和标准图。

① 节点图，能清楚地表示某一部分采暖管道的详细结构和尺寸，但管道仍然用单线条表示，只是将比例放大，表示更清楚。

② 大样图，管道用双线图表示，看上去有真实感。

③ 标准图，它是具有通用性质的详图，一般由国家或有关部委出版标准图案，作为国家标准或部标准的一部分颁发。

（4）设计说明　室内供暖系统的设计说明一般包括以下内容：

① 建筑物的采暖面积、热源的种类、热媒参数、系统总热负荷。

② 采用散热器的型号及安装方式、系统形式。

③ 在安装和调整运转时应遵循的标准和规范。

④ 在施工图上无法表达的内容，如管道保温、油漆等。

⑤ 管道连接方式，所采用的管道材料。

⑥ 在施工图上未作表示的管道附件安装情况，如在散热器支管与立管上是否安装阀门等。

（5）主要设备材料表　为了便于施工备料，保证安装质量和避免浪费，使施工单位能按设计要求选用设备和材料，一般的施工图均应附有设备及主要材料表，简单项目的设备材料表可列在主要图纸内。设备材料表的主要内容有编号、名称、型号、规格、单位、数量、质量、附注等。

7.2.1.2　建筑采暖工程施工图识读内容

（1）建筑采暖系统平面图　室内采暖平面图主要反映采暖管道及设备的平面布置，应重点阅读以下内容。

① 热媒入口及入口地沟的情况，热媒来源、流向以及与室外热网的连接方式。

② 顺着热媒流向弄清楚供回水干管、立管、支管的走向，各管段规格和尺寸，以及管道安装方式。

③ 立管编号和位置，水平管段的坡向、坡度以及标高。

④ 散热器的平面位置、规格、数量及安装方式。

⑤ 采暖干管上的阀门、固定支架以及其他与采暖系统有关的设备（如膨胀水箱、集气罐、疏水器等）平面位置和规格。

（2）建筑采暖系统轴测图　采暖轴测图（也称采暖系统图）通常采用 45°正面斜轴测投影法绘制，主要表达采暖系统中管道、设备的连接关系以及规格、数量、标高等，不表达建筑内容。在识读采暖轴测图时，应重点阅读以下内容。

① 热力入口处总供回水管的走向和标高，以及供回水横干管的坡向、坡度和标高。

② 沿着热水流向，供水管管径的变化以及回水管管径的变化。

③ 立管管径大小、立管与散热器的连接方式以及立管上设置的阀门。

④ 散热器的规格、数量和标高，以及散热器与立管的连接方式。

⑤ 膨胀水箱、集气罐等设备与系统的连接方式。

（3）建筑采暖大样详图　室内采暖系统常用的详图可以直接套用相关的标准图集，对不能直接套用的则需自行画出详图。常见详图有散热器安装详图、集配器安装详图、热力入口大样详图等。

7.2.2　建筑采暖工程施工图中常用图例、符号

建筑采暖工程专业制图线型及其含义见表 7-1。图样中也可使用自定义的图线及含义，但应明确说明，且不得与表 7-1 表示发生矛盾。

表 7-1　线型及其含义

名称		线型	线宽	一般用途
实线	粗		b	单线表示的供水管线
	中粗		$0.7b$	本专业设备轮廓,双线表示的管道轮廓
	中		$0.5b$	尺寸、标高、角度等标注线及引出线;建筑物轮廓
	细		$0.25b$	建筑布置的家具、绿化等;非本专业设备轮廓

名称		线型	线宽	一般用途
虚线	粗	▬ ▬ ▬ ▬ ▬	b	回水管线及单根表示的管道被遮挡的部分
	中粗	▬ ▬ ▬ ▬ ▬ ▬	0.7b	本专业设备及双线表示的管道被遮挡的轮廓
	中	– – – – – – – –	0.5b	地下管沟、改造前风管的轮廓线;示意性连线
	细	- - - - - - - - - - -	0.25b	非本专业虚线表示的设备轮廓线
波浪线	中	∿∿∿∿∿	0.5b	单线表示的软管
	细	∿∿∿∿∿∿	0.25b	断开界线
单点长划线		– · – · – · – · –	0.25b	轴线、中心线
双点长划线		– ·· – ·· – ·· –	0.25b	假想或工艺设备轮廓线
折断线		⌁	0.25b	断开界限

水、汽管道可用线型区分,也可用代号区分。水、汽管道代号可按表 7-2 采用,自定义水、汽管道代号不得与表 7-2 代号相矛盾,并应在相应图面说明。

表 7-2　水、汽管道代号

代号	管道名称	代号	管道名称
RG	采暖热水供水管	BS	补水管
RH	采暖热水回水管	X	循环管
LG	空调冷水供水管	LM	冷媒管
LH	空调冷水回水管	YG	乙二醇供水管
KRG	空调热水供水管	YH	乙二醇回水管
KRH	空调热水回水管	BG	冰水供水管
LRG	空调冷、热水供水管	BH	冰水回水管
LRH	空调冷、热水回水管	ZG	过热蒸汽管
LQG	冷却水供水管	ZB	饱和蒸汽管
LQH	冷却水回水管	Z2	二次蒸汽管
n	空调冷凝水管	N	凝结水管
PZ	膨胀管	J	给水管

代号	管道名称	代号	管道名称
SR	软化水管	R1G	一次热水供水管
CY	除氧水管	R1H	一次热水回水管
GG	锅炉进水管	F	放空管
JY	加药管	FAQ	安全阀放空管
YS	盐溶液管	O1	柴油供油管
XL	连续排污管	O2	柴油回油管
XD	定期排污管	OZ1	重油供油管
XS	泄水管	OZ2	重油回油管
YS	溢(油)水管	OP	排油管

水、汽管道阀门和附件图例可按表 7-3 采用。

表 7-3 水、汽管道阀门和附件图例

名称	图例	名称	图例
截止阀		调节止回关断阀(水泵出口用)	
闸阀		膨胀阀	
球阀		排入大气或室外	
柱塞阀		安全阀	
快开阀		角阀	
蝶阀		底阀	
旋塞阀		漏斗	
止回阀		地漏	
浮球阀		明沟排水	
三通阀		向上弯头	
平衡阀		向下弯头	
定流量阀		法兰封头或管封	
定压差阀		上出三通	
自动排气阀		下出三通	
集气罐、放气阀		变径管	
节流阀		活接头或法兰连接	

名称	图例	名称	图例
固定支架		套管补偿器	
导向支架		波纹管补偿器	
活动支架		弧形补偿器	
金属软管		球形补偿器	
可曲挠橡胶软接头		伴热管	
Y形过滤器		保护套管	
疏水器		爆破膜	
减压阀（左高右低）		阻火器	
直通形（或反冲形）除污器		节流孔板、减压孔板	
除垢仪		快速接头	
补偿器		介质流向	→ 或 ⇒
矩形补偿器		坡度及坡向	$i=0.003$ 或 $i=0.003$

采暖散热器图例可按表 7-4 采用。

表 7-4　采暖散热器图例

名称	图例	名称	图例
散热器及手动放气阀	15 15 15	散热器及温控阀	15 15
柱式	标注片数	串片式平放	标注排数、长度，并冠以"P"
园翼型	标注根数和排数	串片式竖放	标注排数、长度，并冠以"S"
光面管	标注管径、长度和排数	板式	标注高度、长度
闭式刚串片	标注长度	扁管式	标注高度、长度

7.2.3　建筑采暖工程平面图的识读

采暖平面图见图 7-22、图 7-23。

首先查找采暖总管入口和回水总管出口的位置、管径和坡度及一些附件。引入管一般设在建筑物中间或两端或单元入口。总管入口处一般由减压阀、混水器、疏水器、分水器、分汽缸、除污器、控制阀门等组成，如果平面图上注明有入口节点图的，阅读时则要按平面图所注节点图的编号查找入口详图进行识读。

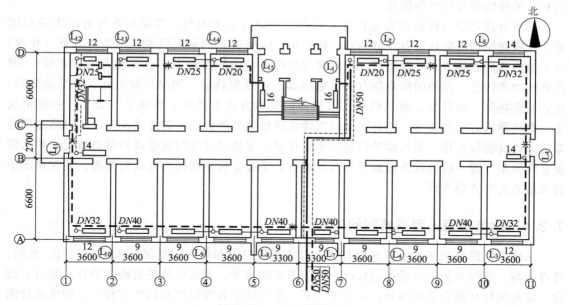

图 7-22 一层采暖平面图

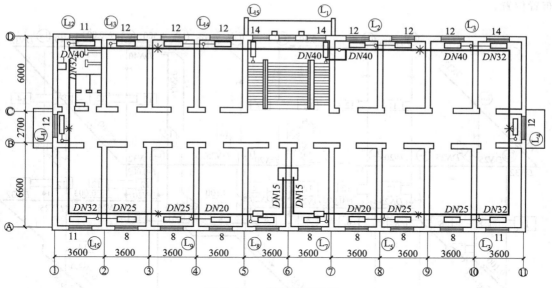

图 7-23 二层采暖平面图

其次了解干管的布置方式，干管的管径，干管上的阀门、固定支架、补偿器等的平面位置和型号等。读图时要查看干管敷设在最顶层、中间层还是最底层。干管敷设在最顶层说明是上供式系统，干管敷设在中间层说明是中供式系统，干管敷设在最底层说明是下供式系统。在底层平面图中会出现回水干管，一般用粗虚线表示。如果干管最高处设有集气罐，则说明为热水供暖系统；如果散热器出口处和底层干管上出现有疏水器，则说明干管（虚线）为凝结水管，从而表明该系统为蒸汽供暖系统。

读图时还应弄清补偿器与固定支架的位置及其分类。为了防止供热管道升温，由于热伸长或温度应力而引起管道变形或破坏，需要在管道上设置补偿器。供暖系统中的补偿器常用的有方形补偿器和自然补偿器。

　　然后查找立管的数量和布置位置。复杂的系统有立管编号，简单的系统有的不进行编号。查找建筑物内散热设备（散热器、辐射板、暖风机）的平面位置、种类、数量（片数）以及散热器的安装方式。散热器一般布置在房间外窗内侧窗台下（也有沿内墙布置的）。散热器的种类较多，常用的散热器有翼型散热器、柱型散热器、钢串片散热器、板型散热器、扁管型散热器、辐射板、暖风机等。散热器的安装方式有明装、半暗装、暗装。一般情况下，散热器以有明装较多。结合图纸说明确定散热器的种类和安装方式及要求。对热水供暖系统，查找膨胀水箱、集气罐等设备的平面位置、规格尺寸及与其连接的管道情况。热水供暖系统的集气罐一般装在系统最宜集气的地方，装在立管顶端的为立式集气罐，装在供水干管末端的为卧式集气罐。

7.2.4　建筑采暖工程系统图的识读

　　采暖系统图见图 7-24。首先应查找入口装置的组成和热入口处热媒来源、流向、坡向、管道标高、管径及热入口采用的标准图号或节点图编号。其次查找各管段的管径、坡度、坡向，设备的标高和立管的编号。一般情况下，系统图中各管段两端均注有管径，即变径管两侧要注明管径。然后查找散热器型号规格及数量。最后再查找阀件、附件及设备在空间中的布置位置。

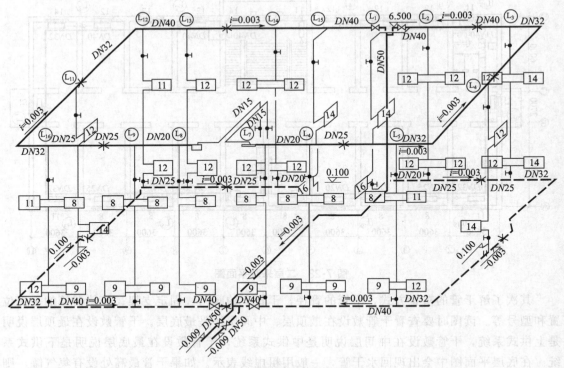

图 7-24　采暖系统图

7.2.5　建筑采暖工程详图的识读

　　采暖系统常见的详图可直接套用有关标准图集，对不能直接套用的则需自行绘出详图。

对采暖施工图，一般只绘制平面图、系统图和通用标准图中所缺的局部节点图。在阅读采暖详图时要弄清管道的连接做法、设备的局部构造尺寸、安装位置做法等。

7.2.6　建筑采暖工程施工图识读示例

图 7-22 为某综合楼供暖一层平面图，图 7-23 为供暖二层平面图，图 7-24 为供暖系统图。

① 本工程采用低温水供暖，供回水温度为 95℃/70℃。

② 系统采用上分下回单管顺流式。

③ 管道采用焊接钢管，$DN32$ 以下为丝扣连接，$DN32$ 以上为焊接。

④ 散热器选用铸铁四柱 813 型，每组散热器设手动放气阀。

⑤ 集气罐采用《采暖通风国家标准图集》N103 中 I 型卧式集气阀。

⑥ 明装管道和散热器等设备，附件及支架等刷红丹防锈漆两遍，银粉两遍。

⑦ 室内地沟断面尺寸为 500mm×500mm，地沟内管道刷防锈漆两遍，50mm 厚岩棉保温，外缠玻璃纤维布。

⑧图中未注明管径的立管均为 $DN20$，支管为 $DN15$。

⑨ 其余未说明部分，按施工及验收规范有关规定进行。

7.2.6.1　平面图

识读平面图的主要目的是了解管道、设备及附件的平面位置和规格、数量等。

在一层平面图（图 7-22）中，热力入口设在靠近⑥轴右侧位置，供、回水干管管径均为 $DN50$。供水干管引入室内后，在地沟内敷设，地沟断面尺寸为 500mm×500mm。主立管设在建筑北侧⑦轴处。回水干管分成两个分支环路，右侧分支连接共 7 根立管，左侧分支连接共 8 根立管。回水干管在过门和厕所内局部做地沟。

在二层平面图（图 7-23）中，供水主立管在北外墙靠近⑦轴处分为左、右两个分支环路，分别向各立管供水，末端干管分别设置卧式集气罐，型号详见说明，放气管管径为 $DN15$，引至二层水池。

建筑物内各房间散热器均设置在外墙窗下。一层走廊、楼梯间因有外门，散热器设在靠近外门内墙处；二层设在外窗下。散热器为铸铁四柱 813 型（见设计说明），各组片数标注在散热器旁。

7.2.6.2　系统图

阅读供暖系统图时，一般从热力入口起，先弄清干管的走向，再逐一看各立、支管。

参照图 7-24，系统热力入口供、回水干管均为 $DN50$，并设同规格阀门，标高为 −0.900m。引入室内后，供水干管标高为 −0.300m，有 0.003 上升的坡度，经主立管引到二层后，分为两个分支，分流后设阀门。两分支环路起点标高均为 6.500m，坡度为 0.003，供水干管末端为最高点，分别设卧式集气罐，通过 $DN15$ 放气管引至二层水池，出口处设阀门。

各立管采用单管顺流式，上下端设阀门。图中未标注的立、支管管径详见设计说明（立管为 $DN20$，支管为 $DN15$）。

回水干管同样分为两个分支，在地面以上明装，起点标高为 0.100m，有 0.003 沿水流方向下降的坡度。设在局部地沟内的管道，末端为最低点，并设泄水丝堵。两分支环路汇合前设阀门，汇合后进入地沟，回水接至室外。

7.3　建筑采暖工程清单计价工程量计算规则

建筑采暖工程工程量计算分为工程定额法和工程量清单法。定额法依据《全国统一安装工程预算定额》，该定额内容适用于新建、扩建项目中的生活用给水、排水、燃气采暖热源管道及其附件、配件的安装和小型容器的制作安装等。工程量清单法依据《建设工程工程量清单计价规范》(GB 50500—2013)，该规范附录J为给水排水、采暖、煤气工程工程量清单项目及计算规则。

7.3.1　建筑采暖工程全统定额工程量计算规则

《全国统一安装工程预算定额》第八册"给水排水、采暖、燃气工程"中将给水排水、采暖工程的内容分为6个分部工程，即管道安装工程，阀门、水位标尺安装，低压器具、水表组成与安装，卫生器具制作安装，供暖器具安装，小型容器制作安装。每个分部工程又包含若干个分项工程，共42个分项工程。这里仅介绍与采暖相关的内容。

7.3.1.1　管道安装

采暖热源管道室内外以入口阀门或建筑物外墙面1.5m处为界。与工艺管道间，以锅炉房或泵站外墙面1.5m处为界。工厂车间内采暖管道以采暖系统与工业管道碰头点为界。与设在高层建筑内的加压泵间管道，以泵间外墙面为界。

在管道安装分部工程中，共分6个分项工程，即室外管道、室内管道、法兰安装、伸缩器的制作与安装、管道的消毒冲洗、管道压力试验。有关采暖工程的项目如下。

(1) 室外管道

① 镀锌钢管、焊接钢管（螺纹连接）工作内容为切管、套丝、上零件、调直、管道安装、水压试验。

② 钢管（焊接）工作内容包括切管、坡口、调直、撅弯、挖眼接管、异形管制作、对口、焊接、管道及管件安装、水压试验。

(2) 室内管道

① 镀锌钢管、焊接钢管（螺纹连接）工作内容为打堵洞眼、切管、套丝、上零件、调直、栽钩卡、管道及管件安装、水压试验。

② 钢管（焊接）工作内容包括留堵洞眼、切管、坡口、调直、撅弯、挖眼接管、异径管制作、对口、焊接、管道及管件制作、水压试验。

③ 镀锌薄钢板套管制作工作内容包括下料、卷制、咬口。

④ 管道支架的制作安装工作内容包括切断、调直、撅制、钻孔、组对、焊接、打洞、安装、和灰、堵洞。

(3) 法兰安装

① 铸铁法兰（螺纹连接）工作内容包括切管、套丝、制垫、加垫、上法兰、组对、紧螺丝、水压试验。

② 碳钢法兰（焊接）工作内容包括切口、坡口、焊接、制垫、加垫、安装组对、紧螺

栓、水压试验。

（4）伸缩器制作安装

① 螺纹连接法兰式套筒伸缩器安装工作内容包括切管、套丝、检修盘根、制垫、加垫、安装、水压试验。

② 焊接法兰式套筒伸缩器安装工作内容包括切管、检修盘根、对口、焊接法兰、制垫、加垫、安装、水压试验。

③ 方形伸缩器制作安装工作内容包括做样板、筛砂、炒砂、灌砂、打砂、制堵、加热、搣制、倒砂、清管腔、组成、焊接、拉弧、安装。

（5）管道消毒、冲洗 工作内容包括溶解漂白粉、灌水、消毒、冲洗。

（6）管道压力试验 工作内容包括准备工作、制堵盲板、装设临时泵、灌水、加压、停压检查。

管道安装工程量计算规则见 5.3.1.1 相关内容。

7.3.1.2 阀门、水位标尺安装

共分 4 个分项工程，其中包括阀门安装、浮标液面计、水塔水池浮漂及水位标尺的制作安装。

（1）阀门的安装

① 螺纹阀工作内容包括切管、套丝、制垫、加垫、上阀门、水压试验。

② 螺纹法兰阀工作内容包括切管、套丝、上法兰、制垫、加垫、紧螺栓、水压试验。

③ 焊接法兰阀工作内容包括切管、焊接法兰、制垫、加垫、紧螺栓、水压试验。

④ 法兰阀（带短管甲乙）青铅接口工作内容包括管口除沥青、制垫、加垫、打麻、接口、紧螺栓、水压试验。

⑤ 法兰阀（带短管甲乙）石棉水泥接口工作内容包括管口除沥青、制垫、加垫、调制接口材料、接口养护、紧螺栓、水压试验。

⑥ 法兰阀（带短管甲乙）膨胀水泥接口工作内容包括管口除沥青、制垫、加垫、调制接口材料、接口养护、紧螺栓、水压试验。

⑦ 自动排气阀、手动放风阀工作内容包括支架制作安装、套丝、丝堵改丝、安装、水压试验。

⑧ 螺纹浮球阀工作内容包括切管、套丝、安装、水压试验。

⑨ 法兰浮球阀工作内容包括切管、焊接、制垫、加垫、紧螺栓、固定、水压试验。

⑩ 法兰液压式水位控制阀工作内容包括切管、挖眼、焊接、制垫、加垫、固定、紧螺栓、安装、水压试验等。

（2）浮标液面计、水塔及水池浮漂、水位标尺制作安装

① 浮标液面计 FQ-Ⅱ 型工作内容包括支架的制作安装、液面计安装。

② 水塔及水池浮漂、水位标尺制作安装工作内容包括预埋螺栓、下料、制作、安装、导杆升降调整。

阀门、水位标尺安装工程量计算规则见 5.3.1.2 相关内容。

7.3.1.3 低压器具、水表组成与安装

包括减压器的组成与安装、疏水器的组成与安装、水表的组成安装。

（1）减压器组成、安装

① 减压器（螺纹连接）工作内容为切管、套丝、上零件、组对、制垫、加垫、找平、找正、安装、水压试验。

② 减压器安装（焊接）工作内容为切口、套丝、上零件、组对、焊接、制垫、加垫、安装、水压试验。

（2）疏水器组成、安装

① 疏水器（螺纹连接）工作内容为切管、套丝、上零件、制垫、加垫、组成、安装、水压试验。

② 疏水器（焊接）工作内容为切管、套丝、上零件、制垫、加垫、焊接、安装、水压试验。

（3）水表组成、安装

① 螺纹水表的工作内容为切管、套丝、制垫、安装、水压试验。

② 焊接法兰水表（带旁通管及止回阀）的工作内容为切管、焊接、制垫、加垫、水表、止回阀、阀门安装、上螺栓、水压试验。

低压器具、水表组成与安装工程量计算规则见 5.3.1.3。

7.3.1.4 供暖器具的安装

包括散热器、暖风机、太阳能集热器的安装及热空气幕的安装。

① 铸铁散热器组成安装工作内容包括制垫、加垫、组成、栽钩、稳固、水压试验。

② 光排管散热器制作安装。

a. A 型（2～4m）、B 型（2～4m）工作内容包括切管、焊接、打眼栽钩、稳固、水压试验。

b. A 型（4.5～6.0m）、B 型（4.5～6.0m）工作内容包括切管、焊接、组成、打眼栽钩、稳固、水压试验。

③ 钢制闭式散热器安装工作内容包括打堵墙眼、安装、稳固。

④ 钢制板式散热器安装工作内容包括打堵墙眼、栽钩、安装。

⑤ 钢制板式散热器安装工作内容包括预埋螺栓、汽包及钩架安装、稳固等。

⑥ 钢制柱式散热器安装工作内容包括打堵墙眼、栽钩、安装、稳固。

⑦ 暖风机安装工作内容包括吊装、稳固、试运转。

⑧ 热空气幕安装工作内容包括安装、稳固、试运转。

供暖器具安装工程量计算规则：

① 热空气幕安装以"台"为计量单位，其支架制作安装可按相应定额另行计算。

② 长翼、柱型铸铁散热器的组成安装以"片"为计量单位，其汽包垫不得换算；圆翼型铸铁散热器组成安装以"节"为计量单位。

③ 光排管散热器制作安装以"m"为计量单位，已包括联管长度，不得另行计算。

7.3.1.5 小型容器制作安装

主要是水箱类的制作和安装。

① 矩形钢板水箱制作工作内容包括下料、坡口、平直、开孔、接板组对、装配零部件、焊接、注水试验。

② 圆形钢板水箱制作工作内容包括下料、坡口、卷圆、找圆、组对、焊接、装配、注水试验。

③ 水箱安装工作内容包括稳固、装配零件。

小型容器制作安装工程量计算规则：

① 钢板水箱制作，按施工图所示尺寸，不扣除人孔、手孔重量，以"kg"为计量单位，法兰和短管水位计可按相应定额另行计算。

② 钢板水箱安装，按国家标准图集水箱容量"m³"，执行相应定额。各种水箱安装，均以"个"为计量单位。

7.3.1.6 管沟开挖及回填工程量

管沟开挖与回填工程量以"m³"为计量单位，按下列规定计算（地区有规定者按地区规定计算）。

(1) 管沟开挖土方量的计算　管沟计算长度按图示尺寸净长计算，宽度按设计宽度计算。如设计无规定时，可按表 7-5 计算。

表 7-5　管沟底尺寸表

管径/mm	铸铁管、钢管、石棉水泥管	混凝土、钢筋混凝土、预应力混凝土管	陶土管
50~75	0.60	0.80	—
100~200	0.70	0.90	0.70
250~350	0.80	1.00	0.80
400~450	1.00	1.30	0.90
500~600	1.30	1.50	1.10
700~800	1.60	1.80	1.40
900~1000	1.80	2.00	—

(2) 管沟回填土方量的计算　回填土按夯填和松填分别以"m³"为单位计算。回填土体积＝挖土体积-设计室外地坪以下建（构）筑物被埋置部分所占的体积计算管沟回填土时，管径小于 500mm 时，管道所占体积不扣除。管径大于 500mm 时，应减去管道所占体积。每米管道扣减体积数量按表 7-6 的规定计算。

表 7-6　大于 500mm 管径每米管道扣减体积表

项目	管道直径/mm		
	500~600	700~800	900~1000
钢管	0.21	0.44	0.71
铸铁管	0.24	0.49	0.77
钢筋混凝土管	0.33	0.60	0.92

7.3.2 建筑采暖工程清单计价工程量计算规则

7.3.2.1 采暖管道、支架及管道附件

采暖管道、支架及管道附件工程量清单项目设置、项目特征描述、计量单位及工程量计算规则见 5.3.2 相关内容。

7.3.2.2 供暖器具

工程量清单项目设置、项目特征描述的内容、计量单位及工程量计算规则，应按表 7-7 的规定执行。

7.3.2.3 采暖设备

采暖设备工程量清单项目设置、项目特征描述的内容、计量单位及工程量计算规则见 5.3.2 相关内容。

表 7-7　供暖器具（编码：031005）

项目编码	项目名称	项目特征	计量单位	工程量计算规则	工程内容
031005001	铸铁散热器	1. 型号、规格 2. 安装方式 3. 托架形式 4. 器具、托架除锈、刷油设计要求	片（组）	按设计图示数量计算	1. 组对、安装 2. 水压试验 3. 托架制作、安装 4. 除锈、刷油
031005002	钢制散热器	1. 结构形式 2. 型号、规格 3. 安装方式 4. 托架刷油设计要求	组（片）		1. 安装 2. 托架安装 3. 托架刷油
031005003	其他成品散热器	1. 材质、类型 2. 型号、规格 3. 托架刷油设计要求	组（片）		1. 制作、安装 2. 水压试验 3. 除锈、刷油
031005004	光排管散热器制作安装	1. 材质、类型 2. 型号、规格 3. 托架形式及做法 4. 器具、托架除锈、刷油设计要求	m	按设计图示排管长度计算	1. 制作、安装 2. 水压试验 3. 除锈、刷油
031005005	暖风机	1. 质量 2. 型号、规格 3. 安装方式	台	按设计图示数量计算	安装
031005006	地板辐射采暖	1. 保温层及钢丝网设计要求 2. 管道材质 3. 型号、规格 4. 管道固定方式 5. 压力试验及吹扫设计要求	1. m² 2. m	1. 以 m² 计量，按设计图示采暖房间净面积计算 2. 以 m 计量，按设计图示管道长度计算	1. 保温层及钢丝网铺设 2. 管道排布、绑扎、固定 3. 与分水器连接 4. 水压试验、冲洗 5. 配合地面浇注
031005007	热媒集配装置制作、安装	1. 材质 2. 规格 3. 附件名称、规格、数量	台	按设计图示数量计算	1. 制作 2. 安装 3. 附件安装
031005008	集气罐制作安装	1. 材质 2. 规格	个		1. 制作 2. 安装

注：1. 铸铁散热器，包括拉条制作安装。

2. 钢制散热器结构形式，包括钢制闭式、板式、壁板式、扁管式及柱式散热器等，应分别列项计算。

3. 光排管散热器，包括联管制作安装。

4. 地板辐射采暖，管道固定方式包括固定卡、绑扎等方式；包括与分集水器连接和配合地面浇注用工。

7.3.2.4　采暖、空调水工程系统调试

　　工程量清单项目设置、项目特征描述的内容、计量单位及工程量计算规则，应按表 7-8 的规定执行。

表 7-8　采暖、空调水工程系统调试（编码：031009）

项目编码	项目名称	项目特征	计量单位	工程量计算规则	工程内容
031009001	采暖工程系统调试	系统形式	系统	按采暖工程系统计算	系统调试
031009002	空调水工程系统调试			按空调水工程系统计算	

注：1. 由采暖管道、管件、阀门、法兰、供暖器具组成采暖工程系统。

2. 由空调水管道、管件、阀门、法兰、冷水机组组成空调水工程系统。

7.3.2.5　其他相关问题

（1）管道界限的划分

① 采暖热源管道室内外界限划分：应以建筑物外墙皮 1.5m 为界，入口处设阀门者应以阀门为界；与工业管道应以锅炉房或泵站外墙皮 1.5m 为界。

② 燃气管道室内外界限划分：地下引入室内的管道应以室内第一个阀门为界，地上引入室内的管道应以墙外三通为界；室外燃气管道与市政燃气管道应以两者的碰头点为界。

（2）凡涉及管沟及井类的土石方开挖、垫层、基础、砌筑、抹灰、井盖板预制安装、回填、运输，路面开挖及修复、管道支墩等，应按《房屋建筑与装饰工程计量规范》、《市政工程计量规范》相关项目编码列项。

（3）凡涉及管道热处理、无损探伤的工作内容，均应按《通用安装工程计量规范》（GB 50854—2013）附录 H 工业管道工程相关项目编码列项。

（4）医疗气体管道及附件，应按《通用安装工程计量规范》（GB 50854—2013）附录 H 工业管道工程相关项目编码列项。

（5）凡涉及管道、设备及支架除锈、刷油、保温的工作内容除注明者外，均应按《通用安装工程计量规范》（GB 50854—2013）附录 L 刷油、防腐蚀、绝热工程相关项目编码列项。

（6）凿槽（沟）、打洞项目，应按《通用安装工程计量规范》（GB 50854—2013）附录 D 电气设备安装工程相关项目编码列项。

7.3.2.6　工程计量时每一项目汇总的有效位数

① 以"t"为单位，应保留小数点后三位数字，第四位小数四舍五入。

② 以"m、m²、m³、kg"为单位，应保留小数点后两位数字，第三位小数四舍五入。

③ 以"台、个、件、套、根、组、系统"为单位，应取整数。

7.4　建筑采暖工程清单计量与计价示例

【例 7-1】　如图 7-25 和图 7-26 所示为一办公楼采暖系统平面图，图 7-27 为采暖系统图。

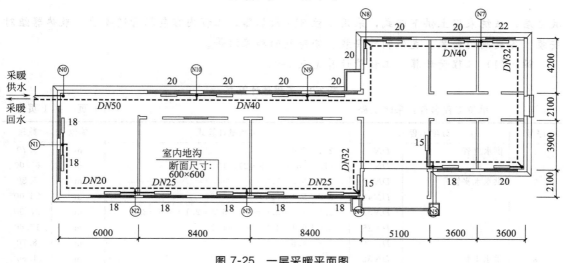

图 7-25　一层采暖平面图

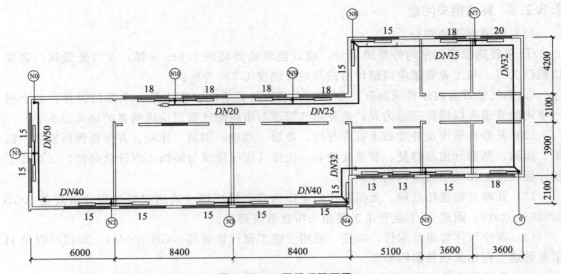

图 7-26 二层采暖平面图

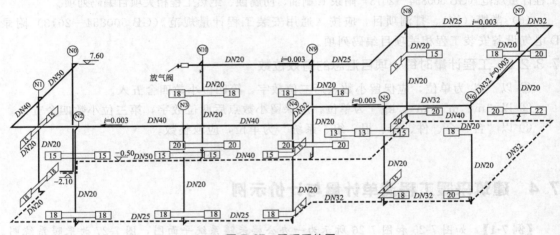

图 7-27 采暖系统图

共 2 层，系统采用上供下回式，采用 4 柱 813 散热器，工程内容包括管道安装、散热器组对安装、各类阀门安装、支架制作安装、除锈刷油和保温等。

解：（1）工程量计算 工程量计算见表 7-9。

表 7-9 工程量计算书

单位工程名称：采暖工程　　　　　　　　　　　　　　　　　　　　第 1 页 共 1 页

序号	分项工程		工程量计算式	单位	数量
1	供水立管	$DN50$	$2.1+7.6$	m	9.70
		$DN20$	$(7.6+0.5-0.8\times2)\times10$	m	65.00
2	供水水平管	$DN50$	$3.8+0.5+1.5$	m	5.80
		$DN40$	$3.8+5.4+8.4\times2$	m	26.00
		$DN32$	$2.1+5.1+3.6+3.6+3.9+2.1+3.6+3.0$	m	27.00
		$DN25$	$3.6+5.1+4.2+0.5+4.2$	m	17.60
		$DN20$	$4.2+4.5$	m	8.70
3	供水支管	$DN32$	0.9×2	m	1.80

序号	分项工程		工程量计算式	单位	数量
4	回水水平管	$DN20$	1.5×36	m	54.00
		$DN15$	0.5×4	m	2.00
		$DN20$	$3.8+5.4$	m	9.20
		$DN25$	$8.4+8.4$	m	16.80
		$DN32$	$2.1+5.1+3.6+3.6+3.9+2.1+3.6+3.0$	m	27.00
		$DN40$	$3.6+5.1+4.2+8.4+4.5$	m	25.80
		$DN50$	$4.2+6.2+1.5$	m	11.90
5	回水立管	$DN50$	$2.1-0.5$	m	1.60
6	管道刷油面积		$S=[3.14\times(0.0205\times2.0+0.0255\times136.9+0.0325\times34.4+0.0385\times55.8+0.047\times51.8+0.057\times29)]$	m²	34.18
7	管道保温层		$V=\{3.14\times[(0.0255+0.04\times1.033)\times0.04\times1.033\times9.2+(0.0315+0.04\times1.033)\times0.04\times1.033\times16.8+(0.0385+0.04\times1.033)\times0.04\times1.033\times27+(0.047+0.04\times1.033)\times0.04\times1.033\times25.8+(0.057+0.04\times1.033)\times0.04\times1.033\times17.6)]\}$	m³	1.04
8	闸阀（立管）	$DN20$		个	20
9	阀门（排气阀）	$DN20$		个	1
10	自动排气阀	$DN20$		个	1
11	散热器		356（一层）$+319$（二层）	片	675
12	支架	C5、$\phi10$	$0.831\times9+0.842\times2+0.620\times(9+8)$	kg	19.70
13	镀锌铁皮套管	$DN32$		个	20
		$DN40$		个	2
		$DN50$		个	5
		$DN65$		个	2
		$DN80$		个	2
14	油麻填料刚套管	$DN80$		个	2

（2）选套定额　采用《辽宁省建设工程计价依据》（辽宁省建设厅 2008）、《建设工程费用标准》（辽建发［2007］87 号）编制。材料价格依据 2013 年第 3 期《建筑与概算》沈阳地区价格执行，网刊上没有的价格执行市场价格。工程量清单计价方式的工程预算见表 7-10～表 7-14。

表 7-10　单位工程造价费用汇总表　　（清单计价）

工程名称：采暖工程　　　　　　　　　　　　　　　　第 1 页　共 1 页

序号	汇总内容	计算基础	费率/%	金额/元
一	分部分项工程费			43886.64
1.1	采暖工程			43886.64
二	措施项目费			1061.91
2.1	安全文明施工费			682.51
三	其他项目费			
四	规费			1876.61
4.1	工程排污费			
4.2	社会保障费			1429.98
4.2.1	养老保险			893.27
4.2.2	失业保险			89.54

序号	汇总内容	计算基础	费率/%	金额/元
4.2.3	医疗保险			357.63
4.2.4	生育保险			44.77
4.2.5	工伤保险			44.77
4.3	住房公积金			446.63
4.4	危险作业意外伤害保险			
五	税金			1628.11
	单位工程造价合计＝一＋二＋三＋四＋五			48453.27

表 7-11　分部分项工程量清单计价表

工程名称：采暖工程

序号	项目编码	项目名称	项目特征	计量单位	工程数量	综合单价	合价
		采暖工程					
1	030801002001	焊接钢管 DN15（螺纹连接）	1. 安装部位（室内、外）：室内 2. 输送介质（给水、排水、热媒介、燃气、雨水）：采暖热水 3. 材质：焊接钢管 4. 型号、规格：DN15 5. 连接方式：螺纹连接 6. 管道、管件及弯管的制作、安装 7. 管道水压试验及水冲洗 8. 管道除锈后刷银粉两道	m	2	19.13	38.26
2	030801002002	焊接钢管 DN20（螺纹连接）	1. 安装部位：室内 2. 输送介质：采暖热水 3. 材质：焊接钢管 4. 型号、规格：DN20 5. 连接方式：螺纹连接 6. 管道、管件及弯管的制作、安装 7. 含镀锌铁皮套管制作、安装 8. 管道水压试验及水冲洗 9. 管道除锈后刷银粉两道	m	127.7	22.55	2879.64
3	030801002003	焊接钢管 DN25（螺纹连接）	1. 安装部位：室内 2. 输送介质：采暖热水 3. 材质：焊接钢管 4. 型号、规格：DN25 5. 连接方式：螺纹连接 6. 管道、管件及弯管的制作、安装 7. 含镀锌铁皮套管制作、安装 8. 管道水压试验及水冲洗 9. 管道除锈后刷银粉两道	m	17.6	28.77	506.35
4	030801002004	焊接钢管 DN32（螺纹连接）	1. 安装部位：室内 2. 输送介质：采暖热水 3. 材质：焊接钢管 4. 型号、规格：DN32 5. 连接方式：螺纹连接 6. 管道、管件及弯管的制作、安装 7. 含镀锌铁皮套管制作、安装 8. 管道水压试验及水冲洗 9. 管道除锈后刷银粉两道	m	28.8	32.97	949.54

序号	项目编码	项目名称	项目特征	计量单位	工程数量	综合单价	合价
						金额/元	
5	030801002005	焊接钢管 DN40（焊接）	1. 安装部位：室内 2. 输送介质：采暖热水 3. 材质：焊接钢管 4. 型号、规格：DN40 5. 连接方式：焊接 6. 管道、管件及弯管的制作、安装 7. 含镀锌铁皮套管制作、安装 8. 管道水压试验及水冲洗 9. 管道除锈后刷银粉两道	m	26	30.64	796.64
6	030801002006	焊接钢管 DN50（焊接）	1. 安装部位：室内 2. 输送介质：采暖热水 3. 材质：焊接钢管 4. 型号、规格：DN50 5. 连接方式：焊接 6. 管道、管件及弯管的制作、安装 7. 含镀锌铁皮套管制作、安装 8. 管道水压试验及水冲洗 9. 管道除锈后刷银粉两道	m	11.4	37.70	429.78
7	030801002007	焊接钢管 DN20（螺纹连接）	1. 安装部位：室内 2. 输送介质：采暖热水 3. 材质：焊接钢管 4. 型号、规格：DN20 5. 连接方式：螺纹连接 6. 管道、管件及弯管的制作、安装 7. 管道水压试验及水冲洗 8. 管道除锈后刷银粉两道 9. 管道采用 40mm 厚铝箔离心玻璃管壳保温	m	9.2	29.26	269.19
8	030801002008	焊接钢管 DN25（螺纹连接）	1. 安装部位：室内 2. 输送介质：采暖热水 3. 材质：焊接钢管 4. 型号、规格：DN25 5. 连接方式：螺纹连接 6. 管道、管件及弯管的制作、安装 7. 管道水压试验及水冲洗 8. 管道除锈后刷银粉两道 9. 管道采用 40mm 厚铝箔离心玻璃管壳保温	m	16.8	36.34	610.51
9	030801002009	焊接钢管 DN32（螺纹连接）	1. 安装部位：室内 2. 输送介质：采暖热水 3. 材质：焊接钢管 4. 型号、规格：DN32 5. 连接方式：螺纹连接 6. 管道、管件及弯管的制作、安装 7. 管道水压试验及水冲洗 8. 管道除锈后刷银粉两道 9. 管道采用 40mm 厚铝箔离心玻璃管壳保温	m	27	41.01	1107.27

续表

序号	项目编码	项目名称	项目特征	计量单位	工程数量	综合单价	合价
						金额/元	
10	030801002010	焊接钢管 DN40（焊接）	1. 安装部位：室内 2. 输送介质：采暖热水 3. 材质：焊接钢管 4. 型号、规格：DN40 5. 连接方式：焊接 6. 管道、管件及弯管的制作、安装 7. 管道水压试验及水冲洗 8. 管道除锈后刷银粉两道 9. 管道采用 40mm 厚铝箔离心玻璃管壳保温	m	25.8	39.96	1030.97
11	030801002011	焊接钢管 DN50（焊接）	1. 安装部位：室内 2. 输送介质：采暖热水 3. 材质：焊接钢管 4. 型号、规格：DN50 5. 连接方式：焊接 6. 管道、管件及弯管的制作、安装 7. 管道水压试验及水冲洗 8. 含油麻填料钢套管制作与安装 9. 管道除锈后刷银粉两道 10. 管道采用 40mm 厚铝箔离心玻璃管壳保温	m	17.6	49.85	877.36
12	030803001003	铜闸阀 DN20	1. 类型：铜闸阀 2. 规格、型号：DN20 3. 连接方式：螺纹连接	个	20	36.68	733.60
13	030803005001	自动排气阀 DN20	1. 类型：自动排气阀 2. 规格、型号：DN20 3. 连接方式：螺纹连接	个	1	47.86	47.86
14	030803001004	铜闸阀 DN20	1. 类型：铜闸阀 2. 规格、型号：DN20 3. 连接方式：螺纹连接 4. 安装位置：自动排气阀前	个	1	36.68	36.68
15	030805001001	铸铁散热器	1. 名称：铸铁散热器 2. 规格、型号：铸铁散热器四柱型（外喷银粉）	片	675	48.12	32481.00
16	030802001001	管道支架制作安装	包含支吊架除锈后刷银粉两道	kg	19.7	17.41	342.98
17	CB001	系统调试费（采暖工程）		项	1	749.01	749.01
		合计					43886.64

工程名称：采暖工程

表 7-12　分部分项工程量清单综合单价分析表

项目编码	030801002001	项目名称	焊接钢管 DN15（螺纹连接）	计量单位	m

清单综合单价组成明细

定额编号	定额名称	定额单位	数量	单价				合价			
				人工费	材料费	机械费	管理费和利润	人工费	材料费	机械费	管理费和利润
8-104	室内焊接钢管（螺纹）DN15	10m	0.1	89.9	13.9		25.17	8.99	1.39		2.52
14-56	管道刷油 银粉 第一遍	10m²	0.007	13.76	8.96		3.86	0.09	0.06		0.03
14-57	管道刷油 银粉 第二遍	10m²	0.007	13.26	8.25		3.71	0.09	0.06		0.03
14-1	手工除锈 管道 轻锈	10m²	0.007	15.87	3		4.44	0.11	0.02		0.03
8-602	管道消毒、冲洗 DN50	100m	0.01	22.31	13		6.24	0.23	0.13		0.06
人工单价		小计						9.51	1.66		2.67
技工 68元/工日；普工 53元/工日		未计价材料费							5.30		
清单项目综合单价								19.13			

材料费明细	主要材料名称、规格、型号	单位	数量	单价/元	合价/元	暂估单价/元	暂估合价/元
	管子托钩 DN15	个	0.11	0.50	0.06		
	管卡子(单立管) DN25	个	0.071	0.95	0.07		
	普通硅酸盐水泥 32.5MPa	kg	0.078	0.34	0.03		
	砂子	m³	0	50.00	0.01		
	镀锌铁丝 8～12#	kg	0.005	5.30	0.03		
	钢锯条	根	0.218	0.60	0.13		
	机油	kg	0.016	12.50	0.20		
	铅油	kg	0.011	9.00	0.10		
	线麻	kg	0.001	11.00	0.01		
	破布	kg	0.011	5.50	0.06		
	水	t	0.055	2.60	0.14		
	漂白粉	张	0.001	1.20	0.00		
	铁砂布 0～2	个	0.01	0.80	0.01		
	焊接钢管接头零件 DN15 室内	个	1.696	0.41	0.70		
	酚醛清漆各色	kg	0.005	10.18	0.05		
	汽油 93号	kg	0.009	5.86	0.05		
	银粉	kg	0.001	12.00	0.01		
	钢丝刷	把	0.001	3.50			
	焊接钢管 DN15	m	1.02	5.20	5.30		
	材料费小计				6.96		—

工程名称：采暖工程

续表

项目编码	030801002011	项目名称	焊接钢管DN50(焊接)	计量单位	m

清单综合单价组成明细

定额编号	定额名称	定额单位	数量	单价				合价			
				人工费	材料费	机械费	管理和利润	人工费	材料费	机械费	管理费和利润
8-117	室内钢管焊接DN50	10m	0.1	97.72	14.04	7.64	29.5	9.77	1.40	0.76	2.95
14-1971	绝热工程毡类制品安装 管道 φ57以下 厚度40mm	m³	0.013	285.76	18.62	12.37	83.48	3.71	0.24	0.16	1.09
8-583	油麻填料钢套管制作与安装 DN80	10个	0.011	48.6	44.94	6.74	15.5	0.53	0.49	0.07	0.17
14-56	管道刷油 银粉 第一遍	10m²	0.018	13.76	8.96		3.86	0.25	0.16		0.07
14-57	管道刷油 银粉 第二遍	10m²	0.018	13.26	8.25		3.71	0.24	0.15		0.07
14-1	手工除锈 管道 轻锈	10m²	0.018	15.87	3		4.44	0.28	0.05		0.08
8-602	管道消毒、冲洗 DN50	100m	0.01	22.31	13		6.24	0.22	0.13		0.06
人工单价			小计					15.00	2.62	0.99	4.49
技工68元/工日；普工53元/工日			未计价材料费					26.73			
		清单项目综合单价						49.85			

材料费明细	主要材料名称、规格、型号	单位	数量	单价/元	合价/元	暂估单价/元	暂估合价/元
	钢锯条	根	0.108	0.60	0.06		
	机油	kg	0.006	12.50	0.08		
	铅油	kg	0.001	9.00	0.01		
	破布	kg	0.029	5.50	0.16		
	水	t	0.066	2.60	0.17		
	漂白粉	kg	0.001	1.20	0.00		
	圆钢(综合)	kg	0.018	3.50	0.06		

续表

	主要材料名称、规格、型号	单位	数量	单价/元	合价/元	暂估单价/元	暂估合价/元
材料费明细	油麻	kg	0.057	6.20	0.35		
	砂轮片 φ200	片	0.004	14.30	0.06		
	电焊条	kg	0.001	5.00	0.01		
	氧气	m³	0.101	3.50	0.35	氧气	m³
	乙炔气	kg	0.034	15.50	0.53	乙炔气	kg
	普通钢板（综合）	kg	0.009	4.30	0.04	普通钢板（综合）	kg
	碳钢气焊条<φ2	kg	0.002	5.00	0.01	碳钢气焊条<φ2	kg
	尼龙砂轮片 φ100	片	0.022	3.60	0.08	尼龙砂轮片 φ100	片
	铁丝 8#	kg	0.008	4.20	0.03	铁丝 8#	kg
	酚醛清漆各色	kg	0.012	10.18	0.12	酚醛清漆各色	kg
	汽油 93#	kg	0.025	5.86	0.15	汽油 93#	kg
	银粉	kg	0.003	12.00	0.04	银粉	kg
	钢丝刷	把	0.004	3.50	0.01	钢丝刷	把
	镀锌铁丝 13~17#	kg	0.046	5.20	0.24	镀锌铁丝 13~17#	kg
	焊接钢管 DN50	m	1.02	19.30	19.69		
	铝箔离心玻璃棉壳 40mm 厚	m³	0.013	452.00	5.88		
	油麻其料钢套管 DN80	m	0.035	33.00	1.16		
	其他材料费			—	0.03	—	
	材料费小计			—	29.37	—	

续表

工程名称：采暖工程

项目编码	03080305001	项目名称	自动排气阀 DN20	计量单位	个

清单综合单价组成明细

定额编号	定额名称	定额单位	数量	单价				合价			
				人工费	材料费	机械费	管理和利润	人工费	材料费	机械费	管理费和利润
8-751	自动排气阀安装 DN20	个	1	10.85	6.97		3.04	10.85	6.97		3.04
人工单价		小计						10.85	6.97		3.04
技工 68 元/工日；普工 53 元/工日		未计价材料费							27.00		
		清单项目综合单价							47.86		

材料费明细

主要材料名称、规格、型号	单位	数量	单价/元	合价/元	暂估单价/元	暂估合价/元
普通硅酸盐水泥 32.5MPa	kg	0.5	0.34	0.17		
钢锯条	根	0.05	0.60	0.03		
机油	kg	0.009	12.50	0.11		
铅油	kg	0.024	9.00	0.22		
线麻	kg	0.002	11.00	0.02		
棉纱	kg	0.03	15.00	0.45		
圆钢（综合）	kg	0.21	3.50	0.74		
精制六角螺母 M8	个	2.06	0.08	0.16		
钢垫圈 M8.5	个	2.06	0.03	0.06		
角钢（综合）	kg	0.65	3.50	2.28		
黑玛钢管箍 DN20	个	2.02	0.75	1.52		
黑玛钢弯头 DN20	个	1.01	0.81	0.82		
黑玛钢丝堵（堵头）DN20	个	1.01	0.39	0.39		
自动排气阀 DN20	个	1	27.00	27.00		
材料费小计	—			33.97	—	

工程名称：采暖工程

项目编码	030805001001	项目名称	铸铁散热器	计量单位	片

清单综合单价组成明细

定额编号	定额名称	定额单位	数量	单价				合价			
				人工费	材料费	机械费	管理和利润	人工费	材料费	机械费	管理和利润
8-1186	铸铁散热器组成安装 柱型	10 片	0.1	20.34	171.87		5.69	2.03	17.19		0.57
人工单价			小计					2.03	17.19		0.57
技工68元/工日；普工53元/工日			未计价材料费						28.33		
清单项目综合单价									48.12		

材料费明细	主要材料名称、规格、型号	单位	数量	单价/元	合价/元	暂估单价/元	暂估合价/元
	普通硅酸盐水泥 32.5MPa	kg	0.033	0.34	0.01		
	砂子	m³	0.0002	50.00	0.01		
	水	t	0.003	2.60	0.01		
	铁砂布 0~2	张	0.2	0.80	0.16		
	柱型散热器 813足片	片	0.319	41.00	13.08		
	汽包对丝 DN38	个	1.892	1.00	1.89		
	汽包丝堵 DN38	个	0.175	1.50	0.26		
	汽包补芯 DN38	个	0.175	1.50	0.26		
	精制六角带帽螺栓 M12×300	套	0.087	3.00	0.26		
	方形钢垫圈 φ12×50×50	个	0.174	0.40	0.07		
	汽包胶垫 δ3	片	2.352	0.50	1.18		
	铸铁散热器柱型	片	0.691	41.00	28.33		
	材料费小计			—	45.52		—

工程名称：采暖工程

续表

| 项目编码 | 0308020010 01 | | | 项目名称 | 管道支架制作安装 | | | | 计量单位 | kg | | |

清单综合单价组成明细

定额编号	定额名称	定额单位	数量	单价				合价			
				人工费	材料费	机械费	管理和利润	人工费	材料费	机械费	管理费和利润
8-648	一般管道支架制作安装	100kg	0.01	497.93	193.72	271.86	215.54	4.98	1.94	2.72	2.16
14-7	手工除锈 一般钢结构 轻锈	100kg	0.01	15.87	2.22	8.71	6.88	0.16	0.02	0.09	0.07
14-122	一般钢结构 银粉 第一遍	100kg	0.01	10.85	6.55	8.71	5.48	0.11	0.07	0.09	0.05
14-123	一般钢结构 银粉 第二遍	100kg	0.01	10.85	5.82	8.71	5.48	0.11	0.06	0.09	0.05
人工单价			小计					5.36	2.09	2.99	2.33
技工 68 元/工日；普工 53 元/工日		未计价材料费							4.66		
清单项目综合单价								17.41			

材料费明细	主要材料名称、规格、型号	单位	数量	单价/元	合价/元	暂估单价/元	暂估合价/元
	普通硅酸盐水泥 32.5MPa	kg	0.293	0.34	0.10		
	砂子	m³	0.001	50.00	0.05		
	机油	kg	0.005	12.50	0.06		
	铅油	kg	0	9.00	0		
	破布	kg	0.002	5.50	0.01		
	水	t	0	2.60	0		
	尼龙砂轮片 φ400	片	0.014	12.80	0.18		
	橡胶板 δ1~3	kg	0.005	8.00	0.04		
	电焊条	kg	0.054	5.00	0.27		
	铁砂布 0~2	张	0.011	0.80	0.01		
	棉砂布	kg	0.024	8.30	0.20		
	氧气	m³	0.026	3.50	0.09		
	乙炔气	kg	0.009	15.50	0.14		
	尼龙砂轮片 φ100	片	0.001	3.60			

续表

工程名称：采暖工程

材料费明细	主要材料名称、规格、型号	单位	数量	单价/元	合价/元	暂估单价/元	暂估合价/元
	精制六角螺栓	kg	0.012	5.50	0.07		
	精制六角螺母	kg	0.025	8.00	0.20		
	钢垫圈	kg	0.01	5.30	0.05		
	木材（一级红松）	m³	0	2050.00	0.41		
	清油	kg	0	11.30			
	碎石 5mm	m³	0.001	55.00	0.06		
	酚醛清漆各色	kg	0.005	10.18	0.05		
	汽油 93#	kg	0.01	5.86	0.06		
	银粉	kg	0.001	12.00	0.01		
	钢丝刷	把	0.002	3.50	0.01		
	型钢（未计价材料费）	kg	1.06	4.40	4.66		
	材料费小计	m³		—	6.73		

表 7-13　措施项目清单计价表

工程名称：采暖工程 　　　　　　　　　　　　　　　　　　　　第 1 页　共 1 页

序号	项目名称	计算基数	费率/%	金额/元
一	施工组织措施项目			
1	安全文明施工措施费	分部分项人工费＋机械费	12.5	682.51
2	夜间施工增加费			
3	二次搬运费			
4	已完工程及设备保护费			
5	冬雨季施工费	分部分项人工费＋机械费	1	54.60
6	市政工程干扰费	分部分项人工费＋机械费	0	
7	焦炉施工大棚(C.4 炉窑砌筑工程)			
8	组装平台(C.5 静置设备与工艺金属结构制作安装工程)			
9	格架式抱杆(C.5 静置设备与工艺金属结构制作安装工程)			
10	其他措施项目费			
	脚手架搭拆(给排水工程)			
	脚手架搭拆(给排水工程)			252.98
	脚手架搭拆(刷油工程)			8.22
	脚手架搭拆(绝热工程)			63.60
	合计			1061.90

表 7-14　单位工程规费计价表

工程名称：采暖工程 　　　　　　　　　　　　　　　　　　　　第 1 页　共 1 页

序号	汇总内容	计算基础	费率/%	金额/元
5.1	工程排污费			
5.2	社会保障费	养老保险＋失业保险＋医疗保险＋生育保险＋工伤保险		1429.98
5.2.1	养老保险	其中:人工费＋机械费	16.36	893.27
5.2.2	失业保险	其中:人工费＋机械费	1.64	89.54
5.2.3	医疗保险	其中:人工费＋机械费	6.55	357.63
5.2.4	生育保险	其中:人工费＋机械费	0.82	44.77
5.2.5	工伤保险	其中:人工费＋机械费	0.82	44.77
5.3	住房公积金	其中:人工费＋机械费	8.18	446.63
5.4	危险作业意外伤害保险			
	合计			1876.61

思考题与练习题

1. 采暖系统的分类有哪些？

2. 如何选择采暖系统形式及热媒种类参数？

3. 热水采暖系统形式有哪些？　各自适用哪些场所？

4. 分户热计量采暖系统形式有哪些？

5. 高层建筑热水采暖系统的特点是什么？

6. 辐射采暖的特点是什么？

7. 采暖系统散热设备及附属装置有哪些？

8. 如何进行采暖系统施工图识读？

9. 采暖系统工程量的计算规则有哪些？

第8章 通风空调工程计量与计价

8.1 通风空调工程基础知识

8.1.1 通风系统的组成及设备

通风是指利用室外空气来置换建筑物内的空气，以改变室内空气品质的过程，通风系统就是实施通风过程的所有设备和管道的统称。

通风系统实现的主要功能包括：

① 提供建筑物内人员呼吸所需的氧气。

② 稀释室内污染物或气味。

③ 排除室内工艺过程产生的污染物，并补充排除的空气量。

④ 取出建筑物内多余的热量，降低湿度。

⑤ 提供室内燃烧没备所需的空气。

按照空气流动的动力分类，通风可以分为自然通风和机械通风两类。自然通风是指依靠室外风力造成的风压或室内外温差造成的热压使室外的新鲜空气进入室内，使室内的空气排到室外的过程。机械通风是指依靠风机的动力来向室内送入空气或向室外排出空气的过程。

机械通风系统主要由风机、空气处理设备、管道及配件、风口四部分组成。

（1）风机　风机是确保空气在系统中正常流动的动力源。风机主要分为离心风机、轴流风机和其他风机。

离心风机的空气流向垂直于主轴，它主要由叶轮、机壳、出风口、进风口和电动机组成。叶轮安装在电动机主轴上，随电动机一起高速转动。叶轮上的叶片将空气从进风口吸入，然后被甩向机壳，并由机壳收集，增压后由出风口排出。

轴流风机的空气流向平行于主轴，它主要由叶片、圆筒型出风口、钟罩型进风口、电动机组成。叶片安装在主轴上，随电动机高速转动，将空气从进风口吸入，沿圆筒形出风口排出。

其他风机主要有贯流式风机和混流式风机。

（2）风道　按风道所用的材料分金属风道和非金属风道。金属风道的材料有镀锌薄钢板、薄钢板和不锈钢板等。非金属风道的材料有玻璃钢、塑料、混凝土风道等。在新型空调中，也有用玻璃纤维板或两层金属间加隔热材料的预制保温板做成的风道，但造价较高。

按风道的几何形状分圆形风道和矩形风道两类。圆形风道常用于民用建筑的暗装，或用于工业厂房、地下人防的暗装管道。矩形风道易于布置，便于与建筑空间配合，且容易加工，因而目前使用较为普遍。

为了减少管道的能量损失，防止管道表面产生结露现象，并保证进入空调房间的空气参数达到规定值，风管要进行保温。

目前常用的保温材料有阻燃性聚苯乙烯或玻璃纤维板以及较新型的高倍率的独立气泡聚乙烯泡沫塑料板。

风管的保温结构由防腐层、保温层、防潮层和保护层组成。防腐层一般为 1～2 道防腐漆。常用的保护层和防潮层有金属保护层和复合保护层两种。所用的金属保护层常采用镀锌薄钢板或铝合金板；而复合保护层有玻璃丝布、复合铝箔及玻璃钢等。

（3）风口　经过热湿处理的空气通过送风口送入室内，进行热湿交换后，空气通过回风口回到空调机组中再进行处理。

通风空调工程中所用的送风口的类型有格栅送风口、百叶送风口、条缝形百叶送风口、散流器、喷口、旋流送风口等。常用的回风口有网格式、固定百叶式和活动百叶式。

格栅送风口有叶片固定和叶片可调两种，不带风量调节阀，用于一般通风空调工程。百叶送风口包括单层百叶风口和双层百叶风口，单层百叶风口可调节横向或竖向扩散角度，双层百叶风口可同时调节横向或竖向气流扩散角度，用于舒适性空调或精度较高的工艺性空调。散流器有圆形散流器和方形散流器两种，常用于公共建筑的舒适性空调和工艺性空调。喷口有圆形、矩形、球形喷口，一般用于公共建筑和高大厂房的通风空调。

（4）风阀　风系统的阀门可分为一次调节阀、开关阀、自动调节阀和防火防烟阀等。其中，一次调节阀主要用于系统调试，调好后阀门位置就保持不变，如三通阀、蝶阀、对开多叶阀、插板阀等。自动调节阀是系统运行中需要经常调节的阀门，它要求执行机构的行程与风量成正比或接近成正比，多采用顺开式多叶调节阀和密闭对开多叶调节阀；新风调节阀常采用顺开式多叶调节阀；系统风量调节阀一般采用密闭对开多叶调节阀。

通风系统风道上还需设置防火防烟阀门。防火阀用于与防火分区贯通的场合。当发生火灾时，火焰侵入烟道，高温使阀门上的易熔合金熔解，或使记忆合金产生变形使阀门自动关闭。防火阀与普通的风量调节阀结合使用可兼起风量调节的作用，则可称为防火调节阀。防火阀的动作温度一般为 70℃。防烟阀是与烟感器连锁的阀门，即通过能够探知火灾初期发生的烟气的烟感器来关闭风门，以防止其他防火分区的烟气侵入本区。排烟阀应用于排烟系统的管道上，火灾发生时，烟感探头发出火灾信号，控制中心接通排烟阀上的电源，将阀门迅速打开进行排烟。当排烟温度达到 280℃时，排烟阀自动关闭，排烟系统停止运行。

8.1.2　空调系统的组成及设备

（1）空调系统的分类　空气调节简称空调，是指为满足生产、生活要求，改善劳动卫生条件，采用人工的方法使室内空气的温度、相对湿度、洁净度、气流速度等参数达到一定要求的工程技术。空气调节系统一般由空气处理设备和空气输送管道以及空气分配装置组成。根据需要，它能组成多种不同系统形式。在工程上应考虑建筑物的用途和性质、热湿负荷特点、温湿度调节和控制要求、空调机房的面积和位置、初投资和运行维修费用等多方面因素，选择合理的空调系统。

按负担室内负荷所用的介质不同，空气调节系统可分为全空气系统、全水系统、空气-水系统和冷剂系统四种类型。

① 全空气系统。全空气系统是指空调房间的负荷全部由经过处理的空气来承担。其基本工作流程是：空气从房间通过回风管道送至空调机房，在空调机房内将空气处理到合适的温度和湿度，然后由送风管道通过送风口送至各房间。全空气系统分为送风系统和回风系统两部分，主要由送、回风管道、空气处理设备、风口及其他配件组成。

② 全水系统。全水系统是指房间的负荷全部由水来负担，空调房间内设有风机盘管或其他末端装置。空调制冷机组（或热源）将冷冻水（或热水）处理到合适温度，通过冷冻水（或热水）供水管送至各房间的风机盘管或其他末端装置，在末端装置中与室内空气进行热交换后，经冷冻水（或热水）回水管回到制冷机组（或热源）。冷却系统的任务是对制冷机组中的冷凝器进行降温。冷却系统可分为水冷系统和风冷系统两类，全水系统由冷热源、水泵、相关水处理设备、管路系统、室内末端装置构成。

③ 空气-水系统。空气-水系统是指空调房间内的空调负荷由空气和水共同负担的空调系统，通常是指带有新风系统的水系统，其主要设备包括新风机组、送风管道、空调冷热源、水泵、相关水处理设备、管路系统、风机盘管或其他末端装置。

④ 冷剂系统。冷剂系统也称为直接蒸发式空调系统，是指空调房间内的空调负荷全部由制冷剂负担的空调系统。室外主机由压缩机、冷凝器及其他制冷附件组成。室内机则由直接蒸发式换热器和风机组成。室外机通过制冷剂管道与分布在各个房间内的室内机连接在一起，这种方式通常用于分散安装的局部空调机组。例如普通的分体式空调器、水环热泵机组等都属于冷剂系统。由一台室外机连接多台室内机的 VRV（变制冷剂）空调系统，也是典型的冷剂系统。

按空气处理设备的设置情况可分为集中式空调系统、半集中式空调系统和分散式空调系统。

① 集中式空调系统。集中式空调系统的所有空气处理机组及风机都设在集中的空调机房内，通过集中的送、回风管道实现空调房间的降温和加热。集中式空调系统的优点是作用面积大，便于集中管理与控制。其缺点是占用建筑面积与空间，且当被调房间负荷变化较大时，不易精确调节。集中式空调系统适用于建筑空间较大、各房间负荷变化规律类似的大型工艺性和舒适性空调。

② 半集中式空调系统。半集中式空调系统除设有集中空调机房外，还设有分散在各房间内的二次设备（又称末端装置），其中多半设有冷热交换装置（也称二次盘管），其功能主要是处理那些未经集中空调设备处理的室内空气，例如风机盘管空调系统和诱导器空调系统就属于半集中空调系统。半集中式空调系统的主要优点是易于分散控制和管理，设备占用建筑面积或空间少、安装方便。其缺点是无法常年维持室内温湿度恒定，维修量较大。这种系统多用于大型旅馆和办公楼等多房间建筑物的舒适性空调。

③ 分散式空调系统。分散式空调系统是将冷热源和空气处理设备、风机以及自控设备等组装在一起的机组，分别对各被调房间进行空气调节。这种机组一般设在被调房间或其邻室内，因此不需要集中空调机房。分散式系统使用灵活，布置方便，但维修工作量较大，室内卫生条件有时较差。

(2) 集中式空气调节系统的组成　集中式空调系统是典型的全空气系统，它广泛应用于舒适性或工艺性空调工程中，例如商场、体育场馆、餐厅以及对空气环境有特殊要求的工业厂房中。它主要由五部分组成，进风部分、空气处理设备、空气输送设备、空气分配装置、冷热源。

① 进风部分。空气调节系统必须引入室外空气，常称"新风"。新风量的多少主要由系统的服务用途和卫生要求决定。新风的入口应设置在其周围不受污染影响的建筑物部位。新风口连同新风道、过滤网及新风调节阀等设备，即为空调系统的进风部分。

② 空气处理设备。空气处理设备包括空气过滤器、预热器、喷水室（或表冷器）、再热器等，是对空气进行过滤和热湿处理的主要设备。它的作用是使室内空气达到预定的温度、湿度和洁净度。

③ 空气输送设备。它包括送风机、回风机、风道系统以及装在风道上的调节阀、防火阀、消声器等设备。它的作用是将经过处理的空气按照预定要求输送到各个房间，并从房间内抽回或排出一定量的室内空气。

④ 空气分配装置。包括设在空调房间内的各种送风口和回风口。它的作用是合理组织室内空气流动，以保证工作区内有均匀的温度、湿度、气流速度和洁净度。

⑤ 冷热源。除了上述四个主要部分以外，集中空调系统还有冷源、热源以及自动控制和检测系统。空调装置的冷源分为自然冷源和人工冷源。自然冷源的使用受到多方面的限制。人工冷源是指通过制冷机获得冷量，目前主要采用人工冷源。

空调装置的热源也可分为自然热源和人工热源两种，自然热源是指太阳能和地热能，它的使用受到自然条件的多方面限制，因而并不普遍。人工热源是指通过燃煤、燃气、燃油锅炉或热泵机组等所产生的热量。

（3）集中式空气调节系统设备　集中式空调系统的主要设备包括空气处理设备、空气输送设备、室内空气处理末端设备、空气分配设备。

① 空气处理设备。空气处理设备包括热湿处理设备、空气净化设备、消声设备等。在中央空调系统中，常采用组合式空气处理机组，即将空气热湿处理设备、净化设备、风机等组合在一起称为组合式空调机组或装配式空调机。组合式空调机组根据用户的需要不同而采用不同的组合段，如空气过滤段、混合段、热湿段、风机段等。

a. 空气热湿处理设备。热湿段一般包括空气热湿处理设备，如表面式换热器、加湿器、喷水室、电加热器、空气的加湿设备等。

b. 空气净化设备。空调系统中使用的空气一般是由室外新风和室内回风两部分组成。新风因室外环境有尘埃而被污染，回风因室内人员的活动和工艺过程也受到污染。这些被污染的空气中所含的灰尘不仅有害于人体健康，影响到加热器和表冷器等设备的传热效果，而且还将妨碍某些工作和工艺过程的顺利进行。因此，必须在空调系统中设置空气净化装置，将其中所含的一部分灰尘过滤掉。

根据过滤器的过滤效果，一般将其分为粗效、中效和高效过滤器三种。对室内空气中含尘浓度要求不同，所采用的空气过滤器种类也不同。

c. 消声设备。当系统产生的噪声经过管道和房间衰减后，仍满足不了室内噪声标准时，需要增设消声器，以消除过大的噪声。目前空调系统中常用的消声器主要有阻性消声器、共振型消声器、膨胀型消声器、复合式消声器、消声弯头。

② 空气输送与分配设备。中央空调系统空气输送与分配设备与通风系统相同，在此不再赘述。

③ 室内末端设备。系统的末端设备主要有风机盘管机组。风机盘管机组由风机和表面式热交换器组成。它使室内回风直接进入机组进行冷却去湿或加热处理。和集中式空调系统不同，它采用就地处理回风的方式。与风机盘管机组相连接的有冷、热水管路和凝结水管

路。由于机组需要负担大部分室内负荷，盘管的容量较大，而且通常都是采用湿工况运行。

风机盘管采用的电机多为单相电容调速电机，通过调节输入电压改变风机转速，使通过机组盘管的风量分为高、中、低三挡，达到调节输出冷热量的目的。

风机盘管有立式、卧式等型式，可根据室内安装位置选定，同时根据室内装修的需要可做成明装或暗装。近几年又开发了多种形式，如立柱式、顶棚式以及可接风管的高静压风机盘管，使风机盘管的应用更加灵活、方便。

8.1.3 制冷机房设备及流程

(1) 冷源的分类　空气调节系统的冷源有天然冷源和人工冷源，天然冷源主要有地下水或深井水。对于大型空调系统，利用天然冷源显然是受条件限制的，因此在多数情况下必须建立人工冷源，即利用制冷机不间断地制取所需低温条件下的冷量。

人工制冷设备种类繁多，形态各异，所用的制冷机也各不相同，有以电能制冷的，如用氨、氟利昂为制冷剂的压缩式制冷机；有以蒸汽为能源制冷的，如蒸汽喷射式制冷机和蒸汽型溴化锂吸收式制冷机等；还有以其他热能为能源制冷的，如热水型和直燃型溴化锂吸收式制冷机以及太阳能吸收式制冷机。

(2) 制冷机房主要设备

① 冷水机组。把压缩机、辅助设备及附件紧凑地组装在一起，专供各种用冷目的使用的整体式制冷装置称为制冷机组。目前，空调工程中应用最多的是蒸汽压缩式冷水机组和溴化锂吸收式冷水机组。蒸汽压缩式冷水机组又分为活塞式、离心式和螺杆式三种；溴化锂吸收式冷水机组可分为蒸汽型、热水型和直燃型三种。

② 冷却塔。冷却塔的作用就是通过接触散热、辐射热交换以及蒸发散热而降低水温。根据通风方式有自然通风式、机械通风式、机械和自然联合式。自然通风式主要利用风和局部自然对流来散热，因此它的冷却能力受到气候条件的限制。空调中常用的是机械通风冷却塔，它是利用风机造成空气快速流动而达到降低水温的目的。根据形状，冷却塔有圆形和方形之分。

③ 冷却水循环泵。用于空调水系统的水泵，一般多为离心水泵和管道泵。

④ 冷却水处理设备。暖通空调水循环系统一般设有水处理设备，如软化水处理装置、循环水处理器、电子或静电水处理器、臭氧发生器等。

⑤ 定压装置。定压装置主要有开式高位膨胀水箱和闭式低位膨胀水箱两种。开式膨胀水箱适用于中小型低温水供暖及空调系统，有方形和圆形之分。

当建筑物顶部安装开式高位膨胀水箱有困难时，可采用气压罐方式（闭式低位膨胀水箱）。采用这种方式时，不仅能解决系统中水的膨胀问题，而且可与系统的补水和稳压结合起来，气压罐一般安装在空调机房内。

⑥ 冷冻水循环泵。冷冻水循环泵同冷却水循环泵一样，一般也采用离心水泵或管道泵。

(3) 制冷机房主要流程　中央空调的水系统一般分为冷冻水系统和冷却水系统两个部分，根据不同情况可以设计成不同的形式。

① 冷却水系统流程。空调冷却水系统一般分为两类，即直流式供水系统和循环式供水系统。前者适用于水源水量特别充足的地区，例如以江、河、湖、海的水源作为冷却水，城

市自来水为冷却水源时则不应选用，而且它一般用于采用立式冷凝器的供冷系统，直流式冷却水系统见图 8-1。循环式供水系统是将来自冷凝器的冷却水通过冷却塔或冷却水池冷却后循环使用，在使用过程中只需要少量的补充水，但需增设冷却塔和水泵等。供水系统比较复杂，常在水源水量较小、水温较高时采用，它在目前空调系统中应用最多，其系统流程见图 8-2。

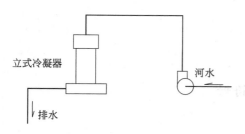

图 8-1　直流式冷却水系统

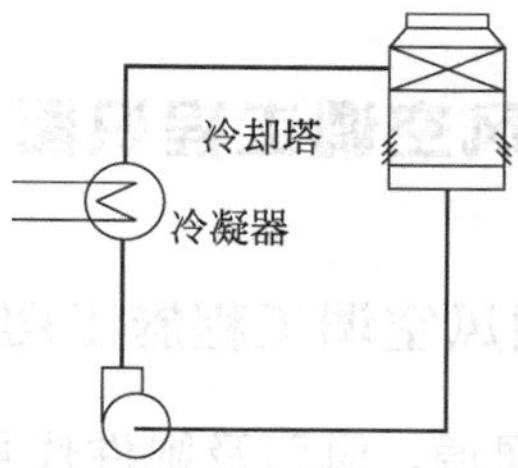

图 8-2　循环式冷却水系统

② 冷冻水（或热水）系统流程。经制冷机（或换热器）制得的冷冻水（或热水）由水泵送到空调系统，放出冷量（或热量）后，再回到制冷机（或换热器）中进行制冷（或制热），如此循环。

③ 冷冻水（或热水）系统形式。对舒适性空调的建筑，大量采用空气-水系统形式，即风机盘管加新风的空调方式，室内冷负荷主要由制冷机提供的冷冻水负担，因此冷冻水系统比较复杂。

空调冷冻水系统可分为二管制、三管制和四管制系统。具有供、回水管各一根的风机盘管水系统称为二管制系统，它与机械循环热水采暖系统相似，夏季供冷、冬季供热；全年要求有空调的建筑物，在过渡季节有些房间需要供冷，有些房间要求供热，为了使用灵活，可采用三管制系统，即一根冷水供水管、一根热水供水管、一根回水管，根据房间温度控制设备，控制是冷水还是热水进入风机盘管，但这种系统冷热水混合能量损失严重；更为完善的方式是四管制系统，即冷热水供、回水管各自独立，根据室内温度控制进入风机盘管的是热水或冷水。

根据系统内管路是否与大气相通，空调水系统可分为开式和闭式系统，见图 8-3、图 8-4。

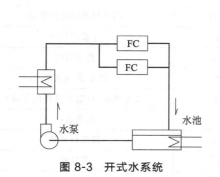

图 8-3　开式水系统

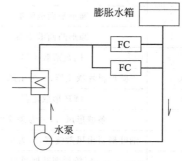

图 8-4　闭式水系统

根据各环路供、回水管所走路线的长度，空调水系统分为异程系统和同程系统，见图 8-5、图 8-6。在大型建筑物中，为了保持水力工况的稳定性，水系统常采用同程式。

另外，还有单级循环泵系统和双级循环泵系统。

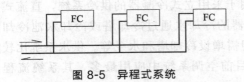

图 8-5 异程式系统

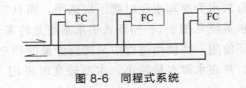

图 8-6 同程式系统

8.2 通风空调工程识图

8.2.1 通风空调工程施工图中常用图例、符号

8.2.1.1 风道、风口及附件代号

风道、风口及附件代号可按表 8-1、表 8-2 采用，自定义风道代号不得与表中代号相矛盾，并应在相应图面说明。

表 8-1 风道代号

代号	管道名称	代号	管道名称
SF	送风管	ZY	加压送风管
HF	回风管	P(Y)	排风排烟兼用风管
PF	排风管	XB	消防补风风管
XF	新风管	S(B)	送风兼消防补风风管
PY	消防排烟风管		

表 8-2 风口及附件代号

代号	图例	代号	图例
AV	单层格栅风口，叶片垂直	H	百叶回风口
AH	单层格栅风口，叶片水平	HH	门铰形百叶回风口
BV	双层格栅风口，前组叶片垂直	J	喷口
BH	双层格栅风口，前组叶片水平	SD	旋流风口
C×	矩形散流器，×为出风面数量	K	蛋格形风口
DF	圆形平面散流器	KH	门铰形蛋格式回风口
DS	圆形凸面散流器	L	花板回风口
DP	圆盘形散流器	CB	自垂百叶
DX×	圆形斜片散流器，×为出风面数量	N	防结露送风口
DH	圆环形散流器	T	低温送风口（冠于风口代号前）
E×	条缝形风口，×为条缝数	W	防雨百叶
F×	细叶形斜出风散流器，×为出风面数量	B	带风口风箱
FH	门铰形细叶回风口	D	带风阀
G	扁叶形直出风散流器	F	带过滤网

8.2.1.2 风道、阀门及附件图例

风道、阀门及附件图例可按表 8-3 采用。

表 8-3　风道、阀门及附件图例

名称	图例	名称	图例
矩形风管	*** × *** 宽×高(mm×mm)	圆形风管	φ *** φ直径(mm×mm)
风管向上		风管向下	
管上升摇手弯		风管下降摇手弯	
天圆地方	左接矩形风管右接圆形风管	软风管	
圆弧形弯头		带导流叶片的 矩形弯头	
消声器		消声弯头	
消声静压箱		风管软接头	
对开多页调节风阀		蝶阀	
插板阀		止回风阀	
余压阀	DPV　DPV	三通调节阀	
防烟、防火阀	***　*** ×××表示名称代号	方形风口	
条缝形风口		矩形风口	
圆形风口		侧面风口	
防雨百叶		检修门	J　J
气流方向	左通用，中送风，右回风	远程手控盒	B 防排烟用
防雨罩			

8.2.1.3 通风、空调设备图例

通风、空调设备图例可按表 8-4 采用。

表 8-4　通风、空调设备图例

名称	图例	名称	图例
轴流风机		电加热器	
轴(混)流式管道风机		板式换热器	
离心式管道风机		立式明装风机盘管	
吊顶式排风扇		立式暗装风机盘管	
水泵		卧式明装风机盘管	
手摇泵		卧式暗装风机盘管	
变风量末端		窗式空调器	
空调机组加热、冷却盘管	从左至右加热、冷却、两用	分体空调器	室内机　　室外机
空气过滤器	从左至右粗效、中效、高效	射流诱导风机	
挡水板		减震器	左平面图、右剖面图
加湿器			

8.2.1.4 调控装置及仪表图例

调控装置及仪表图例可按表 8-5 采用。

表 8-5　调控装置及仪表图例

名称	图例	名称	图例
温度传感器	T	弹簧执行机构	⌇
湿度传感器	H	重力执行机构	⌐□
压力传感器	P	记录仪	〜
压差传感器	ΔP	电磁(双位)执行机构	⊠
流量传感器	F	电动(双位)执行机构	□
烟感器	S	电动(调节)执行机构	○
流量开关	FS	气动执行机构	⊤
控制器	C	浮力执行机构	○—
吸顶式温度感应器	T	数字输入量	DI
温度计		数字输出量	DO
压力表		模拟输入量	AI
流量计	F.M.	模拟输出量	AO
能量计	E.M.		

8.2.2　通风空调工程施工图的主要内容

通风空调工程施工图一般由文字与图纸两部分组成。文字部分包括图纸目录、设计施工说明、设备及主要材料表。图纸部分包括基本图和详图。基本图主要是指通风空调系统的平面图、剖面图、轴测图、原理图等。详图主要是指系统中某局部或部件的放大图、加工图、施工图等。如果详图中采用了标准图或其他工程图纸,那么在图纸目录中必须附有说明。

8.2.2.1　文字说明部分

(1) 图纸目录　图纸目录包括该工程的设计图纸目录、在该工程中使用的标准图纸目录或其他工程图纸目录。在图纸目录中必须完整地列出设计图纸的名称、图号、图幅大小、备注等。

（2）设计施工说明

设计施工说明一般作为整套设计图样的首页，简单项目可不做首页，其内容可与平面图等合并。主要应包括下述内容：建筑概况、设计方案概述、设计说明、主要设计参数的选择、设计依据、施工时应注意的事项等。

① 设计说明。通风空调工程设计说明是为了帮助工程设计、审图、项目审批等技术人员了解本项目的设计依据、引用规范与标准、设计目的、设计思想、设计主要数据与技术指标等主要内容。

设计说明应包括：

a. 设计依据。整个设计引用的各种标准规范、设计任务书、主管单位的审查意见等。

b. 建筑概况。需要进行的通风空调工程范围简述（含建筑与房间）。

c. 通风空调室内外设计参数。室外计算参数说明通风空调工程项目的气象条件（如室外冬夏季空气调节、通风的计算湿度及温度、室外风速等）。室内设计参数说明暖通空调工程实施对象需要实现的室内环境参数（如室内冬夏季空调通风温湿度及控制精度范围，新风量、换气次数，室内风速、含尘浓度或洁净度要求、噪声级别等）。

d. 通风空调冷热负荷、冷热量指标。为整个工程的造价、装机容量提供依据。

e. 设计说明。空调设计说明包括空调房间名称、性质及其产生热、湿、有害物的情况；空调系统的划分与数量；各系统的送、回、排、新风量，室内气流组织方式（送回风方式）；空气处理设备（空调机房主要设备）；系统消声、减振等措施，管道保温处理措施。通风设计说明包括通风系统的数量、系统的性质及用途等；通风净化除尘与排气净化的方案等措施；各系统送排风量，主要通风设备容量、规格型号等；其他如防火、防爆、防振、消声等的特殊措施。

f. 热源、冷源情况；热媒、冷媒参数；所需的冷热源设备（冷冻机房主要设备、锅炉房主要设备等）容量、规格、型号；系统总热量、总冷量、总耗电量等系统综合技术参数。

g. 系统形式和控制方法。必要时需说明系统的使用操作要点，例如空调系统季节转换、防排烟系统的风路转换等。

② 施工说明。施工说明所指内容是指施工中应当注意、用施工图表达不清楚的内容。施工说明各条款是工程施工中必须执行的措施依据，它有一定的法律依据。施工说明应介绍设计中使用的材料和附件、连接方法、系统工作压力和特殊的试压要求等，如与施工验收规范相符合，可不再标注。说明中还应介绍施工安装要求及注意事项，一般含以下内容。

a. 需遵循的施工验收规范。

b. 各风管材料和规格要求，风管、弯头、三通等制作要求。

c. 各风管、水管连接方式、支吊架、附件等安装要求。

d. 各风管、水管、设备、支吊架等的除锈、油漆等的要求和做法。

e. 各风管、水管、设备等保温材料与规格、保温施工方法。

f. 机房各设备安装注意事项、设备减振做法等。

g. 系统试压、漏风量测定、系统调试、试运行注意事项。

h. 对于安装于室外的设备，需说明防雨、防冻保温等措施及其做法。

对于经验丰富的施工单位，上述条款也可简化，但相应的施工要求与做法应指明需要遵循的国家标准或规范条款。

由于施工需注意的事项有许多，说明中很容易遗留有关内容，施工说明末尾经常采用

"本说明未尽事宜，参照国家有关规范执行"，以避免遗漏相关条款。

（3）设备与主要材料表　设备与主要材料表内的设备应包含整个通风空调工程所涉及的所有设备，其格式应符合暖通空调制图标准（GB/T 50114—2010）的要求。设备与主要材料表是工程各系统设备与主要材料的型号和数量上的汇总，应包括通风机、空调机组、风机盘管、冷热源设备、换热器、水系统所需的水泵、水过滤器、自控设备等，还应包含各种送回风口、风阀、水阀、风和水系统的各种附件等。风管与水管通常不列入材料表。

设备与材料表是业主投资的主要依据，也是设计方实施设计思想的重要保证，是施工方订货、采购的重要依据，为此，各项目的描述不当、遗漏或多余均会带来投资的错误估计，可能造成工期延误，甚至造成设计方、业主方、施工方之间的法律纠纷。因此，正确无误地描述设备与主要材料表中的各项目非常重要。

8.2.2.2　图纸部分

（1）平面图　平面图包括建筑物各层楼面通风、空调系统的平面图、空调机房平面图、制冷机房平面图等。平面图应绘出建筑轮廓、主要轴线号、轴线尺寸、室内外地面标高、房间名称。首层平面图上应绘出指北针。平面图必须反映各设备、风管、风口、水管等安装平面位置与建筑平面之间的相互关系。

室内通风空调设计中平面图纸按其系统特点一般应包括：各层的设备布置平面图；管线平面图；空调水管布置平面图；通风空调工程平面图；风管系统平面图（根据系统的复杂程度有时又可分风口布置平面图、风管布置平面图、新风平面图或排风平面图，风管与水管也可以绘制在一个平面图上）；空调机房平面图；冷冻机房平面图等。

① 空调通风系统平面图。通风空调系统平面图主要说明通风空调系统的设备、系统风道，冷、热媒管道、凝结水管道的平面布置，它主要包括空调通风风管布置平面图和空调水管布置平面图。

② 空调冷冻机房平面图。冷冻机房平面图的内容主要有：制冷机组的型号与台数及其布置；冷冻水泵、冷却水泵、水箱、冷却塔的型号与台数及其布置；冷（热）媒管道的布置；各设备、管道和管道上的配件（如过滤器、阀门等）的尺寸大小和定位尺寸。

空调冷冻机房平面图必须反映空气处理设备与风管、水管连接的相互关系及安装位置，同时应尽可能说明空气处理与调节原理。

（2）剖面图　空调通风工程的剖面图主要有空调通风系统剖面图、空调机房剖面图、冷冻机房剖面图等，与平面图配合说明立管复杂、部件多以及设备、管道、风口等纵横交错时垂直方向上的定位尺寸。图中设备、管道与建筑之间的线型设置等规则与平面图相同。

平面图、系统轴测图上能表达清楚的可不绘制剖面图，剖面图与平面图在同一张图上时，应将剖面图位于平面图的上方或右上方。

（3）系统轴测图　系统轴测图上包括系统中设备、配件的型号、尺寸、定位尺寸、数量以及连接于各设备之间的管道在空间的曲折、交叉、走向和尺寸、定位尺寸等。系统轴测图上还应注明该系统的编号。通过系统轴测图可以了解系统的整体情况，对系统的概貌有个全面的认识。

通风空调系统轴测图主要有空调风系统轴测图、空调冷冻水系统轴测图、冷却水系统轴测图、凝结水系统轴测图等。一般将室内输配系统与冷热源机房分开绘制。

① 空调水系统轴测图。空调水系统图，也称为系统轴测图，主要表达空调水系统中的管道、设备的连接关系、规格与数量，不表达建筑内容。主要包括以下内容。

a. 系统中的所有管道、管道附件、设备。

b. 标明管道规格、水平管道标高、坡向与坡度。

c. 设备的规格、数量、标高，设备与管道的连接方式。

d. 系统中的膨胀水箱、集气罐等与系统的连接方式。

联系平面图与轴测图一起识图，能帮助理解空调系统管道的走向及其与设备的关联。

② 空调风系统轴测图。通风空调系统轴测图一般应包括下列内容：通风空调系统中空气（或冷热水等介质）所经过的所有管道、设备及全部构件，并标注设备与构件名称或编号。

当系统较为复杂时会出现重叠，为使图面清晰，一个系统经常断开为几个子系统，断开处标识有相应的折断符号。也可将系统断开后平移，使前后管道不聚集在一起，断开处要绘出折断线或用细虚线相连。

（4）流程图　流程图又常称原理图，表达的内容主要包括：系统的工作原理及工作介质的流程；控制系统之间的相互关系；系统中的管道、设备、仪表、部件；控制方案及控制点参数等。原理图不按投影规则绘制，也不按比例绘制。对于垂直式系统，一般按楼层或实际物体的标高从上到下的顺序来组织图面的布局。

空调系统原理图一般包括下列内容：

① 系统中所有设备及相连的管道，注明各设备名称（可用符号表示）或编号，各空气状态参数（温湿度等）视具体要求标注。

② 绘出并标注各空调房间的编号，设计参数（冬夏季温湿度、房间静压、洁净度等），可以在相应的风管附近标注系统和各房间的送风、回风、新风与排风量等参数。

③ 绘出并标注系统中各空气处理设备，有时需要绘出空调机组内各处理过程所需的功能段，各技术参数视具体要求标注。

④ 绘出冷热源机房冷冻水、冷却水、蒸汽、热水等各循环系统的流程（包括全部设备和管道、系统配件、仪表等），并宜根据相应的设备标注各主要技术参数，如水温、冷量等。

⑤ 测量元件（压力、温度、湿度、流量等测试元件）与调节元件之间的关系、相对位置。

在工程实践中，对于大型的工程，要在一张图上完整详细地表达全部的系统和过程几乎是不可能的。这时就可能要绘制多张原理图，各原理图重点表达通风空调工程的一个部分或者子项。例如，可以将冷热源机房的原理图与输配系统的原理图分开绘制，将水系统与风系统原理图分开绘制。水系统有时又细分为热水系统和冷水系统。风系统，有时又分为循环风系统、新风系统、排风系统、防排烟系统。在工程实践中，应用较多的是水系统原理图（包括或者不包括冷热源）、冷热源机房热力系统原理图、不含冷热源的空调系统原理图（重点表达空气处理过程）。

（5）详图

① 设备、管道的安装节点详图。如热力入口处通过绘制详图将各种设备、附件、仪表、阀门之间的关系表达清楚。

② 设备、管道的加工详图。当用户所用的设备由用户自行制造时，需绘制加工图，通常有水箱、分水缸等。

③ 设备、部件基础的结构详图等。如水泵的基础、换热器的基础等。

部分详图有标准图可供选用。

8.2.3 通风空调工程施工图识读

通风空调系统施工图分为风系统施工图、水系统施工图以及机房施工图三大类。

风系统施工图表达了以下内容。

① 建筑物进风口的位置，送风管的走向，各管段尺寸和定位尺寸，房间送风口的尺寸和位置。

② 房间排风口的尺寸和位置，排风管的走向，各管段尺寸和定位尺寸，建筑物排风口的位置。

③ 管井、风阀、消声器等相关信息。

水系统施工图表达了以下内容：

① 供水管和回水管的走向、坡度、各管段尺寸和定位尺寸。

② 凝水管的走向、坡度、各管段尺寸和定位尺寸、排水位置。

③ 水系统的定压设备、水处理装置等附属设备的相关信息。

机房施工图表达了以下内容：

① 新风机组各组成部分的尺寸、定位尺寸，新风口位置、尺寸。

② 空调机组各组成部分的尺寸、定位尺寸，新风口位置、尺寸。

③ 制冷机房内各设备的摆放位置、定位尺寸，制冷剂管路和冷冻水管路的走向、定位尺寸等。

8.2.3.1 通风空调工程风系统施工图识读

图 8-7 是某体育馆球类场馆的通风平面图。在识读图纸之前，首先了解建筑物各房间的功能，图中包含哪些系统及系统管道走向。由图 8-7 可知，该球类场馆上空布置 4 个相同的排风（烟）系统，风机设置于风机间内，排风系统兼做排烟系统。从排风机（兼做排烟风机）开始，一端接排向室外的排风管，另一端接软连接，再接风管。风管均采用圆形风管，从接风机处 ϕ800mm，随着风量减少依次变为 ϕ700mm、ϕ630mm 和 ϕ400mm，风管安装于球类场地的上空。每个排风（烟）系统在风管下部连接 5 个格栅排风口，格栅排风口尺寸 630mm×250mm，4 个系统共 20 只。每个排风（烟）系统在风管侧面连接 8 个侧排风口，侧排风口尺寸 630mm×250mm，4 个系统共 32 只。每个系统在出场馆时（跨越防火分区）设置了 280℃排烟防火阀，直径 ϕ800mm，共 4 只。为消除风机及管路噪声，在风机进出口及进入场馆时设置双层微穿孔板消声器，每个系统 3 个，共 12 个。图中还标有风管及风口的定位尺寸，最右侧风管中心线距④轴 2715mm，风管间距自右至左依次为 4025mm、4020mm、4025mm。每个系统最末风口中心距墙内表面 4910mm，风口间距 4000mm。图中还可看出风管自通风机房进入球类场馆时先向上转弯再转向水平方向进入球馆上空。每个系统选用型号为 HTFC-Ⅲ No.20 的消防、通风低噪声节能型风机箱 1 台，风量为 15000～132850m³/h，静压 743～744Pa，转速 900r/min，功率 5.5kW，质量 500kg，噪声≤69dB（A）。至此，图 8-7 通风平面图识读完毕。

8.2.3.2 通风空调工程水系统施工图识读

图 8-8 是某综合楼四层空调水管平面图，图 8-9 是其对应系统图（含风机盘管配管图和空调机组换热器配管图）。对比平面图和系统图，本设计水系统供水管路采用粗实线表示，回水管采用粗虚线表示，凝结水管线采用粗点划线表示。图中 $i=0.003$，i 表示管道坡度，

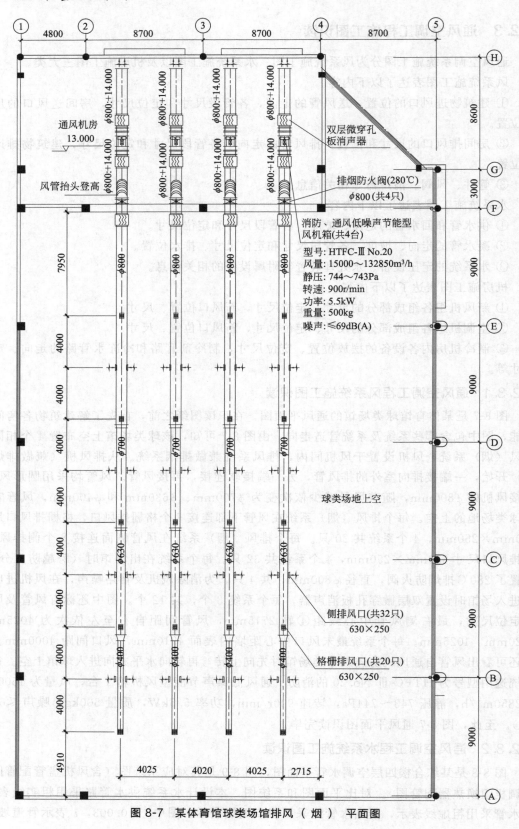

通风机房
13.000

双层微穿孔
板消声器

风管抬头登高

排烟防火阀(280℃)
φ800(共4只)

消防、通风低噪声节能型
风机箱(共4台)

型号: HTFC-Ⅲ No.20
风量: 15000～132850m³/h
静压: 744～743Pa
转速: 900r/min
功率: 5.5kW
重量: 500kg
噪声: ≤69dB(A)

球类场地上空

侧排风口(共32只)
630×250

格栅排风口(共20只)
630×250

图 8-7 某体育馆球类场馆排风（烟）平面图

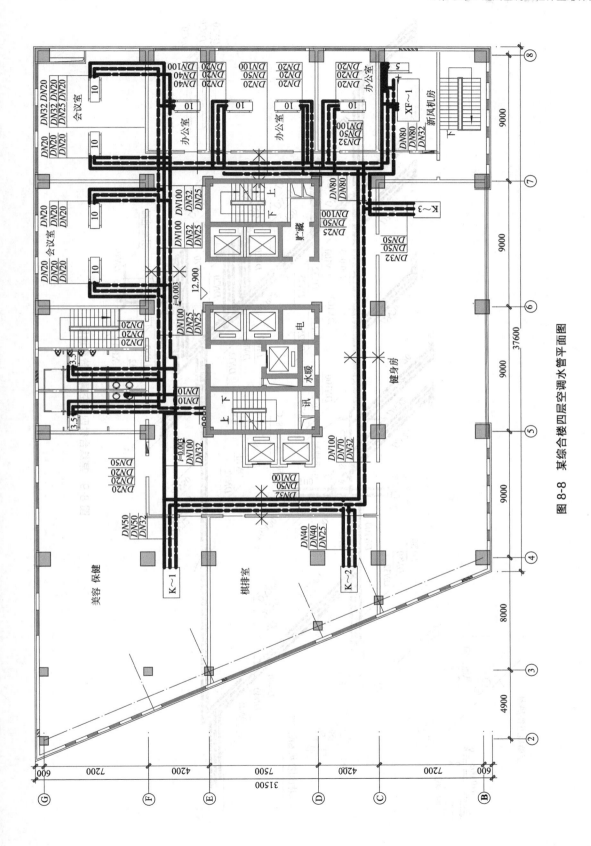

图 8-8　某综合楼四层空调水管平面图

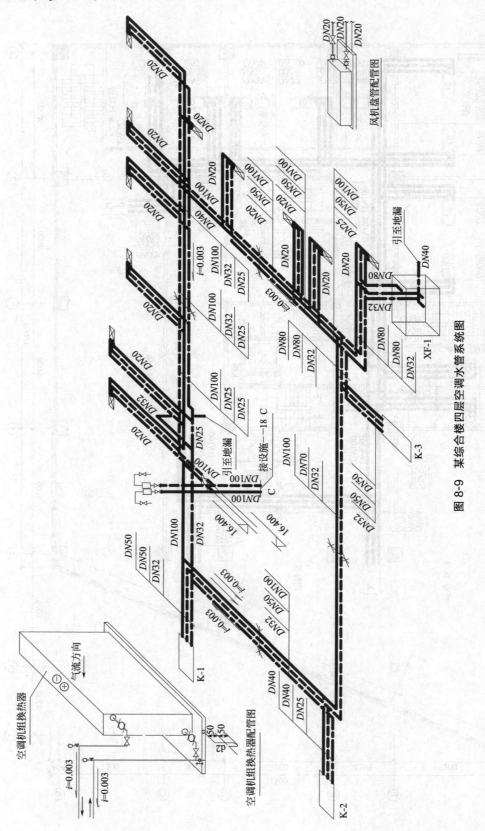

图 8-9　某综合楼四层空调水管系统图

等号后边的数值 0.003 表示坡度值，箭头指向表示管道降低的方向。

识读空调水管平面图时，首先应查明立管位置，然后根据水流方向识读图纸，查明系统中的风机盘管、空调机组等设备以及阀门、支架等附件装置。由图 8-8 可以看出，本层水系统立管位于⑤轴与Ｅ轴交叉处，系统供水管由立管引出后，依次连接 K～1、K～2、K～3系统的空气处理机组、XF～1 的新风机组和 11 个风机盘管机组，供水管止于西北侧卫生间的风机盘管。回水由 K～1 的空气处理机组开始，与供水管方向相同，依次连接各个机组设备，最终汇入回水立管中。系统供、回水管路沿走道绕中心核一周，该层水系统采用同程式连接方式。K～1、K～2 系统的吊柜式空调机组和北侧房间的风机盘管的凝结水集中于北侧卫生间地漏处排放，K～3 系统的吊柜机组和 XF～1 的新风机组以及东侧Ｅ轴以下房间风机盘管的凝结水集中排至新风机房的地漏。供水、回水、凝结水管径均有标注，管道干管设有4 个固定支架。

空调水系统图主要反映水系统的各个管段管径、管路坡向坡度、相关设备型号及管路的连接高度等。水系统图的识读可从立管看起，根据供回水管路的流向即可确定水系统流向及流程。图 8-9 为图 8-8 所对应的空调水系统图，立管下端接至图号 18 的设施图纸的 C 点，立管上端安装自动排气阀，供、回水立管管径 DN100。本层供、回水管路连接立管处标高16.400m，供、回水管各设有一个阀门，管径均为 DN100。供回水管路绕中心核一圈，采用同程式布置。凝结水管有向地漏排水点降低的坡向，坡度值为 0.003。干管处标有"米"字符号表示固定支架，共 4 个。

结合平面图和系统图，K～1、K～2、K～3 空调系统的空气处理机组采用吊柜式机组，和风机盘管采用吊顶安装，XF～1 新风系统的新风机组采用卧式机组，落地安装。K～1、K～3 空气处理机组的供回水管径 DN50，凝结水管径 DN32；K～2 机组的供回水管管径DN40，凝结水管径 DN25；XF～1 新风机组的供回水管管径 DN80，凝结水管径 DN40，所有风机盘管供回水管管径 DN20，凝结水管径 DN20，供水管沿流向由 DN100 变为DN20，回水管沿流向由 DN32 变为 DN100，引至卫生间地漏的凝结水管管径 DN32，引至新风机房地漏的凝结水管管径 DN40。图 8-9 为附有风机盘管和空调机组换热器配管详图。至此，图 8-8 和图 8-9 的空调水系统施工图识读完毕。

8.3 通风空调工程工程量计算规则

8.3.1 通风空调工程全统定额工程量计算规则

8.3.1.1 管道制作、安装

① 风管按施工图示不同规格以展开面积计算，不扣除检查孔、测定孔、送风口、吸风口等所占面积。

$$F = \pi D L \tag{8-1}$$

式中　F——圆形风管展开面积，m^2；

　　　D——圆管直径，m；

　　　L——管道中心线长度，m。

矩形管按图示周长乘以管道中心线长度计算。

② 风管长度一律以施工图示中心线长度为准（主管与支管以其中心线交点划分），包括弯头、三通、变径管、天圆地方等管件的长度，但不得包括部件所占长度。直径和周长按图示尺寸为准展开，咬口重叠部分已包括在估价表内，不得另行增加。

③ 风管导流叶片制作安装按图示叶片的面积计算。

④ 整个通风系统设计采用渐缩管均匀送风者，圆形风管按平均直径、矩形风管按平均周长计算。

⑤ 塑料风管、复合型材料风管制作安装项目所列规格直径为内径，周长为内周长。

⑥ 柔性软风管安装，按图示管道中心线长度以"m"为计量单位，柔性软风管阀门安装以"个"为计量单位。

⑦ 软管（帆布接口）制作安装，按图示尺寸以"m²"为计量单位。

⑧ 风管检查孔重量，按估价表附录二"国标通风部件标准重量表"计算。

⑨ 风管测定孔制作安装，按其型号以"个"为计量单位。

⑩ 薄钢板通风管道、净化通风管道、铝板通风管道、塑料通风管道的制作安装及玻璃钢通风管道安装子目中，已包括法兰（铝板通风管道中法兰除外）、加固框和吊托支架，不得另行计算。

⑪ 不锈钢通风管道的制作安装中不包括法兰和吊托支架，铝板通风管道的制作安装中不包括法兰，其工程量可按相应项目以"kg"为计量单位另行计算。

8.3.1.2　部件制作安装

① 标准部件的制作，按其成品质量以"kg"为计量单位，根据设计型号、规格，按"国标通风部件标准质量表"计算质量，非标准部件按图示成品质量计算。部件的安装按图示规格尺寸（周长或直径）以"个"为计量单位，分别执行相应项目。

② 钢百叶窗及活动金属百叶风口的制作以"m²"为计量单位，安装按规格尺寸以"个"为计量单位。

③ 风帽筝绳制作安装按图示规格、长度，以"kg"为计量单位。

④ 风帽泛水制作安装按图示展开面积以"m²"为计量单位。

⑤ 挡水板制作安装按空调器断面面积计算。

⑥ 钢板密闭门制作安装以"个"为计量单位。

⑦ 设备支架制作安装按图示尺寸以"kg"为计量单位。

⑧ 电加热器外壳制作安装按图示尺寸以"kg"为计量单位。

⑨ 风机减震台座制作安装执行设备支架项目，估价表内不包括减震器，应按设计规定另行计算。

⑩ 高、中、低效过滤器、净化工作台安装以"台"为计量单位，风淋室安装按不同质量以"台"为计量单位。

⑪ 洁净室安装按重量计算，执行"分段组装式空调器"安装子目。

8.3.1.3　通风空调设备安装

① 风机，按设计不同型号以"台"为计量单位。

② 整体式空调机组，空调器按不同制冷量以"台"为计量单位；分段组装式空调器按质量以"kg"为计量单位。

③ 风机盘管安装按安装方式不同以"台"为计量单位。

④ 空气加热器、除尘设备按安装质量不同以"台"为计量单位。

8.3.1.4 刷油、保温

① 风管及部件刷油保温工程，执行估价表《刷油、防腐蚀、绝热工程》相应项目。

② 风管刷油与风管制作工程量相同。

③ 风管部件刷油按部件质量计算。

④ 风管、部件以及单独列项的支架除锈，不分锈蚀程度一律执行有关轻锈子目。

8.3.2 通风空调工程清单计价工程量计算规则

8.3.2.1 通风空调设备及部件制作安装

通风空调设备及部件制作安装工程量清单项目、设置项目特征描述的内容、计量单位及工程量计算规则，应按表 8-6 的规定执行。

表 8-6 通风空调设备及部件制作安装（编码：030701）

项目编码	项目名称	项目特征	计量单位	工程量计算规则	工程内容
030701001	空气加热器（冷却器）	1. 名称 2. 型号 3. 规格 4. 质量 5. 安装形式 6. 支架形式、材质	台	按设计图示数量计算	1. 本体安装、调试 2. 设备支架制作、安装
030701002	除尘设备				
030701003	空调器	1. 名称 2. 型号 3. 规格 4. 安装形式 5. 质量 6. 隔震垫（器）、支架形式、材质	台（组）		1. 本体安装或组装、调试 2. 设备支架制作、安装
030701004	风机盘管	1. 名称 2. 型号 3. 规格 4. 安装形式 5. 减震器、支架形式、材质 6. 试压要求	台		1. 本体安装、调试 2. 支架制作、安装 3. 试压
030701005	表冷器	1. 名称 2. 型号 3. 规格			1. 本体安装 2. 型钢制安 3. 过滤器安装 4. 挡水板安装 5. 调试及运转
030701006	密闭门	1. 名称 2. 型号 3. 规格 4. 形式 5. 支架形式、材质	个		1. 本体制作 2. 本体安装 3. 支架制作、安装
030701007	挡水板				
030701008	滤水器、溢水盘				
030701009	金属壳体				
030701010	过滤器	1. 名称 2. 型号 3. 规格 4. 类型 5. 框架形式、材质	1. 台 2. m²	1. 按设计图示数量计算 2. 按设计图示尺寸以过滤面积计算	1. 本体安装 2. 框架制作、安装

项目编码	项目名称	项目特征	计量单位	工程量计算规则	工程内容
030701011	净化工作台	1. 名称 2. 型号 3. 规格 4. 类型	台	按设计图示数量计算	本体安装
30701012	风淋室	1. 名称 2. 型号 3. 规格 4. 类型			
030701013	洁净室	1. 名称 2. 型号 3. 规格 4. 类型 5. 质量			

注：通风空调设备安装的地脚螺栓按设备自带考虑。

8.3.2.2 通风管道制作安装

通风管道制作安装工程量清单项目、设置项目特征描述的内容、计量单位及工程量计算规则，应按表 8-7 的规定执行。

表 8-7　通风管道制作安装（编码：030702）

项目编码	项目名称	项目特征	计量单位	工程量计算规则	工程内容
030702001	碳钢通风管道	1. 名称 2. 材质 3. 形状 4. 规格 5. 板材厚度 6. 管件、法兰等附件及支架设计要求 7. 接口形式	m²	按设计图示尺寸以展开面积计算	1. 风管、管件、法兰、零件、支吊架制作、安装 2. 过跨风管落地支架制作、安装
030702002	净化通风管道				
030702003	不锈钢板通风管道	1. 名称 2. 形状 3. 规格 4. 板材厚度 5. 管件、法兰等附件及支架设计要求 6. 接口形式			
030702004	铝板通风管道				
030702005	塑料通风管道				
030702006	玻璃钢通风管道	1. 名称 2. 形状 3. 规格 4. 板材厚度 5. 支架形式、材质 6. 接口形式		按图示外径尺寸以展开面积计算	1. 风管、管件安装 2. 支吊架制作、安装 3. 过跨风管落地支架制作、安装
030702007	复合型风管	1. 名称 2. 材质 3. 形状 4. 规格 5. 板材厚度 6. 接口形式 7. 支架形式、材质			
030702008	柔性软风管	1. 名称 2. 材质 3. 规格 4. 风管接头、支架形式、材质	m	按设计图示中心线以长度计算	1. 风管安装 2. 风管接头安装 3. 支吊架制作、安装

项目编码	项目名称	项目特征	计量单位	工程量计算规则	工程内容
030702009	弯头导流叶片	1. 名称 2. 材质 3. 规格 4. 形式	1. m² 2. 组	1. 按设计图示以展开面积计算 2. 按设计图示以组计算	1. 制作 2. 组装
030702010	风管检查孔	1. 名称 2. 材质 3. 规格	1. kg 2. 个	1. 按风管检查孔质量以公斤计算 2. 按设计图示数量以个计算	1. 制作 2. 安装
030702011	温度、风量测定孔	1. 名称 2. 材质 3. 规格 4. 设计要求	个	按设计图示数量以个计算	1. 制作 2. 安装

注：1. 风管展开面积，不扣除检查孔、测定孔、送风口、吸风口等所占面积；风管长度一律以设计图示中心线长度为准（主管与支管以其中心线交点划分），包括弯头、三通、变径管、天圆地方等管件的长度，但不包括部件所占的长度。风管展开面积不包括风管、管口重叠部分面积。风管渐缩管——圆形风管按平均直径，矩形风管按平均周长。

2. 穿墙套管按展开面积计算，计入通风管道工程量中。

3. 通风管道的法兰垫料或封口材料，按图纸要求应在项目特征中描述。

4. 净化通风管的空气清洁度按 100000 级标准编制，净化通风管使用的型钢材料如要求镀锌时，工作内容应注明支架镀锌。

5. 弯头导流叶片数量，按设计图纸或规范要求计算。

6. 风管检查孔、温度测定孔、风量测定孔数量，按设计图纸或规范要求计算。

8.3.2.3 通风管道部件制作安装

通风管道部件制作安装工程量清单项目、设置项目特征描述的内容、计量单位及工程量计算规则，应按表 8-8 的规定执行。

表 8-8　通风管道部件制作安装（编码：030703）

项目编码	项目名称	项目特征	计量单位	工程量计算规则	工程内容
030703001	碳钢阀门	1. 名称 2. 型号 3. 规格 4. 质量 5. 类型 6. 支架形式、材质	个	按设计图示数量计算	1. 阀体制作 2. 阀体安装 3. 支架制作、安装
030703002	柔性软风管阀门	1. 名称 2. 规格 3. 材质 4. 类型			阀体安装
030703003	铝蝶阀	1. 名称 2. 规格 3. 质量 4. 类型			
030703004	不锈钢蝶阀				
030703005	塑料阀门	1. 名称 2. 型号 3. 规格 4. 类型			
030703006	玻璃钢蝶阀				

项目编码	项目名称	项目特征	计量单位	工程量计算规则	工程内容
030703007	碳钢风口、散流器、百叶窗	1. 名称 2. 型号 3. 规格 4. 质量 5. 类型 6. 形式			1. 风口制作、安装 2. 散流器制作、安装 3. 百叶窗安装
030703008	不锈钢风口、散流器、百叶窗	1. 名称 2. 型号 3. 规格 4. 质量 5. 类型 6. 形式	个	按设计图示数量计算	1. 风口制作、安装 2. 散流器制作、安装
030703009	塑料风口、散流器、百叶窗				
030703010	玻璃钢风口	1. 名称 2. 型号 3. 规格 4. 类型 5. 形式			风口安装
030703011	铝及铝合金风口、散流器				1. 风口制作、安装 2. 散流器制作、安装
030703012	碳钢风帽	1. 名称 2. 规格 3. 质量 4. 类型 5. 形式 6. 风帽筝绳、泛水设计要求	个	按设计图示数量计算	1. 风帽制作、安装 2. 筒形风帽滴水盘制作、安装 3. 风帽筝绳制作、安装 4. 风帽泛水制作、安装
030703013	不锈钢风帽				
030703014	塑料风帽				
030703015	铝板伞形风帽	1. 名称 2. 规格 3. 质量 4. 类型 5. 形式 6. 风帽筝绳、泛水设计要求	个	按设计图示数量计算	1. 铝板伞形风帽制作、安装 2. 风帽筝绳制作、安装 3. 风帽泛水制作、安装
030703016	玻璃钢风帽				1. 玻璃钢风帽安装 2. 筒形风帽滴水盘安装 3. 风帽筝绳安装 4. 风帽泛水安装
030703017	碳钢罩类	1. 名称 2. 型号 3. 规格 4. 质量 5. 类型 6. 形式 7. 罩类材质	个	按设计图示数量计算	罩类制作、安装
030703018	塑料罩类	1. 名称 2. 型号 3. 规格 4. 质量 5. 类型 6. 形式	个	按设计图示数量计算	1. 罩类制作 2. 罩类安装

续表

项目编码	项目名称	项目特征	计量单位	工程量计算规则	工程内容
030703019	柔性接口	1. 名称 2. 规格 3. 材质 4. 类型 5. 形式	m²	按设计图示尺寸以展开面积计算	1. 柔性接口制作 2. 柔性接口安装
030703020	消声器	1. 名称 2. 规格 3. 材质 4. 形式 5. 质量 6. 支架形式、材质	个	按设计图示数量计算	1. 消声器制作 2. 消声器安装 3. 支架制作安装
030703021	静压箱	1. 名称 2. 规格 3. 形式 4. 材质 5. 支架形式、材质	1. 个 2. m²	1. 按设计图示数量计算 2. 按设计图示尺寸以展开面积计算	1. 静压箱制作、安装 2. 支架制作、安装

注：1. 碳钢阀门包括空气加热器上通阀、空气加热器旁通阀、圆形瓣式启动阀、风管蝶阀、风管止回阀、密闭式斜插板阀、矩形风管三通调节阀、对开多叶调节阀、风管防火阀、各型风罩调节阀、人防工程密闭阀、自动排气活门等。

2. 塑料阀门包括塑料蝶阀、塑料插板阀、各型风罩塑料调节阀。

3. 碳钢风口、散流器、百叶窗包括百叶风口、矩形送风口、矩形空气分布器、风管插板风口、旋转吹风口、圆形散流器、方形散流器、流线型散流器、送吸风口、活动算式风口、网式风口、钢百叶窗等。

4. 碳钢罩类包括皮带防护罩、电动机防雨罩、侧吸罩、中小型零件焊接台排气罩、整体分组式槽边吸罩、吹吸式槽边通风罩、条缝槽边抽风罩、泥心烘炉排气罩、升降式回转排气罩、上下吸式圆形回转罩、升降式排气罩、手锻炉排气罩。

5. 塑料罩类包括塑料槽边侧吸罩、塑料槽边风罩、塑料条缝槽边抽风罩。

6. 柔性接口指金属、非金属软接口及伸缩节。

7. 消声器包括片式消声器、矿棉管式消声器、聚酯泡沫管式消声器、卡普隆纤维管式消声器、弧形声流式消声器、阻抗复合式消声器、微穿孔板消声器、消声弯头。

8. 通风部件图纸要求制作安装、要求用成品部件只安装不制作，这类特征在项目特征中应明确描述。

9. 静压箱的面积计算，按设计图示尺寸以展开面积计算，不扣除开口的面积。

8.3.2.4　通风工程检测、调试

通风工程检测、调试工程量清单项目、设置项目特征描述的内容、计量单位及工程量计算规则，应按表 8-9 的规定执行。

表 8-9　通风工程检测、调试（编码：030704）

项目编码	项目名称	项目特征	计量单位	工程量计算规则	工程内容
030704001	通风工程检测、调试	系统	系统	按由通风设备、管道及部件等组成的通风系统计算	1. 通风管道风量测定 2. 风压测定 3. 温度测定 4. 各系统风口、阀门调整
030704002	风管漏光试验、漏风试验	漏光试验、漏风试验设计要求	m²	按设计图纸或规范要求以展开面积计算	通风管道漏光试验、漏风试验

8.4 通风空调工程清单计量与计价示例

【例 8-1】 如图 8-10 所示为一刑警学院擒拿训练馆通风平面图,共有 4 个送风系统和 1 个排风系统。训练馆内装修有吊顶,工程内容包括风管安装、风阀安装、风口安装、风机及支架制作安装、支架除锈后刷防锈漆一道及银粉一道等。送风机组采用管道风机吊装,排风机采用管道风机吊装。

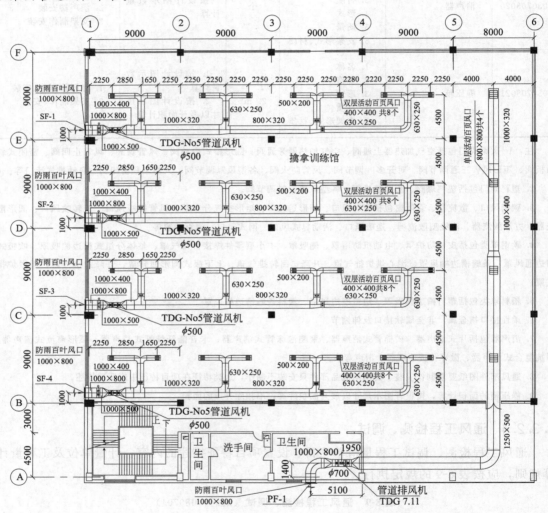

图 8-10 通风平面图

解 (1) 工程量计算 工程量计算见表 8-10。

(2) 相关说明及编制依据

① 通风空调系统相关说明

a. 通风管、排气管和室外空调风管均采用镀锌钢板制作,风管的制作、配件、钢板厚度和允许漏风量等均应符合《通风与空调工程施工质量验收规范》(GB 50243—2002)低压系统风管的规定，风管支吊架除锈后刷防锈漆一道，银粉一道。

表 8-10　工程量计算书

单位工程名称：通风工程　　　　　　　　　　　　　　　　　　　　第 1 页　共 1 页

序号	分项工程	规格	工程量计算式(参数)	单位	数量
1	SF-1、2、3、4	1000mm×800mm	$(1+0.8)×2×0.96×4$	m²	13.82
		1000mm×500mm	$(1+0.5)×2×(1.09-0.21)×4$		10.56
		1000mm×400mm	$(1+0.4)×2×1.75×4$		19.60
		1000mm×320mm	$(1+0.32)×2×8.4×4$		88.70
		800mm×320mm	$(0.8+0.32)×2×9.0×4$		80.64
		630mm×250mm	$(0.63+0.25)×2×(12.23+3.5×3-0.21×4)$ $×4$		154.11
		500mm×200mm	$(0.5+0.2)×2×5.21×4×4$		116.70
		400mm×400mm	$(0.4+0.4)×2×0.1×8×45$		5.12
		$DN500mm$	$3.14×0.5×0.31×2×4$		3.89
2	PF-1	1000mm×800mm	$(1+0.8)×2×3.28$		11.81
		1250mm×500mm	$(1.25+0.5)×2×34.4$		120.40
		1000mm×400mm	$(1+0.4)×2×9$		25.20
		1000mm×320mm	$(1+0.32)×2×7.95$		20.99
		800mm×800mm	$(0.8+0.8)×2×0.1×4$		1.28
		$DN700mm$	$3.14×0.7×0.71×2$		3.12
3	矩形镀锌钢板 (0.6mm)	$320<D(b)≤630$			275.93
4	矩形镀锌钢板 (0.75mm)	$630<D(b)≤1000$			272.60
5	矩形镀锌钢板 (1.0mm)	$1000<D(b)≤1250$			120.40
6	圆形镀锌钢板 (0.75mm)	$DN700mm$			3.12
7	圆形镀锌钢板 (0.75mm)	$DN500mm$			3.89
8	防雨百叶风口	1000×800	$L=8000m^3/h$	个	4
9	防雨百叶风口	1000×800	$L=20000m^3/h$	个	1
10	电动密闭保温阀	1000×500		个	4
11	对开多叶调节阀	630×250		个	16
12	管道风机	TDG-No5	$L=8000m^3/h,H=470Pa(全压),N=2.2kW$	台	4
13	双层活动百页风口	400×400	$L=1000m^3/h$	个	32
14	管道排风机	TDG7.1	$L=21000m^3/h,H=582Pa(全压),N=5.5kW$	台	1
15	单层活动百页风口	800×800,$L=5000m^3/h$			
16	帆布软接头	$L=200mm$	$3.14×0.5×0.2×2×4+3.14×0.7×0.2$ $×2+(0.4+0.4)×2×0.2×32+(0.8$ $+0.8)×2×0.2×4$	m²	16.18
17	风机支吊架			kg	60
18	系统调试费			项	1

b. 一般风管上用的软管采用绿色维纶防火帆布（氧指数不小于 35；燃烧后炭化，不液滴；厚度不小于 0.40mm；常温下伸缩不小于 10000 次）制作。

c. 送风口和排风口按 100mm 风管＋200mm 帆布下翻至与吊顶平齐。

d. 电动密闭保温阀及对开多叶调节阀的长度均按 210mm 考虑。

e. 每台风机需要 30kg 的支吊架。

f. 通风工程需要系统调试。

② 取费类别。本工程按专业承包四类取费，其中规费按系统默认即可，规费标准按表 8-11 执行。

表 8-11　规费标准

序号	规费名称		规费费率上限/%
			人工费＋机械费为基数
1	排污费		按工程所在地市造价管理部门规定标准执行
2	社会保障费	养老保险	16.36
3		失业保险	1.64
4		医疗保险	6.55
5		生育保险	0.82
6		工伤保险	0.82
7	住房公积金		8.18
8	危险作业意外伤害保险		由市造价管理部门按有关部门标准确定

取费的项目按专业承包四类记取。措施费按专业承包四类，只记取安全文明施工费 12.5%，冬雨季施工费 1%，本工程不记取市政干扰费。

③ 编制依据。采用《辽宁省建设工程计价依据》（辽宁省建设厅 2008）、《建设工程费用标准》（辽建发 [2007] 87 号）编制。材料价格依据 2013 年第 3 期《建筑与概算》沈阳地区价格执行，网刊上没有的价格执行市场价格。工程量清单计价方式的工程预算见表 8-12 至表 8-16。

表 8-12　单位工程造价汇总表（清单计价）

工程名称：通风空调工程　　　　　　　　　　　　　　　　　　　第 1 页　共 1 页

序号	汇总内容	计算基础	费率/%	金额/元
一	分部分项工程费	分部分项合计		117570.3
1.1	通风工程			117570.3
二	措施项目费	措施项目合计		5488.25
2.1	安全文明施工费	安全文明施工费		4246.55
三	其他项目费	其他项目合计		
四	规费	工程排污费＋社会保障费＋住房公积金＋危险作业意外伤害保险		11676.31
4.1	工程排污费			
4.2	社会保障费	养老保险＋失业保险＋医疗保险＋生育保险＋工伤保险		8897.37
4.2.1	养老保险	分部分项人工费＋分部分项机械费	16.36	5557.89
4.2.2	失业保险	分部分项人工费＋分部分项机械费	1.64	557.15
4.2.3	医疗保险	分部分项人工费＋分部分项机械费	6.55	2225.19
4.2.4	生育保险	分部分项人工费＋分部分项机械费	0.82	278.57
4.2.5	工伤保险	分部分项人工费＋分部分项机械费	0.82	278.57

序号	汇总内容	计算基础	费率/%	金额/元
4.3	住房公积金	分部分项人工费＋分部分项机械费	8.18	2778.94
4.4	危险作业意外伤害保险			
五	税金	分部分项工程费＋措施项目费＋其他项目费＋规费	3.477	4684.73
	单位工程造价合计 ＝1＋2＋3＋4＋5			139419.59

表 8-13　分部分项工程量清单计价表

工程名称：通风空调工程　　　　　　　　　　　　　　　　　　第 1 页　共 1 页

序号	项目编码	项目名称	项目特征	计量单位	工程数量	综合单价	合价
		通风空调工程					
1	030902001001	矩形镀锌钢板（1.0mm）	1. 名称：矩形镀锌钢板 2. 钢板厚度：1.0mm 3. 风管支吊架除锈后刷防锈漆一道,银粉一道 4. 其他施工要求详见设计图纸,按国标《建筑给水排水及采暖工程施工质量验收规范》（GB 50242—2002）和《通风及空调工程施工及验收规范》（GB 50243—2002）执行	m²	120.4	100.28	12073.71
2	030902001002	矩形镀锌钢板（0.75mm）	1. 名称：矩形镀锌钢板 2. 钢板厚度：0.75mm 3. 风管支吊架除锈后刷防锈漆一道,银粉一道 4. 其他施工要求详见设计图纸,按国标《建筑给水排水及采暖工程施工质量验收规范》（GB 50242—2002）和《通风及空调工程施工及验收规范》（GB 50243—2002）执行	m²	272.6	105.97	28887.42
3	030902001003	矩形镀锌钢板（0.6mm）	1. 名称：矩形镀锌钢板 2. 钢板厚度：0.6mm 3. 风管支吊架除锈后刷防锈漆一道,银粉一道 4. 其他施工要求详见设计图纸,按国标《建筑给水排水及采暖工程施工质量验收规范》（GB 50242—2002）和《通风及空调工程施工及验收规范》（GB 50243—2002）执行	m²	275.93	117.11	32314.16
4	030902001004	圆形镀锌钢板（0.75mm）	1. 名称：圆形镀锌钢板 2. 钢板厚度：0.75mm 3. 风管支吊架除锈后刷防锈漆一道,银粉一道 4. 其他施工要求详见设计图纸,按国标《建筑给水排水及采暖工程施工质量验收规范》（GB 50242—2002）和《通风及空调工程施工及验收规范》（GB 50243—2002）执行	m²	3.12	102.43	319.58

续表

序号	项目编码	项目名称	项目特征	计量单位	工程数量	综合单价	合价
						金额/元	
5	030902001005	圆形镀锌钢板 (0.75mm)	1. 名称:圆形镀锌钢板 2. 钢板厚度:0.75mm 3. 风管支吊架除锈后刷防锈漆一道,银粉一道 4. 其他施工要求详见设计图纸,按国标《建筑给水排水及采暖工程施工质量验收规范》(GB 50242—2002)和《通风及空调工程施工及验收规范》(GB 50243—2002)执行	m²	3.89	117.48	457.00
6	030903007001	防雨百叶风口	1. 名称:防雨百叶风口 2. 规格:1000×800,$L=8000\text{m}^3/\text{h}$ 3. 制作、安装	个	4	287.35	1149.40
7	030903007002	防雨百叶风口	1. 名称:防雨百叶风口 2. 规格:1000×800,$L=20000\text{m}^3/\text{h}$ 3. 制作、安装	个	1	305.35	305.35
8	030903001001	电动密闭保温阀	1. 名称:电动密闭保温阀 2. 规格:1000×500 3. 制作、安装	个	4	565.83	2263.32
9	030903001002	对开多叶调节阀	1. 名称:对开多叶调节阀 2. 规格:630×250 3. 制作、安装	个	16	251.43	4022.88
10	030108001001	管道风机	1. 名称:管道风机 2. 型号、参数:TDG-No5,$L=8000\text{m}^3/\text{h}$,$H=470\text{Pa}$(全压),$N=2.2\text{kW}$ 3. 含风机支吊架制作、安装,支吊架除锈后刷防锈漆一道,银粉一道	台	4	4054.20	16216.80
11	030903011001	双层活动百页风口	1. 名称:双层活动百页风口 2. 规格:400×400,$L=1000\text{m}^3/\text{h}$ 3. 制作、安装	个	32	129.61	4147.52
12	030108003001	管道排风机	1. 名称:管道排风机 2. 型号、参数:TDG7.1 I,$L=21000\text{m}^3/\text{h}$,$H=582\text{Pa}$(全压),$N=5.5\text{kW}$ 3. 含风机支吊架制作、安装,支吊架除锈后刷防锈漆一道,银粉一道	台	1	6197.63	6197.63
13	030903011002	单层活动百页风口	1. 名称:单层活动百页风口 2. 规格:800×800,$L=5000\text{m}^3/\text{h}$ 3. 制作、安装	个	4	202.82	811.28
14	030903019001	帆布软接头	1. 名称:帆布软接头 2. 规格:$L=200\text{mm}$ 3. 制作、安装	m²	16.19	277.68	4495.64
15	CB001	系统调试费 (通风空调工程)		项	1	3908.61	3908.61
		分部小计					117570.30

表8-14 分部分项工程量清单综合单价分析表

工程名称：通风空调工程

项目编码	030902001001	项目名称	矩形镀锌钢板（1.0mm）	计量单位	m²

第1页 共7页

定额编号	定额名称	定额单位	数量	单价				合价			
				人工费	材料费	机械费	管理费和利润	人工费	材料费	机械费	管理费和利润
9-71	镀锌薄钢板矩形风管制作安装（δ＝1.2mm以内 咬口）周长4000mm以下	10m²	0.1	247.99	174.99	10.81	72.46	24.80	17.50	1.08	7.25
14-7	手工除锈 一般钢结构 轻锈	100kg	0.035	15.87	2.22	8.71	6.88	0.56	0.08	0.31	0.24
14-119	一般钢结构 防锈漆 第一遍	100kg	0.035	11.28	12.68	8.71	5.6	0.4	0.45	0.31	0.2
14-122	一般钢结构 银粉 第一遍	100kg	0.035	10.85	6.55	8.71	5.48	0.38	0.23	0.31	0.19
人工单价		小计						26.14	18.26	2.01	7.88
技工 68元/工日；普工 53元/工日		未计价材料费							46.01		
	清单项目综合单价								100.28		

材料费明细	主要材料名称、规格、型号	单位	数量	单价/元	合价/元	暂估单价/元	暂估合价/元
	角钢（综合）	kg	3.52	3.5	12.32		
	扁钢（综合）	kg	0.112	3.65	0.41		
	圆钢（综合）	kg	0.149	3.5	0.52		
	电焊条	kg	0.049	5.00	0.25		
	精制六角带帽螺栓 M8×75	10套	0.43	6.00	2.58		
	铁铆钉	kg	0.022	6.00	0.13		
	橡胶板 δ1～3	kg	0.092	8.00	0.74		
	膨胀螺栓 M12	套	0.15	1.00	0.15		
	乙炔气	kg	0.016	15.50	0.25		
	氧气	m³	0.045	3.50	0.16		
	破布	kg	0.005	5.50	0.03		
	汽油93#	把	0.028	5.86	0.17		
	铁砂布 0～2	张	0.005	3.50	0.02		
	酚醛防锈漆 各种颜色	kg	0.038	0.80	0.03		
	酚醛清漆 各色	kg	0.032	12.00	0.39		
	银粉	kg	0.009	10.18	0.09		
	镀锌钢板 δ1	m²	0.003	12.00	0.03		
			1.138	40.43	46.01		
	材料费小计			—	64.26		

续表 8-14　分部分项工程量清单综合单价分析表

工程名称：通风空调工程

项目编码	030903007001		项目名称	防雨百叶风口			计量单位	个

清单综合单价组成明细

定额编号	定额名称	定额单位	数量	单价				合价			
				人工费	材料费	机械费	管理费	人工费	材料费	机械费	管理费
9-348	钢百叶窗安装（框内面积 1.0m² 以内）	个	1	24.34	4.20		6.81	24.34	4.20		6.81
人工单价				小计							252.00
技工 68 元/工日；普工 53 元/工日				未计价材料费							
清单项目综合单价											287.35

材料费明细	主要材料名称、规格、型号	单位	数量	单价/元	合价/元	暂估单价	暂估合价
	扁钢综合	kg	0.31	3.65	1.13		
	精制六角带帽螺栓 M6×75	10套	0.4	4	1.6		
	精制六角带帽螺栓 M(2～5)×(4～20)	10套	2.1	0.7	1.47		
	防雨百叶风口 1000×800 L=8000m³/h	个	1	252	252	252	—
	材料费小计			—	256.20		

续表 8-14　分部分项工程量清单综合单价分析表

工程名称：通风空调工程

项目编码	030903001001		项目名称	电动密闭保温阀			计量单位	个

清单综合单价组成明细

定额编号	定额名称	定额单位	数量	单价				合价			
				人工费	材料费	机械费	管理费利润	人工费	材料费	机械费	管理费
9-214	碳钢对开多叶调节阀（安装周长 4000mm 以内）	个	1	24.84	16.04		6.95	24.84	16.04		6.95
人工单价				小计							518
技工 68 元/工日；普工 53 元/工日				未计价材料费							
清单项目综合单价											565.83

材料费明细	主要材料名称、规格、型号	单位	数量	单价/元	合价/元	暂估单价	暂估合价
	精制六角带帽螺栓 M8×75	10套	2.1	6	12.6		
	橡胶板 δ1～3	kg	0.43	8	3.44		
	电动密闭保温阀 1000×500	个	1	518	518	518	—
	材料费小计			—	534.04		

工程名称：通风空调工程

续表 8-14 分部分项工程量清单综合单价分析表

项目编码	03010800 1001	项目名称	管道风机	计量单位	台

清单综合单价组成明细

定额编号	定额名称	定额单位	数量	单价				合价			
				人工费	材料费	机械费	管理费	人工费	材料费	机械费	管理费
1-686	离心式通（引）风机（设备重量 0.3t 以内）	台	1	290.57	155.77	41.76	93.05	290.57	155.77	41.76	93.05
9-180	设备支架制作安装（CG32750kg 以下）	100kg	0.075	341.93	396.34	28.45	103.7	25.65	29.73	2.14	7.78
14-7	手工除锈 一般钢结构 轻锈	100kg	0.075	15.87	2.22	8.71	6.88	1.19	0.17	0.65	0.52
14-119	一般钢结构 防锈漆 第一遍	100kg	0.075	11.28	12.68	8.71	5.60	0.85	0.95	0.65	0.42
14-122	一般钢结构 银粉漆 第一遍	100kg	0.075	10.85	6.55	8.71	5.48	0.82	0.49	0.65	0.41
人工单价		小计						319.08	187.11	45.85	102.18
技工 68 元/工日；普工 53 元/工日		未计价材料费						3400.00			
		清单项目综合单价						4054.20			

	主要材料名称、规格、型号	单位	数量	单价	合价/元	暂估单价	暂估合价
	精制六角带帽螺栓 M8×75	10套	2.1	6.00	12.6		
	橡胶板 $\delta1\sim3$	kg	0.43	8.00	3.44		
	电动密闭保温阀 1000×500	个	1	518	518		
	角钢（综合）	kg	7.8	3.50	27.3		
	电焊条	kg	0.331	5.00	1.65		
材料费明细	乙炔气	kg	0.371	15.50	5.75		
	氧气	m³	1.106	3.50	3.87		
	破布	kg	0.326	5.50	1.79		
	紫铜皮（各种规格）	kg	0.1	65.00	6.50		
	黄甘油钙基酯	kg	0.202	7.50	1.52		
	机油	kg	1.01	12.50	12.63		
	煤油	kg	2.1	6.40	13.44		

续表 8-14　分部分项工程量清单综合单价分析表

工程名称：通风空调工程　　　　　　　　　　　　　　　　　　　　　　　　第 5 页　共 7 页

	主要材料名称、规格、型号	单位	数量	单价/元	合价/元	暂估单价/元	暂估合价/元
材料费明细	石棉橡胶板中压 δ0.8~6	kg	0.3	11.5	3.45		
	木板	m³	0.006	1700	10.2		
	普通钢板（综合）	kg	0.3	4.3	1.29		
	斜垫铁 0~3 钢 1	kg	3.06	12.9	39.47		
	平垫铁综合价	kg	3.048	4.1	12.5		
	棉纱头	kg	0.33	8.3	2.74		
	汽油 93#	kg	1.08	5.86	6.33		
	碎石	m³	0.096	55	5.28		
	砂子	m³	0.088	50	4.4		
	普通硅酸盐水泥 32.5MPa	kg	52.2	0.34	17.75		
	石棉编绳 φ11~25,烧失量 24%	kg	0.3	10	3		
	精制六角带帽螺栓 M10×75	10套	0.131	8	1.04		
	钢丝刷	把	0.011	3.5	0.04		
	铁砂布 0~2	张	0.082	0.8	0.07		
	酚醛防锈漆（各种颜色）	kg	0.069	12	0.83		
	酚醛清漆各色	kg	0.019	10.18	0.19		
	银粉	kg	0.006	12	0.07		
	管道风机 TDG-No5,L=8000m³/h,H=470Pa(全压),N=2.2kW	台	1	3400	3400		
	其他材料费			—	4.01	—	
	材料费小计			—	3587.10	—	

续表 8-14　分部分项工程量清单综合单价分析表

工程名称：通风空调工程

项目编码	030903019001	项目名称		帆布软接头		计量单位	m²	第 6 页　共 7 页

清单综合单价组成明细

定额编号	定额名称	定额单位	数量	单价				合价			
				人工费	材料费	机械费	管理费	人工费	材料费	机械费	管理费
9-189	软管接口制作安装	m²	1	102.34	144.02	2.08	29.24	102.34	144.02	2.08	29.24
人工单价			小计					102.34	144.02	2.08	29.24
技工 68 元/工日，普工 53 元/工日			未计价材料费								
			清单项目综合单价						277.68		

材料费明细	主要材料名称、规格、型号	单位	数量	单价/元	合价/元	暂估单价	暂估合价
	角钢（综合）	kg	18.33	3.5	64.16		
	扁钢综合	kg	8.32	3.65	30.37		
	电焊条	kg	0.06	5	0.3		
	精制六角带帽螺栓 M8×75	10 套	2.6	6	15.6		
	铁铆钉	kg	0.07	6	0.42		
	橡胶板 δ1～3	kg	0.97	8	7.76		
	帆布	m²	1.15	22.1	25.42		
	材料费小计			—	144.02		

续表 8-14　分部分项工程量清单综合单价分析表

工程名称：通风空调工程

项目编码	CB001	项目名称		系统调试费（通风空调工程）		计量单位	项	第 7 页　共 7 页

清单综合单价组成明细

定额编号	定额名称	定额单位	数量	单价				合价			
				人工费	材料费	机械费	管理费	人工费	材料费	机械费	管理费
9-510	系统调试费（通风空调工程）	元	1	913.23	2739.68		255.7	913.23	2739.68		255.70
人工单价			小计					913.23	2739.68		255.70
			未计价材料费								
			清单项目综合单价						3908.61		

材料费明细	主要材料名称、规格、型号	单位	数量	单价/元	合价/元	暂估单价	暂估合价
	系统调试费（通风空调工程）	元	2739.68	1	2739.68		
	材料费调整				2739.68		
	材料费小计			—	2739.68		

表 8-15　措施项目清单计价表

工程名称：采暖工程　　　　　　　　　　　　　　　　　　　　第 1 页　共 1 页

序号	项目名称	计算基数	费率/%	金额/元
一	安全文明施工措施费	分部分项人工费＋分部分项机械费	12.5	4246.55
1	夜间施工增加费			
2	二次搬运费			
3	已完工程及设备保护费			
4	冬雨季施工费	分部分项人工费＋分部分项机械费	1	339.72
5	市政工程干扰费	分部分项人工费＋分部分项机械费	0	
6	焦炉施工大棚(C.4 炉窑砌筑工程)			
7	组装平台(C.5 静置设备与工艺金属结构制作安装工程)			
8	格架式抱杆(C.5 静置设备与工艺金属结构制作安装工程)			
9	其他措施项目费			
10	脚手架搭拆(通风空调工程)			901.98
	合计			1061.90

表 8-16　单位工程规费计价表

工程名称：采暖工程　　　　　　　　　　　　　　　　　　　　第 1 页　共 1 页

序号	汇总内容	计算基础	费率/%	金额/元
四	规费	工程排污费＋社会保障费＋住房公积金＋危险作业意外伤害保险		11676.31
4.1	工程排污费			
4.2	社会保障费	养老保险＋失业保险＋医疗保险＋生育保险＋工伤保险		8897.37
4.2.1	养老保险	分部分项人工费＋分部分项机械费	16.36	5557.89
4.2.2	失业保险	分部分项人工费＋分部分项机械费	1.64	557.15
4.2.3	医疗保险	分部分项人工费＋分部分项机械费	6.55	2225.19
4.2.4	生育保险	分部分项人工费＋分部分项机械费	0.82	278.57
4.2.5	工伤保险	分部分项人工费＋分部分项机械费	0.82	278.57
4.3	住房公积金	分部分项人工费＋分部分项机械费	8.18	2778.94
4.4	危险作业意外伤害保险			
五	税金	分部分项工程费＋措施项目费＋其他项目费＋规费	3.477	4684.73
合计				16361.04

思考题与练习题

1. 通风系统的功能是什么？其组成及设备有哪些？

2. 空调系统的分类有哪些？

3. 空调系统空气处理设备有哪些？

4. 制冷机房的主要设备有哪些？

5. 空调水系统的形式有哪些？

6. 通风空调工程施工图的主要内容有哪些？

7. 如何进行通风空调工程施工图识读？

8. 通风空调工程工程量计算规则有哪些？

第9章 建筑电气工程计量与计价

9.1 建筑电气工程基础知识

建筑电气工程技术是以电能、电气设备和电气技术为手段，创造、维持与改善室内空间的电、光、热、声环境的一门科学。随着建筑技术的迅速发展和现代化建筑的出现，建筑电气所涉及的范围已由原来单一的供配电、照明、防雷和接地，发展成为以近代物理学、电磁学、无线电电子学、机械电子学、光学、声学等理论为基础的应用于建筑工程领域内的一门新兴学科，而且还在逐步应用新的数学和物理知识结合电子计算机技术向综合应用的方向发展。

9.1.1 建筑电气安装工程构成

(1) 变配电工程 发电厂发出的电，要经过一系列升压、降压的变电过程，才能安全有效地输送、分配到用电设备和器具上。通常将 35kV 以上电压的线路称为送电线路，10kV 以下电压的线路称为配电线路。变配电工程是变电、配电工程的总称。变电是采用变压器把 10kV 电压降低为 380V/220V；配电室采用开关、保护电器、线路，安全可靠地进行电能分配。变配电工程的内容主要是安装全部电气设备，包括变压器、各种高压电器和低压电器。

(2) 电缆工程 将一根或数根绞合而成的芯线，裹以相应的绝缘层，外面包上密封包皮，这种导线称为电缆线。电缆线按用途分为电力电缆、控制电缆、电信电缆等；按绝缘材料分为油浸纸绝缘、塑料绝缘、橡皮绝缘等；按导电材料分为铜芯和铝芯两种。

电缆的敷设方式很多，常采用的有直接埋地敷设、电缆沟道托架敷设、沿墙面或支架卡设、电缆桥架敷设、穿管敷设等。

(3) 配管配线 配管配线是指从配电控制设备到用电器的配电线路的控制线路敷设。

配管的目的在于穿设、保护导线。配管的方式有明配、暗配。常用的管材有钢管、电线管、硬塑料管、PVC 阻燃管、波纹管等。

(4) 照明工程 电气照明按其装设条件可分为一般照明和局部照明。一般照明是供整个面积上需要的照明；局部照明是供某一局部工作地点的照明。通常一般照明和局部照明混合使用，故称为混合照明。照明工程还可按用途分为工作照明和事故照明。工作照明保证在正常情况下工作；事故照明是当工作照明熄灭时，确保工作人员疏散及不能间断工作的工作地点的照明。工作照明和事故照明应有各自的电源供电。

(5) 防雷与接地 在建筑物上设置防雷设施，以有效地防止雷电对建筑物的危害。我国按照建筑物的重要性、使用性质、发生雷击事故的可能性及后果，将防雷等级分为三类。建筑物的防雷装置一般由接闪器、引下线和接地装置三部分组成。接闪器是专门用来接受雷击的金属导体。通常有避雷针、避雷带、避雷网以及兼作接闪的金属屋面和金属构件（如金属烟囱、风管等）。所有接闪器都必须经过接地引下线与接地装置相连接。引下线是连接接闪器和接地装置的金属导体。一般采用圆钢或扁钢，宜优先采用圆钢。接地装置是接地体（又称接地极）和接地线的总称。它的作用是把引下线引下的雷电流迅速流散到大地土壤中去。

接地是指为防止触电或保护设备的安全，把电力电信等设备的金属底盘或外壳接上地线，利用大地作电流回路接地线。在电力系统中，将设备和用电装置的中性点、外壳或支架与接地装置用导体作良好的电气连接叫做接地。常用的接地方式有保护接地、工作接地、防雷接地、屏蔽接地、防静电接地等。

（6）弱电工程　所谓弱电是针对建筑物的动力、照明用电而言的。一般把动力、照明等输送能量的电力称为强电；而把传播信号、进行信息交流的电能称为弱电。目前，建筑弱电系统主要包括火灾报警与自动灭火系统、电话通信系统、有线电视系统、网络系统、可视对讲系统等。

9.1.2　建筑电气工程施工图的相关知识

做好电气工程施工图预算的关键是看懂电气施工平面图和电气系统图。这些图纸当中标注了各种变配电设备、电缆种类及敷设方式、配管配线种类及敷设方式、照明器具及安装方式等。这些都是通过全国统一的图形符号来表达的。因此，熟悉常用的电气施工图纸图形符号，是做好电气工程施工图预算的基本要求。

9.1.2.1　建筑电气工程图的类别

（1）系统图　用规定的符号表示系统的组成和连接关系，它用单线将整个工程的供电线路示意连接起来，主要表示整个工程或某一项目的供电方案和方式，也可以表示某一装置各部分的关系。系统图包括供配电系统图（强电系统图）、弱电系统图。

供配电系统图（强电系统图）用来表示供电方式、供电回路、电压等级及进户方式；标注回路个数、设备容量及启动方法、保护方式、计量方式、线路敷设方式。强电系统图有高压系统图、低压系统图、电力系统图、照明系统图等。

弱电系统图表示元器件的连接关系，包括通信电话系统图、广播线路系统图、共用天线系统图、火灾报警系统图、安全防范系统图、微机系统图。

（2）平面图　是将设备、器具的图形符号和敷设的导线（电缆）或穿线管路的线条画在建筑物或安装场所，用以表示设备、器具、管线实际安装位置的水平投影图，是表示装置、器具、线路具体平面位置的图纸。强电平面包括电力平面图、照明平面图、防雷接地平面图、厂区电缆平面图等；弱电部分包括消防电气平面布置图、综合布线平面图等。

（3）原理图　表示控制原理的图纸，在施工过程中，指导调试工作。

（4）接线图　表示系统的接线关系的图纸，在施工过程中指导调试工作。

9.1.2.2　建筑电气工程施工图的组成

电气工程施工图纸的组成有首页、电气系统图、平面布置图、安装接线图、大样图和标准图。

（1）首页　主要包括目录、设计说明、图例、设备器材图表。

① 设计说明。一般是一套电气施工图的第一张图纸，主要包括工程概况、设计依据、设计范围、供配电设计、照明设计、线路敷设、设备安装、防雷接地、弱电系统和施工注意

事项。识读一套电气施工图，首先应仔细阅读设计说明，通过阅读可以了解到工程的概况、施工所涉及的内容、设计的依据、施工中的注意事项以及在图纸中未能表达清楚的事宜。

② 图例。即图形符号，通常只列出本套图纸中涉及的图形符号，在图例中可以标注装置与器具的安装方式和安装高度。

③ 设备器材表。包括工程中所使用的各种设备和材料的名称、型号、规格、数量等，表明本套图纸中的电气设备、器具及材料明细，它是编制购置设备、材料计划的重要依据之一。

（2）电气系统图 反映了系统的基本组成、主要电气设备、元件之间的连接情况以及它们的规格、型号、参数等，如变配电工程的供配电系统图、照明工程的照明系统图等，指导组织采购，安装调试。

（3）平面布置图 是电气施工图中的重要图纸之一，如变、配电所电气设备安装平面图、照明平面图、防雷接地平面图等，用来表示电气设备的编号、名称、型号以及安装位置、线路的起始点、敷设部位、敷设方式及所用导线型号、规格、根数、管径大小等。通过阅读系统图，了解系统基本组成之后，就可以依据平面图编制工程预算和施工方案，然后组织施工，是指导施工与验收的依据。

（4）安装接线图 指导电气安装检查接线，包括电气设备的布置与接线，应与控制原理图对照阅读，进行系统地配线和调校。

（5）标准图集 指导施工及验收依据。

9.1.2.3 建筑电气工程施工图的图形符号

在电气工程图中，各种元件、设备、装置、线路及安装方法是用图形符号表达的。阅读电气工程图，首先要了解和熟悉这些符号的形式、内容以及它们之间的相互关系。

建筑电气工程施工图常用的图形符号见表 9-1。

表 9-1 常见的电气符号

序号	符号	说明	序号	符号	说明
1		连线，一般符号（导线；电缆；电线；传输通路；电信线路）	7		阴接触件（连接器的）、插座
2		导线组（示出导线数）（示出三根导线）	8		阳接触件（连接器的）、插头
3		软连接	9		插头和插座
4		屏蔽导体	10		接通的连接片
5		绞合连接	11		断开的连接片
6		电缆中的导线	12		双绕组变压器，一般符号

序号	符号	说明	序号	符号	说明
13		绕组间有屏蔽的双绕组变压器	28		具有中间断开位置的双向隔离开关
14		一个绕组上有中间抽头的变压器	29		隔离开关
15		星形-三角形连接的三相变压器	30		具有由内装的测量继电器或脱扣器触发的自动释放功能的负荷开关
16		具有4个抽头的星形-星形连接的三相变压器	31		断路器
17		单相变压器组成的三相变压器,星形-三角形连接	32		带隔离功能断路器
18		三相变压器,星形-星形-三角形连接	33		熔断器式开关
19		自耦变压器,一般符号	34		熔断器式隔离器
20		单相自耦变压器	35		熔断器式隔离开关
21		三相自耦变压器,星形接线	36		接触器;接触器的主动合触点
22		电抗器,一般符号,扼流圈	37		接触器;接触器的主动断触点
23		电压互感器	38		熔断器,一般符号
24		电流互感器,一般符号	39		熔断器,熔断器烧断后仍带电的一端线粗示
25		具有两个铁心,每个铁心有一个次级绕组的电流互感器	40		熔断器;撞击熔断器
26		一个铁心具有两个次级绕组的电流互感器	41		火花间隙
27		隔离器	42		避雷器

序号	符号	说明	序号	符号	说明
43		动合(常开)触点,开关,一般符号	60		保护线和中性线共用线
44		动断(常闭)触点	61		带中性线和保护线的三相线路
45		先断后合的转换触点			
46		中间断开的双向转换触点	62		向上配线;向上布线
47		地下线路	63		向下配线;向下布线
48		具有埋入地下连接点的线路	64		垂直通过配线;垂直通过布线
49	E	接地极	65	MEB	等电位端子箱
50	E	接地线	66	LEB	局部等电位端子箱
51	LP	避雷线、避雷带、避雷网	67	EPS	EPS 电源箱
52		水下线路	68	UPS	UPS(不间断)电源箱
53		架空线路	69	☐ ☆ 根据需要参照代号☆标注在图形符号旁边区别不同类型电气箱(柜)	AC—控制箱、操作箱 AL—照明配电箱 ALE—应急照明箱 AP—电力配电箱 AS—信号箱 AT—电源自动切换箱(柜) AW—电度表箱 AR—保护屏 APE—应急电力配电箱 AD—直流配电柜(屏) AN—低压配电柜、MCC柜 XD—插座箱
54	6	管道线路 附加信息可标注在管道线路的上方,如管孔的数量,示例:6孔管道的线路			
55		电缆梯架、托盘、线槽线路			
56		电缆沟线路	70		配电中心,符号表示待五路配线 符号就近标注种类代码"*",表示的配电柜(屏)、箱、台。
57		中性线			
58		保护线			
59	PE	保护接地线			

续表

序号	符号	说明	序号	符号	说明
71	⊗★ 如需指出灯具类型,则在"★"位置标出数字或字母	W—壁灯 C—吸顶灯 R—筒灯 EN—密闭灯 EX—防爆灯 G—圆球灯 P—吊灯 L—花灯 LL—局部照明灯 SA—安全照明 ST—备用照明	85	● ∏	障碍灯,危险灯,红色闪光全向光束
			86		(电源)插座一般符号
			87	3	(电源)多个插座,符号表示三个插座
			88		带保护极的(电源)插座
72	E	应急疏散指示标志灯	89	★ ★	根据需要可在"★"处用下述文字区别不同插座: 1P—单相(电源)插座 3P—三相(电源)插座 1C—单相暗敷(电源)插座 3C—三相暗敷(电源)插座 1EX—单相防爆(电源)插座 3EX—三相防爆(电源)插座 1EN—单相密闭(电源)插座 3EN—三相密闭(电源)插座
73	←	应急疏散指示标志灯(向左)			
74	→	应急疏散指示标志灯(向右)			
75	⊗	在专用电路上的事故照明灯	90		带滑动保护板的(电源)插座
76	⊠	自带电源的事故照明灯	91		带单极开关的(电源)插座
77	├──┤	荧光灯	92	○⌐	开关一般符号
78	├══┤	二管荧光灯	93	★ ○⌐	根据需要"★"用下述文字标注在图形符号旁边区别不同类型开关: C—暗装开关,EX—防爆开关, EN—密闭开关
79	├≡══┤	三管荧光灯			
80	├─n─┤	多管荧光灯,n>3	94	○⌐n	n联单控开关,n>3
81	★ ├──┤ ★ ├══┤	如需要指出灯具种类,则在"★"位置标出下列字母: EN—密闭灯,EX—防爆灯	95	⊗⌐	带指示灯的开关
			96	○⌐t	单极限时开关
82	(⊗	投光灯	97	○⌐⌐	双极开关
83	(⊗→	聚光灯	98	○⌐	多位单极开关(如用于不同照度)
84	⊗	泛光灯	99	○⌐	双控单极开关

序号	符号	说明	序号	符号	说明
100		中间开关	104	◎ ★	根据需要"★"用下述文字标注在图形符号旁边区别不同类型开关： 　2—二个按钮单元组成的按钮盒 　3—三个按钮单元组成的按钮盒 　EX—防爆型按钮 　EN—密闭型按钮
101		调光器			
102		单极拉线开关			
103	◎	按钮	105	⊗	带有指示灯的按钮

9.1.2.4　建筑电气工程施工图的文字符号

在电气设备、装置和元器件旁边，常用文字符号标注表示电气设备、装置和元器件的名称、功能、状态和特征，文字符号可以作为限定符号与一般图形符号组合。文字符号通常由基本符号、辅助符号和数字序号组成。文字符号中的字母为英文字母。

（1）基本文字符号　基本文字符号用来表示电气设备、装置和元件以及线路的基本名称、特性。分为单字母符号和双字母符号。

① 单字母符号。单字母符号用来表示按国家标准划分的 23 大类电气设备、装置和元器件。

② 双字母符号。双字母符号由单字母符号后面另加一个字母组成，目的是更详细和更具体地表示电气设备、装置和元器件的名称。

（2）辅助文字符号　辅助文字符号用来表示电气设备装置和元器件，也用来表示线路的功能、状态和特征。在电气工程图中，一些特殊用途的接线端子、导线等，常采用一些专用文字符号标注。电气工程图中常用文字符号见表 9-2～表 9-7。

表 9-2　电气设备的标注方法

序号	名称	标注方式	说明	示例
1	用电设备	$\dfrac{a}{b}$	a—设备编号或设备位号 b—额定功率（kW 或 kV·A）	$\dfrac{M01}{37kW}$ M01 为电动机的设备编号；37kW 为电动机容量
2	系统图电气箱（柜、屏）标注	$-a+b/c$	a—设备种类代号 b—设备安装位置的位置代号 c—设备型号	-AP01＋B1/XL21-15 表示动力配电箱种类代号为-AP01，位于地下一层
3	平面图电气箱（柜、屏）标注	$-a$	a—设备种类代号	-AP1 表示动力配电箱种类代号，在不会引起混淆时，可取消前级"-"
4	照明、安全、控制变压器标注	ab/cd	a—设备种类代号 b/c—一次电压/二次电压 d—额定容量	TA1220/36V500VA 表示照明变压器 AT1，变比 220/36V，容量 500VA

序号	名称	标注方式	说明	示例
5	照明灯具标注	$a-b\dfrac{c\times d\times L}{e}f$	a—灯数 b—型号或编号(无则省略) c—每盏照明灯的灯泡数 d—灯泡安装容量 e—灯泡安装高度(m),"—"表示吸顶安装 f—安装方式 L—光源种类	管型荧光灯的标注: $5\text{-FAC41286P}\dfrac{2\times36}{3.5}\text{CS}$ 5盏 FAC4128P 型灯具,灯管为双管36W荧光灯,灯具链吊安装,安装高度距地 3.5m
6	电缆桥架	$\dfrac{a\times b}{c}$	a—电缆桥架宽度(mm) b—电缆桥架高度(mm) c—电缆桥架安装高度(m)	$\dfrac{600\times150}{3.5}$ 表示电缆桥架宽度 600mm;电缆桥架高度 150mm;电缆桥架安装高度距地 3.5m
7	线路的标注	$ab-c(d\times e+$ $f\times g)i-jh$	a—线缆编号 b—型号(无则省略) c—线缆根数 d—电缆线芯数 e—线芯截面(mm²) f—PE 或 N 线芯数 g—线芯截面(mm²) i—线路敷设方式 j—线路敷设部位 h—线路敷设安装高度	WP201 YJV-0.6/1kV-2(3×150+2×70) SC80-WS3.5 WP201 为电缆的编号 YJV-0.6/1kV-2(3×150+2×70)为电缆的型号、规格,2 根电缆并联连接 SC80 表示电缆穿 DN80 的焊接钢管 WS3.5 表示沿墙面明敷,高度距地 3.5m
8	电缆与其他设施交叉点标注	$\dfrac{a\text{-}b\text{-}c\text{-}d}{e\text{-}f}$	a—保护管根数 b—保护管直径(mm) c—保护管长度(m) d—地面标高(m) e—保护管埋设深度(m) f—交叉点坐标	$6\text{-}DN100\text{-}2.0\text{m-}(-0.3\text{m})$ $-1.0\text{m-}(x=174.235,y=243.621)$ 电缆与设施交叉,交叉点坐标为$(x=174.235,y=243.621)$,埋设 6 根长 2.0mDN100 焊接钢管,钢管埋设深度为-1.0m(地面标高为-0.3m),上述字母根据需要可省略
9	电话线路的标注	$a\text{-}b(c\times2\times d)e\text{-}f$	a—电话线缆编号 b—型号(无则省略) c—导线对数 d—导线直径(mm) e—敷设方式和管径(mm) f—敷设部位	W1-HYV(5×2×0.5)SC15-WS W1 为电话电缆回路编号 HYV(5×2×0.5)为电话电缆的型号,规格 敷设方式为穿 DN15 焊接钢管沿墙明敷 上述字母根据需要可省略
10	断路器整定值	$\dfrac{a}{b}c$	a—脱扣器额定电流 b—脱扣器整定电流(脱扣器额定电流×整定倍数) c—短延时整定时间(瞬时不标注)	$\dfrac{500\text{A}}{500\text{A}\times3}0.2\text{s}$ 断路器脱扣器额定电流为 500A 动作整定值为 1500A 短延时整定值为 0.2s

表 9-3 线路敷设方式的标注

序号	文字符号	名称	序号	文字符号	名称
1	SC	穿焊接钢管敷设	7	M	用钢索敷设
2	MT	穿电线管敷设	8	KPC	穿聚氯乙烯塑料波纹电线管敷设
3	PC	穿硬料管敷设	9	CP	穿金属软管敷设
4	CT	电缆桥架敷设	10	DB	直接埋设
5	MR	金属线槽敷设	11	TC	电缆沟敷设
6	PR	塑料线槽敷设	12	CE	混凝土排管敷设

表 9-4 导线敷设部位的标注

序号	文字符号	名称	序号	文字符号	名称
1	AB	沿或跨梁（屋架）敷设	6	WC	暗敷设在墙内
2	BC	暗敷在梁内	7	CE	沿顶棚或顶板面敷设
3	AC	沿或跨柱敷设	8	CC	暗敷设在屋面或顶板内
4	CLC	暗敷在柱内	9	SCE	吊顶内敷设
5	WS	沿墙面敷设	10	F	地板或地面下敷设

表 9-5 灯具安装方式的标注

序号	文字符号	名称	序号	文字符号	名称
1	SW	线吊式	7	CR	顶棚内安装
2	CS	链吊式	8	WR	墙壁内安装
3	DS	管吊式	9	S	支架上安装
4	W	壁装式	10	CL	柱上安装
5	C	吸顶式	11	HM	座装
6	R	嵌入式			

表 9-6 与特定导体相连接的设备端子和特定导体终端的标志

序号	特定导体		字母数字符号	
			设备端子标志	导体和导体终端标识
1	交流导体	第 1 相	U	L1
		第 2 相	V	L2
		第 3 相	W	L3
		中性导体	N	N
2	直流导体	正极	+或 C	L+
		负极	-或 D	L-
		中间导体	M	M
3	接地导体		E	E
4	保护导体		PE	PE
5	保护接地中性导体		PEN	PEN
6	保护接地中间导体		PEM	PEM
7	保护接地线导体		PEL	PEL
8	功能接地线		FE	FE
9	功能等电位联接线		FB	FB

表 9-7　电气设备常用项目种类的字母代码

字母代号	项目种类	名称	复字母代号	字母代号	项目种类	名称	复字母代号
A	组件部件	控制箱、操作箱	AC	W	传输通道	电压母线	WV
		低压断路器箱	ACB			滑触线	WT
		直流配电屏	AD			母线	WB
		高压开关柜	AH			导线、电缆	W
		刀开关箱	AK	Q	电力电路的开关	断路器	QF
		低压配电屏	AL			熔断器式开关	QPS
		照明配电箱	AL			高压断路器	QH
		电力配电箱	AP			刀开关	QK
		电源自动切换箱	AT			低压断路器	QL
F	保护器件	避雷器	F			油断路器	QO
		避雷针	FL			隔离开关	QS
		快速熔断器	FF	T	变压器	变压器	T
		熔断器	FU			电流互感器	TA
		限压保护器件	FV			自耦变压器	TAT
G	发电机电源	蓄电池	GB			有载调压变压器	TLC
		直流发电机	GD			降压变压器	TD
		交流发电机	GA			电力变压器	TM
		稳压电源设备	GV			电压互感器	TV

9.2　建筑电气工程施工图识图

9.2.1　读图的原则、方法及顺序

就建筑电气施工图而言，一般遵循"六先六后"的原则，即先强电后弱电、先系统后平面、先动力后照明、先下层后上层、先室内后室外、先简单后复杂。

在进行电气施工图阅读之前一定要熟悉电气图基本知识（表达形式、通用画法、图形符号、文字符号等），弄清图例、符号所代表的内容。常用的电气工程图例及文字符号可参见国家颁布的《建筑电气工程设计常用图形和文字符号》。在此基础上，熟悉建筑电气安装工程图的特点，同时掌握一定的阅读方法，这样才有可能比较迅速、全面地读懂图纸，实现读图的意图和目的。

阅读建筑电气安装工程图的方法没有统一的规定，针对一套电气施工图，一般应先按以下顺序阅读，然后针对某部分内容进行重点阅读。

电气工程施工图的读图顺序为：标题栏→目录→设计说明→图例→系统图→平面图→接线图→标准图。

① 看标题栏：了解工程项目名称内容、设计单位、设计日期、绘图比例。

② 看目录：了解单位工程图纸的数量及各种图纸的编号。

③ 看设计说明：了解工程概况、供电方式以及安装技术要求。特别注意的是有些分项工程局部问题是在各分项工程图纸上说明的，看分项工程图纸时也要先看设计说明。

④ 看图例：充分了解各图例符号所表示的设备器具名称及标注说明。

⑤ 看系统图：各分项工程都有系统图，如变配电工程的供电系统图，电气工程的电力系统图，电气照明工程的照明系统图，了解主要设备、元件连接关系及它们的规格、型号、参数等，掌握该系统的组成概况。

⑥ 看平面图：了解建筑物的平面布置、轴线、尺寸、比例、各种变配电设备、用电设备的编号、名称和它们在平面上的位置，各种变配电设备起点、终点、敷设方式及在建筑物中的走向。在通过阅读系统图了解了系统的组成概况之后，就可以依据平面图编制工程预算和施工方案，具体组织施工了，所以，对平面图必须熟读。

阅读平面图的一般顺序是按照总干线→总配电箱→分配电箱→用电器具。

⑦ 看电路图、接线图：了解系统中用电设备控制原理，用来指导设备安装及调试工作，在进行控制系统调试及校线工作中，应依据功能关系上至下或从左至右逐个回路地阅读，电路图与接线图、端子图配合阅读。熟悉电路中各电器的性能和特点，对读懂图纸将是一个极大的帮助。

⑧ 看标准图：标准图详细表达设备、装置、器材的安装方式方法。

⑨ 看设备材料表：设备材料表提供了该工程所使用的设备、材料的型号、规格、数量，是编制施工方案、编制预算、材料采购的重要依据。

此外，在识图时应抓住要点进行识读，如在明确负荷等级的基础上了解供电电源的来源、引入方式和路数；了解电源的进户方式是由室外低压架空引入还是电缆直埋引入；明确各配电回路的相序、路径、管线敷设部位、敷设方式以及导线的型号和根数；明确电气设备、器件的平面安装位置等。

电气施工与土建施工结合得非常紧密，施工中常常涉及各工种之间的配合问题。电气施工平面图只反映了电气设备的平面布置情况，结合土建施工图的阅读还可以了解电气设备的立体布设情况。

熟悉施工顺序，便于阅读电气施工图。如识读配电系统图、照明与插座平面图时，应首先了解室内配线的施工顺序。施工顺序如下：

① 根据电气施工图确定设备安装位置、导线敷设方式、敷设路径及导线穿墙或楼板的位置。

② 结合土建施工进行各种预埋件、线管、接线盒、保护管的预埋。

③ 装设绝缘支持物、线夹等，敷设导线。

④ 安装灯具、开关、插座及电气设备。

⑤ 进行导线绝缘测试、检查及通电试验。

⑥ 工程验收。

识读时，施工图中各图纸应协调配合阅读。对于具体工程来说，为说明配点关系时需有配线系统图；为说明电气设备、器件的具体安装位置时需要有平面布置图；为说明设备工作原理时需要有控制原理图；为表示元件连接关系时需要有安装接线图；为说明设备、材料的特性和参数时需要有设备材料表等。这些图纸各自的用途不同，但相互之间是有联系并协调一致的，因此，在识读时应根据需要，将各图纸结合起来识读，以达到对整个工程或分部项目全面了解的目的。

阅读图纸的顺序没有统一的规定，可以根据自己的需要，灵活掌握，并应有所侧重。可以根据需要，对一张图纸进行反复阅读。

9.2.2 读图注意事项

就建筑电气工程而言，读图时应注意如下事项。

① 注意阅读设计说明，尤其是施工注意事项及各分部分项工程的做法，特别是一些暗设线路、电气设备的基础及各种电气预埋件更与土建工程密切相关，读图时要结合其他专业图纸阅读。

② 注意系统图与系统图对照看，例如：供配电系统图与电力系统图、照明系统图对照看，核对其对应关系；系统图与平面图对照看，电力系统图与电力平面图对照看，照明系统图与照明平面图对照看，核对有无不对应的错误。看系统的组成与平面对应的位置，看系统图与平面图线路的敷设方式、线路的型号、规格是否保持一致。

③ 注意看平面图的水平位置与其空间位置，要考虑管线缆在竖直高度上的敷设情况。对于多层建筑，要考虑相同位置上的元件、设备、管路的敷设，考虑标准层和非标准层的区别。

④ 注意线路的标注，注意电缆的型号规格，注意导线的根数及线路的敷设方式。

⑤ 注意核对图中标注的比例，特别是图纸较多且各图比例都不同时更应如此，因为导线、电缆、管路以及防雷线等以长度单位计算工作量的部分都需要用到比例。

⑥ 读图时切记无头无绪、毫无章法，一般应以回路、房间、某一子系统或某一子项为单位，按读图程序一一阅读。每张图全部读完再进行下一张，在读图过程中遇到与其他图有关联的情况或标注说明时，应找出该图，但只读到关联部位了解连接方式即可，然后返回读完原图。

⑦ 对每张图纸要进行精读，即要求熟悉每台设备和元件的安装位置及要求，每条管线的走向、布置及敷设要求，所有线缆的连接部位及接线要求，系统图、平面图及关联图样的标注应一致且无差错。

9.2.3 电气施工图的识读技巧

(1) 抓住电气施工图要点进行识读 在识图时应抓住要点进行识读，如：在明确负荷等级的基础上，了解供电电源的来源、引入方式及路数；了解电源的进户方式是由室外低压架空引入还是电缆直埋引入；明确各配电回路的相序、路径、管线敷设部位、敷设方式以及导线的型号和根数；明确电气设备、器件的平面安装位置。

(2) 结合土建施工图进行阅读 电气施工与土建施工结合得非常紧密，施工中常常涉及各工种之间的配合问题。电气施工平面图只反映了电气设备的平面布置情况，结合土建施工图的阅读还可以了解电气设备的立体布设情况。

(3) 熟悉施工顺序 便于阅读电气施工图。识读配电系统图、照明与插座平面图时，就应首先了解室内配线的施工顺序。根据电气施工图确定设备安装位置、导线敷设方式、敷设路径及导线穿墙或楼板的位置；结合土建施工进行各种预埋件、线管、接线盒、保护管的预埋；装设绝缘支持物、线夹等，敷设导线；安装灯具、开关、插座及电气设备；进行导线绝缘测试、检查及通电试验；工程验收。

（4）识读时，施工图中各图纸应协调配合阅读　对于具体工程来说，为说明配电关系时需要有配电系统图；为说明电气设备、器件的具体安装位置时需要有平面布置图；为说明设备工作原理时需要有控制原理图；为表示元件连接关系时需要有安装接线图；为说明设备、材料的特性、参数时需要有设备材料表等。这些图纸各自的用途不同，但相互之间是有联系并协调一致的。在识读时应根据需要，将各图纸结合起来识读，以达到对整个工程或分部项目全面了解的目的。

9.2.4　建筑电气工程施工图识图实例

识读一套电气施工图，应首先仔细阅读设计说明，通过阅读可以了解到工程的概况、施工所涉及的内容、设计的依据、施工中的注意事项以及在图纸中未能表达清楚的事宜。

下面就以某一住宅楼为例，介绍建筑电气工程施工图识图。

9.2.4.1　首页

首页包含了以下几个内容：

① 工程概况。

② 设计依据。

③ 设计范围。

④ 低压配电系统。

⑤ 用电指标。

⑥ 线路敷设。

⑦ 设备安装。

⑧ 电气照明系统。

⑨ 防雷与接地系统。

⑩ 电气节能措施。

⑪图例。

首页的内容多是文字叙述，在这里就不再赘述。

9.2.4.2　低压配电系统

电力负荷根据其重要性和中断供电在政治上、经济上所造成的损失或影响的程度分为三级，即一级负荷、二级负荷、三级负荷以及一级负荷中特别重要的负荷。本工程为多层民用住宅，根据负荷分级的原则，所以用电设备均为三级负荷，配电系统图如图 9-1 所示。

由图 9-1 可见，本工程供电电源由小区变电所引来，经电缆埋设引至一层配电柜 AL1，电源电压为 220/380V50Hz，采用 TN-C-S 接地系统。进线电缆型号为 YJV_{22}-4×150-2×SC100-FC，即 4 根截面积为 $150mm^2$ 的钢带铠装聚氯乙烯交联电缆，采用 2 根直径为 100mm 的钢管保护的方式地面下敷设。

配电柜 AL1 箱体尺寸为 700mm×1300mm×300mm，内设型号为 GL-315A/3P 的隔离开关和型号为 250H/225A/4P/500mA 带漏电保护的主断路器，225A 为其整定电流，4P 为四极，500mA 为其漏电动作电流。箱体内做重复接地后实现了 TN-C 到 TN-S 接地方式的转变，即 TN-C-S 接地方式。电力电缆经主断路器后根据工程具体情况分为四个支路，其中编号为 N1～N3 的支路分别为一、二单元的集中电表箱和公共电源箱供电，还有一条支路经

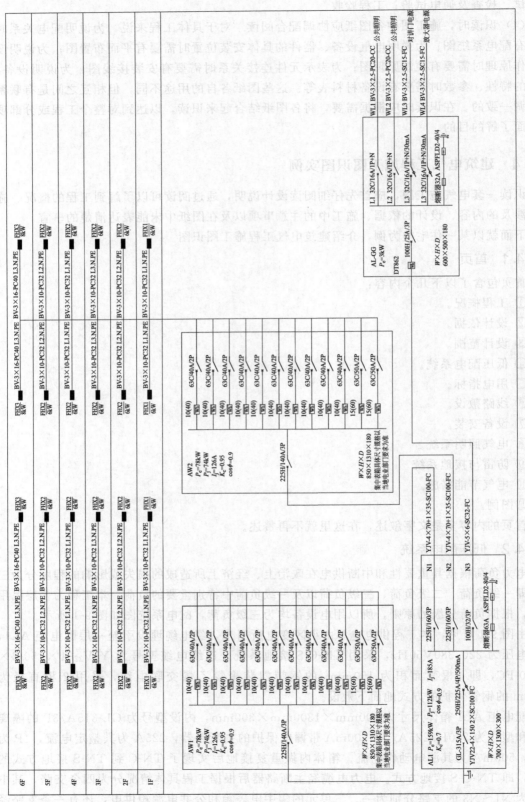

图 9-1 低压配电系统图

63A 保护熔断器及型号为 ASPFLD2-80/4 的浪涌保护器接地。根据负荷容量，N1 和 N2 支路由型号为 225H/160/3P 的断路器对支路电缆 YJV-4×70＋1×35-SC100-FC 进行保护，其中 4×70 为相线 L1、L2、L3 和中性线 N 的截面积，1×35 为保护线 PE 的截面积。N3 支路由型号为 100H/32/3P 的断路器对支路电缆 YJV-5×6-SC32-FC 进行保护，由于该支路电流较小，因此，相线、中性线和保护线截面积相同。N1 支路电缆穿直径为 100mm 的钢管保护沿地暗敷至设置在一单元一楼的集中电表箱 AW1，箱体型号为 850mm×1310mm×180mm，电缆经型号为 225H/140A/3P 的断路器分为 12 条支路，每条支路上均装设电能计量表且根据计量容量的不同分为两种型号，每条支路均由型号为 63C/40A/2P 的断路器保护型号为 BV-3×10-PC32 的入户线穿硬质塑料管暗敷至每一户的住宅分户箱，根据容量及回路设置的不同，分户箱分为三种，即 FHX1～FHX3。N2 支路为二单元供电支路与 N1 支路设置相同。N3 支路引至公共计量箱 AL-GG，住宅公共负荷用电由设在电源箱内的电能计量表 DT862 单独计量，箱内分为 5 条支路，分别为公共照明、对讲门电源、放大器电源和浪涌保护器回路。

图 9-2～图 9-4 分别为三种分户箱内部回路图，根据现行规范及建设单位要求，本工程住宅用电标准分别为每户 6kW（100m² 以下）、每户 8kW（101～160m²），故分户箱内部回路设置略有不同。FHX1～FHX3 的基本回路包括照明回路、普通插座回路、空调插座回路、厨房插座回路和卫生间插座回路，但一层住宅有室外小院，故一层分户箱 FHX1 内预留了室外照明回路，而六层有阁楼，故六层面积大于标准层，其分户箱 FHX3 容量为 8kW 且内部回路增加了照明和空调回路的数量。

9.3　建筑电气工程工程量计算规则

为统一安装工程预算工程量的计算，建设部年发行了《全国统一安装工程预算工程量计算规则》，适用于安装工程施工图设计阶段编制工程预算及工程量清单，也适用于工程设计变更后的工程量计算。

9.3.1　电气设备安装工程

9.3.1.1　变压器

① 变压器安装，按不同容量以"台"为计量单位。

② 干式变压器如果带有保护罩时，其定额人工和机械乘以系数 1.2。

③ 变压器通过试验，判定绝缘受潮时才需进行干燥，所以只有需要干燥的变压器才能计取此项费用（编制施工图预算时可列此项，工程结算时根据实际情况再作处理），以"台"为计量单位。

④ 消弧线圈的干燥按同容量电力变压器干燥定额执行，以"台"为计量单位。

⑤ 变压器油过滤不论过滤多少次，直到过滤合格为止，以"t"为计量单位，其具体计算方法如下：

a. 变压器安装定额未包括绝缘油的过滤，需要过滤时，可按制造厂提供的油量计算。

b. 油断路器及其他充油设备的绝缘油过滤，可按制造厂规定的充油量计算。

9.3.1.2　配电装置

① 断路器、电流互感器、电压互感器、油浸电抗器、电力电容器及电容器柜的安装以"台（个）"为计量单位。

② 隔离开关、负荷开关、熔断器、避雷器、干式电抗器的安装以"组"为计量单位，每组按三相计算。

③ 交流滤波装置的安装以"台"为计量单位。每套滤波装置包括三台组架安装，不包括设备本身及铜母线的安装，其工程量应按相应定额另行计算。

④ 高压设备安装定额内均不包括绝缘台的安装，其工程量应按施工图设计执行相应定额。

⑤ 高压成套配电柜和箱式变电站的安装以"台"为计量单位，均未包括基础槽钢、母线及引下线的配置安装。

⑥ 配电设备安装的支架、抱箍及延长轴、轴套、间隔板等，按施工图设计的需要量计算，执行铁构件制作安装定额或成品价。

⑦ 绝缘油、六氟化硫气体、液压油等均按设备带有考虑；电气设备以外的加压设备和附属管道的安装应按相应定额另行计算。

⑧ 配电设备的端子板外部接线，应按相应定额另行计算。

⑨ 设备安装用的地脚螺栓按土建预埋考虑，不包括二次灌浆。

9.3.1.3　母线及绝缘子

① 悬垂绝缘子串安装，指垂直或 V 型安装的提挂导线、跳线、引下线、设备连接线或设备等所用的绝缘子串安装，按单串以"串"为计量单位。耐张绝缘子串的安装，已包括在软母线安装定额内。

② 支持绝缘子安装分别按安装在户内、户外、单孔、双孔、四孔固定，以"个"为计量单位。

③ 穿墙套管安装不分水平、垂直安装，均以"个"为计量单位。

④ 软母线安装，指直接由耐张绝缘子串悬挂部分，按软母线截面大小分别以"跨/三相"为计量单位。设计跨距不同时，不得调整。导线、绝缘子、线夹、驰度调节金具等均按施工图设计用量加定额规定的损耗率计算。

⑤ 软母线引下线，指由 T 型线夹或并沟线夹从软母线引向设备的连接线，以"组"为计量单位，每三相为一组；软母线经终端耐张线夹引下（不经 T 型线夹或并沟线夹引下）与设备连接的部分均执行引下线定额，不得换算。

⑥ 两跨软母线间的跳引线安装，以"组"为计量单位，每三相为一组。不论两端的耐张线夹是螺旋式或压接式，均执行软母线跳线定额，不得换算。

⑦ 设备连接线安装，指两设备间的连接部分。不论引下线、跳线、设备连接线，均应分别按导线截面、三相为一组计算工程量。

⑧ 组合软母线安装，按三相为一组计算。跨距（包括水平悬挂部分和两端引下部分之和）系按 45m 以内考虑，跨度的长与短不得调整。导线、绝缘子、线夹、金具按施工图设计用量加定额规定的耗损率计算。

⑨ 软母线安装预留长度按表 9-8 计算。

表 9-8 软母线安装预留长度 单位：m/根

项目	耐张	跳线	引下线、设备连接线
预留长度	2.5	0.8	0.6

⑩ 带型母线安装及带型母线引下线安装包括铜排、铝排，分别以不同截面和片数以"m/单相"为计量单位。母线和固定母线的金具均按设计量加耗损率计算。

⑪ 钢带型母线安装，按同规格的铜母线定额执行，不得换算。

⑫ 母线伸缩接头及铜过渡板安装均以"个"为计量单位。

⑬ 槽型母线安装以"m/单相"为计量单位。槽型母线与设备连接分别按连接不同的设备以"台"为计量单位。槽型母线及固定槽型母线的金具按设计用量加耗损率计算。壳的大小尺寸以"m"为计量单位，长度按设计共箱母线的轴线长度计算。

⑭ 低压（380V 以下）封闭式插接母线槽安装分别按导体的定额电流大小以"m"为计量单位，长度按设计母线的轴线长度计算，分线箱以"台"为计量单位，分别根据电流大小按设计数量计算。

⑮ 重型母线安装包括铜母线、铝母线，分别按截面大小以母线的成品质量以"t"为计量单位。

⑯ 重型铝母线接触面加工指铸造件需加工接触面时，可以按其接触面大小，分别以"片/单相"为计量单位。

⑰ 硬母线配置安装预留长度按表 9-9 的规定计算。

表 9-9 硬母线配置安装预留长度 单位：m/根

序号	项目	预留长度	说明
1	带型、槽型母线终端	0.3	从最后一个支持点算起
2	带型、槽型母线与分支线连接	0.5	分支线预留
3	带型母线与设备连接	0.5	从设备端子接口算起
4	多片重型母线与设备连接	1.0	从设备端子接口算起
5	槽型母线与设备连接	0.5	从设备端子接口算起

⑱ 带型母线、槽型母线安装均不包括支持瓷瓶安装和钢构件配置安装，其工程量应分别按设计成品数量执行相应定额。

9.3.1.4 控制设备及低压电器

① 控制设备及低压电器安装均以"台"为计量单位。以上设备均未包括基础槽钢、角钢的制作安装，其工程量应按相应规定额计算。

② 铁构件制作安装均按施工图设计尺寸，按成品质量以"kg"为计量单位。

③ 网门、保护网制作安装，按网门或保护网设计图示的框外围尺寸，以"m²"为计量单位。

④ 盘柜配线分不同规格，以"m"为计量单位。

⑤ 盘、箱、柜的外部进出线预留长度按表 9-10 计算。

表 9-10　盘、箱、柜的外部进出线预留长度　　　　　单位：m/根

序号	项目	预留长度	说明
1	各种箱、柜、盘、板、盒	高＋宽	盘面尺寸
2	单独安装的铁壳开关、自动开关、刀开关、启动器、箱式电阻器、变阻器	0.5	从安装对象中心算起
3	继电器、控制开关、信号灯、按钮、熔断器等小电器	0.3	从安装对象中心算起
4	分支接头	0.2	分支线预留

⑥ 配电板制作安装及包铁皮，按配电板图示外形尺寸，以"m²"为计量单位。

⑦ 焊（压）接线端子定额只适用于导线，电缆终端头制作安装定额中已包括压接线端子，不得重复计算。

⑧ 端子板外部接线按设备盘、箱、柜、台的外部接线图计算，以"10 个"为计量单位。

⑨ 盘、柜配线定额只适用于盘上小设备元件的少量现场配线，不适用于工厂的设备修、配、改工程。

9.3.1.5　蓄电池

① 铅酸蓄电池和碱性蓄电池的安装，分别按容量大小以单体蓄电池"个"为计量单位，按施工图设计的数量计算工程量。定额内已包括了电解液的材料耗损，执行时不得调整。

② 免维护蓄电池安装以"组件"为计量单位，其具体计算如下：某工程设计一组蓄电池为 220V/(500A·h)，由 12V 的组件 18 个组成，那么就一个套用 12V/(500A·h) 的定额 18 组件。

③ 蓄电池充放电按不同容量以"组"为计量单位。

9.3.1.6　电机及滑触线安装

① 发电机、调相机、电动机的电气检查接线，均以"台"为计量单位。直流发电机组和多台一串的机组，按单台电机分别执行定额。

② 起重机上的电气设备、照明装置和电缆管线等安装均执行相应定额。

③ 滑触线安装以"m/单相"为计量单位，其附加和预留长度按表 9-11 的规定计算。

表 9-11　滑触线安装附加和预留长度　　　　　单位：m/根

序号	项目	预留长度	说明
1	圆钢、铜母线与设备连接	0.2	从设备接线端子接口起算
2	圆钢、铜滑触线终端	0.5	从最后一个固定点起算
3	角钢滑触线终端	1.0	从最后一个支持点起算
4	扁钢滑触线终端	1.3	从最后一个固定点起算
5	扁钢母线分支	0.5	分支线预留
6	扁钢母线与设备连接	0.5	从设备接线端子接口起算
7	轻轨滑触线终端	0.8	从最后一个支持点起算
8	安全节能及其他滑触线终端	0.5	从最后一个固定点起算

④ 电气安装规范要求每台电机接线均需要配金属软管，设计有规定的按设计规格和数量计算，设计没有规定的，平均每台电机配相应规格的金属软管 1.25m 和与之配套的金属软管专用活接头。

⑤ 本章的电机检查接线定额，除发电机和调相机外，均不包括电机干燥，发生时其工程量应按电机干燥定额另行计算。电机干燥定额系按一次干燥所需的工、料、机消耗量考虑的，在特别潮湿的地方，电机需要进行多次干燥，应按实际干燥次数计算。在气候干燥、电机绝缘性能良好、符合技术标准而不需要干燥时，则不计算干燥费用。实行包干的工程，可参照以下比例，由有关各方协商而定。

a. 低压小型电机 3kW 以下按 25％的比例考虑干燥。

b. 低压小型电机 3kW 以上至 220kW 按 30％～50％考虑干燥。

c. 大中型电机按 100％考虑一次干燥。

⑥ 电机定额的接线划分：单台电机质量在 3t 以下的为小型电机；单台电机质量在 3t 以上至 30t 以下的为中型电机；单台电机质量在 30t 以上的为大型电机。

⑦ 小型电机按电机类别和功率大小执行相应定额，大、中型电机不分类别一律按电机重量执行相应定额。

⑧ 电机的安装执行《机械设备安装工程》中的电机安装定额；电机检查接线执行《电气安装工程》中的定额。

9.3.1.7　电缆

① 直埋电缆的挖、填土（石）方，除特殊要求外，可按表 9-12 计算土方量。

表 9-12　直埋电缆的挖、填土（石）方量

项　　目	电缆根数	
	1～2	每增一根
每米沟长挖方量/m³	0.45	0.153

② 电缆沟盖板揭、盖定额，按每揭或每盖一次以延长米计算，如又揭又盖，则按两次计算。

③ 电缆保护管长度，除按设计规定长度计算外，遇有下列情况，应按以下规定增加保护管长度：

a. 横穿道路，按路基宽度两端各增加 2m。

b. 垂直敷设时，管口距地面增加 2m。

c. 穿过建筑外墙时，按基础外缘以外增加 1m。

d. 穿过排水沟时，按沟壁外缘以外增加 1m。

④ 电缆保护管埋地敷设，其土方量凡有施工图注明的，按施工图计算；无施工图的一般按沟深 0.9m、沟宽按最外面的保护管两侧边缘外各增加 0.3m 工作面计算。

⑤ 电缆敷设按单根以延长米计算，一个沟内（或架上）敷设三根各长 100m 的电缆，应按 300m 计算，依此类推。

⑥ 电缆敷设长度应根据敷设路径的水平和垂直敷设长度，按表 9-13 规定增加附加长度。

表 9-13　电缆敷设的附加长度

序号	项　目	预留长度(附加)	说　明
1	电缆敷设弛度、波形弯度、交叉	2.5%	按电缆全长计算
2	电缆进入建筑物	2.0m	规范规定最小值
3	电缆进入电缆沟内或吊架时引上(下)预留	1.5m	规范规定最小值
4	变电所进线、出线	1.5m	规范规定最小值
5	电力电缆终端头	1.5m	检修余量最小值
6	电缆中间接头盒	两端各留2.0m	检修余量最小值
7	电缆进控制、保护屏及模拟盘等	高＋宽	按盘面尺寸
8	高压开关柜及低压配电盘、箱	2.0m	盘下进出线
9	电缆至电动机	0.5m	从电机接线盒起算
10	厂用变压器	3.0m	从地坪起算
11	电缆绕过梁柱等增加长度	按实计算	按被绕物的断面情况增加长度
12	电梯电缆与电缆架固定点	每处0.5m	规范最小值

注：电缆附加长度及预留的长度是电缆敷设长度的组成部分，应计入电缆长度工程量之内。

⑦ 电缆终端头及中间头均以"个"为计量单位。电力电缆和控制电缆均按一根电缆有两个终端头考虑。中间电缆头设计有图示的，按设计确定；设计没有规定的，按实际情况计算（或按平均250m一个中间头考虑）

⑧ 桥架安装，以"10m"为计量单位。

⑨ 吊电缆的钢索为拉紧装置，应按《机械设备安装工程》中的相应定额另行计算。

⑩ 钢索的计算长度以两端固定点的距离为准，不扣除拉紧装置的长度。

⑪ 电缆敷设及桥架安装，应按定额说明的综合内容范围计算。

9.3.1.8　防雷及接地装置

① 接地极制作安装以"根"为计量单位，其长度按设计长度计算，设计无规定时，每根长度按2.5m计算。若设计有管帽时，管帽另按加工件计算。

② 接地母线敷设，按设计长度以"m"为计量单位计算工程量。接地母线、避雷线敷设，均按延长米计算，其长度按施工图设计水平和垂直规定长度另加3.9%的附加长度（包括转弯、上下波动、避绕障碍物、搭接头所占长度）计算。计算主材费时应另增加规定的耗损率。

③ 接地跨接线以"处"为计量单位，按规程规定凡需作接地跨接线的工程内容，每跨接一次按一处计算，户外配电装置构架均需接地，每副构架按一处计算。

④ 避雷针的加工制作、安装，以"根"为计量单位，独立避雷针安装以"基"为计量单位。长度、高度、数量均按设计规定，独立避雷针的加工制作应执行"一般铁件"制作定额或按成品计算。

⑤ 半导体少长针消雷装置安装以"套"为计量单位，按设计安装高度分别执行相应定额。装置本身由设备制造厂成套供货。

⑥ 利用建筑物内主筋作接地引下线安装以"10m"为计量单位，每一柱子内按焊接两根主筋考虑，如果焊接主筋数超过两根时，可按比例调整。

⑦ 断接卡子制作安装以"套"为计量单位，按设计规定装设的断接卡子数量计算，接地检查井内的断接卡子安装按每井一套计算。

⑧ 高层建筑物屋顶的防雷接地装置应执行"避雷网安装"定额，电缆支架的接地线安装应执行"户内接地母线敷设"定额。

⑨ 均压环敷设以"m"为计量单位，主要考虑利用圈梁内主筋作均压环接地连线，焊接按两根主筋考虑，超过两根时，可按比例调整。长度按设计需要作均压接地的圈梁中心线长度，以延长米计算。

⑩ 钢、铝窗接地以"处"为计量单位（高层建筑六层以上的金属设计一般要求接地），按设计规定接地的金属窗数进行计算。

⑪ 柱子主筋与圈梁连接以"处"为计量单位，每处按两根主筋与两根圈梁钢筋分别焊接连接考虑。如果焊接主筋和圈梁钢筋超过两根时，可按比例调整，需要了解的柱子主筋和圈梁钢筋"处"数按规定设计计算。

9.3.1.9　10kV 以下架空配电路线

① 工地运输，是指定额内未计价材料从集中材料堆放点或工地仓库运至杆位上的工程运输，分人力运输和汽车运输，以"吨公里"为计量单位。

运输量计算公式如下：工程运输量＝施工图用量×(1＋耗损率)

预算运输质量＝工程运输量＋包装物质量(不需要包装的可不计算包装物质量)

运输重量可按表 9-14 的规定进行计算。

表 9-14　运输质量表

材料名称		单位	运输质量/kg	备　注
混凝土制品	人工浇制	m³	2600	包括钢筋
	离心浇制	m³	2860	包括钢筋
线　材	导线	kg	$W×1.15$	有线盘
	铜绞线	kg	$W×1.07$	无线盘
木杆材料		m³	500	包括木横担
金属、绝缘子		kg	$W×1.07$	
螺栓		kg	$W×1.01$	

② 无底盘、卡盘的电杆坑，其挖方体积 $V=0.8×0.8×h$，式中的 h 为坑深（m）。

③ 电杆坑的马道土、石方量按每坑 0.2m³ 计算。

④ 施工操作裕度按底拉盘底宽每边增加 0.1m。

⑤ 各类土质的放坡系数按表 9-15 计算。

表 9-15　各类土质的放坡系数

土质	普通土、水坑	坚土	松砂石	泥水、流沙、岩石
放坡系数	1：0.3	1：0.25	1：0.2	不放坡

⑥ 冻土宽度大于 300mm 时，冻土层的挖方量按挖坚土定额乘以系数 2.5。其他土层仍按土质性质执行定额。

⑦ 土方量计算公式：

$$V = \frac{h}{6}[ab + (a + a_1) \times (b + b_1) + a_1 b_1] \tag{9-1}$$

式中　V——土（石）方体积，m^3；

$\quad\quad h$——坑深，m；

$\quad a(b)$——坑底宽，m，$a(b)$＝底拉盘底宽＋2×每边操作裕度；

$a_1(b_1)$——坑口宽，m，$a_1(b_1)$＝$a(b)$＋2×h×边坡系数。

⑧ 杆坑土质以一个坑的主要土质而定，如一个坑大部分为普通土，少量为坚土，则该坑应全部按普通土计算。

⑨ 带卡盘的电杆坑，如原计算的尺寸不能满足卡盘安装时，因卡盘超长而增加的土（石）方量另计。

⑩ 底盘、卡盘、拉线盘按设计用量以"块"为计量单位。

⑪ 杆塔组立，分别根据杆塔形式和高度按设计数量以"根"为计量单位。

⑫ 拉线制作安装按施工图设计规定，分别按不同形式，以"根"为计量单位。

⑬ 横担安装按施工图设计规定，分不同形式和截面，以"根"为计量单位，定额按单根拉线考虑，若安装 V 型、Y 型或双拼型拉线时，按 2 根计算。拉线长度按设计全根长度计算，设计无规定时可按表 9-16 计算。

表 9-16　拉线长度　　　　　　　　　　　单位：m/根

项目		普通拉线	V（Y）型拉线	弓型拉线
杆高/m	8	11.47	22.94	9.33
	9	12.61	25.22	10.10
	10	13.74	27.48	10.92
	11	15.10	30.20	11.82
	12	16.14	32.28	12.62
	13	18.69	37.38	13.42
	14	19.68	39.36	15.12
水平拉线		26.47		

⑭ 导线架设，分别按导线类型和不同截面以"km/单线"为计量单位。导线预留长度按表 9-17 的规定计算。

表 9-17　导线预留长度　　　　　　　　　单位：m/根

项目名称		长度
高压	转角	2.5
	分支、终端	2.0
低压	分支、终端	0.5
	交叉跳线转角	1.5
与设备连线		0.5
进户线		2.5

导线长度按线路总长度和预留长度之和计算。计算主材费时应另增加规定的损耗率。

⑮ 导线跨越架设，包括越线架的搭、拆和运输以及因跨越（障碍）施工难度增加的工

作量，以"处"为计量单位。每个跨越间距按 50m 以内考虑，大于 50m 而小于 100m 时按 2 处计算，依此类推。在计算架线工程量时，不扣除跨越挡的长度。

⑯ 杆上变配电设备安装以"台"或"组"为计量单位，定额内包括杆上钢支架及设备的安装工作，但钢支架主材、连引线、线夹、金具等应按设计规定另行计算，设备的接地装置安装和调试应按相应定额另行计算。

9.3.1.10　电气调整试验

① 电气调试系统的划分以电气原理系统图为依据，电气设备元件的本体试验包括在相应定额的系统调试之内，不得重复计算。绝缘子和电缆等单体试验，只在单独试验时使用。在系统调试定额中各工序的调试费用如需单独计算时，可按表 9-18 所列比例计算。

表 9-18　电气调试系统各工序的调试费用

比例/%　　项目 工序	发电机调相机系统	变压器系统	送配电设备系统	电动机系统
一次设备本体试验	30	30	40	30
附属高压二次设备试验	20	30	20	30
一次电流及二次回路检查	20	20	20	20
继电器及仪表试验	30	20	20	20

② 电气调试所需的电力消耗已包括在定额内，一般不另计算。但 10kW 以上电机及发电机的启动调试用的蒸汽、电力和其他动力能源消耗及变压器空载试运转的电力消耗，另行计算。

③ 供电桥回路的断路器、母线分段断路器，均按独立的送配电设备系统计算调试费。

④ 送配电设备系统调试，系按一侧有一台断路器考虑的，若两侧均有断路器，则应按两个系统计算。

⑤ 送配电设备系统调试，适用于各种供电回路（包括照明供电回路）的系统调试。凡供电回路中带有仪表、续电器、电磁开关等调试元件的（不包括闸刀开关、保险器），均按调试系统计算。移动式电器和以插座连接的家电设备经厂家调试合格、不需要用户自调的设备均不应计算调试费用。

⑥ 变压器系统调试，以每个电压侧有一台断路器为准。多于一个断路器的按相应电压等级送配电设备系统调试定额的相应定额另行计算。

⑦ 干式变压器调试，执行相应容量变压器调试定额乘以系数 0.8。

⑧ 特殊保护装置，均以构成一个保护回路为一套，其工程量计算规定如下（特殊保护装置未包括在各系统调试定额之内，应另行计算）：

a. 发电机转子接地保护，按全厂发电机共用一套考虑。

b. 距离保护，按设计规定所保护的送电线路断路器台数计算。

c. 高频保护，按设计规定所保护的送电线路断路器台数计算。

d. 故障录波器的调试，以一块屏为一套系统计算。

e. 失灵保护，按设置该保护的断路器台数计算。

f. 失磁保护，按所保护的电机台数计算。

g. 变流器的断线保护，按变流器的台数计算。

h. 小电流接地保护，按装设该保护的供电回路断路器台数计算。

i. 保护检查接及打印机调试，按构成该系统的完整回路为一套计算。

⑨ 自动装置及信号系统调试，均包括继电器、仪表等元件本身和二次回路的调整试验，具体规定如下。

a. 备用电源自动投入装置，按连锁机构的个数确定备用电源自投装置系统数。一个备用厂用变压器，作为三段厂用工作母线备用的厂用电源，计算备用电源自动投入装置调试时，应为三个系统。装设自动投入装置的两条互为备用的线路或两台变压器，计算备用电源自动投入装置调试时，应为两个系统，备用电动机自动投入装置亦按此计算。

b. 线路自动重合闸调试系统，按采用自动重合闸装置的线路自动断路器的台数计算系统数。综合重合闸也按此规定计算。

c. 自动调频装置的调试，以一台发电机为一个系统。

d. 同期装置调试，按设计构成一套能完成同期并车行为的装置为一个系统计算。

e. 蓄电池及直流监视系统调试，一组蓄电池按一个系统计算。

f. 事故照明切换装置调试，按设计能完成交直流切换的一套装置为一个调试系统计算。

g. 周波减负荷装置调试，凡有一个周率继电器，不论带几个回路，均按一个调试系统计算。

h. 变送器屏以屏的个数计算。

i. 中央信号装置调试，按每一个变电所或配电室为一个调试系统计算工程量。

j. 不间断电源装置调试，按容量以"套"为单位计算。

⑩ 接地网的调试规定如下。

a. 接地网接地电阻的测定。一般的发电厂或变电站连为一体的母网，按一个系统计算；自成母网不与厂区母网相连的独立接地网，另按一个系统计算。大型建筑群各有自己的接地网（接地电阻值设计有要求），虽然在最后也将各接地网连接在一起，但应按各自的接地网计算，不能作为一个网，具体应根据接地网的试验情况而定。

b. 避雷针接地电阻的测定。每一避雷针均有单独接地网（包括独立的避雷针、烟囱避雷针等）时，均按一组计算。

c. 独立的接地装置按组计算。如一台柱上变压器有一个独立的接地装置，即按一组计算。

⑪ 避雷器、电容器的调试，按每三相为一组计算；单个装设的也按一组计算，上述设备如设置在发电机、变压器、输、配电线路的系统或回路内，仍应按相应定额另外计算调试费用。

⑫ 高压电气除尘系统调试，按一台升压变压器、一台机械整流器及附属设备为一个系统计算，分别按除尘器平方米范围执行定额。

⑬ 硅整流装置调试，按一套硅整流装置为一个系统计算。

⑭ 普通电动机的调试，分别按电机的控制方式、功率、电压等级，以"台"为计量单位。

⑮ 可控硅调速直流电动机调试以"系统"为计量单位，其调试内容包括可控硅整流装置系统和直流电动机控制回路系统两个部分测试。

⑯ 交流变频调速电动机调试以"系统"为计量单位，其调试内容包括变频装置系统和

交流电动机控制回路系统两个部分。

⑰ 微型电机系指功率在 0.75kW 以下的电机，不分类别，一律执行微电机综合调试定额，以"台"为计量单位。功率在 0.75kW 以上的电机调试应按电机类别和功率分别执行相应的调试定额。

⑱ 一般的住宅、学校、办公楼、旅馆、商店等民用电气工程的供电调试应按下列规定：

a. 配电室内带有调试元件的盘、箱、柜和带有调试元件的照明主配电箱，应按供电方式执行相应的"配电设备系统调试"定额。

b. 每个用户房间的配电箱（板）上虽然装有电磁开关等调试元件，但如果生产厂家已按固定的常规参数调整好，不需要安装单位进行调试就可直接投入使用的，不得计取调试费用。

c. 民用电度表的调整校验属于供电部门的专业管理，一般皆由用户向供电局订购调试完毕的电度表，不得另外计算调试费用。

⑲ 高标准的高层建筑、高级宾馆、大会堂、体育馆等具有较高控制技术的电气工程（包括照明工程中由程控调光控制的装饰灯具），应按控制方式执行相应的电气调试定额。

9.3.1.11　配管配线

① 各种配管应区别不同敷设方式、敷设位置、管材材质、规格，以"延长米"为计量单位，不扣除管路中间的连接箱（盒）、灯头盒、开关盒所占长度。

② 定额中未包括钢索架设及拉紧装置、接线箱（盒）、支架的制作安装，其工程量应另行计算。

③ 管内穿线的工程量，应区别线路性质、导线材质、导线截面，以单线延长米为计量单位计算。线路分支接头线的长度已综合考虑在定额中，不得另行计算。照明线路中的导线截面大于或等于 6mm² 时，应执行动力线路穿线相应项目。

④ 线夹配线工程量，应区别线夹材质（塑料、瓷质）、线式（两线、三线）、敷设位置（在木、砖、混凝土）以及导线规格，以线路"延长米"为计量单位计算。

⑤ 绝缘子配线工程量，应区别绝缘子形式（针式、鼓式、碟式）、绝缘子配线位置（沿屋架、梁、柱、墙，跨屋架、梁、柱木结构，顶棚内，砖、混凝土结构，沿钢支架及钢索）、导线截面积，以线路"延长米"为计量单位计算。绝缘子暗配，引下线按路线支持点至天棚下缘距离的长度计算。

⑥ 槽板配线工程量，应区别槽板材质（木质、塑料）、配线位置（木结构、砖、混凝土）、导线截面、线式（二线、三线），以线路"延长米"为计量单位计算。

⑦ 塑料护套线明敷工程量，应区别导线截面、导线芯数（二芯、三芯）、敷设位置（木结构、砖混凝土结构、沿钢索），以单根线路每束"延长米"为计量单位计算。

⑧ 线槽配线工程量，应区别导线截面，以单根线路每束"延长米"为计量单位计算。

⑨ 钢索架设工程量，应区别圆钢、钢索直径（φ6、φ9）按图示墙（柱）内缘距离，以"延长米"为计量单位计算，不扣除拉紧装置所占长度。

⑩ 母线拉紧装置及钢索拉紧装置制作安装工程量，应区别母线截面、花篮螺栓直径（12mm、16mm、18mm）以"套"为计量单位计算。

⑪ 车间带形母线安装工程量，应区别母线材质（铝、钢）、母线截面、安装位置（沿屋架、梁、柱、墙，跨屋架、梁、柱）以"延长米"为计量单位计算。

⑫ 动力配管混凝土地面刨沟工程量，应区别管子直径，以"延长米"为计量单位计算。

⑬ 接线箱安装工程量，应区别安装形式（明装、暗装）、接线箱半周长，以"个"为计量单位计算。

⑭ 接线盒安装工程量，应区别安装形式（明装、暗装、钢索上）以及接线盒类型，以"个"为计量单位计算。

⑮ 灯具、明、暗开关、插座、按钮等预留线，已分别综合在相应定额内，不另行计算。配线进入开关箱、柜、板的预留线，按表9-19规定的长度，分别计入相应的工程量。

表9-19 配线进入箱、柜、板的预留线（每一根线）

序号	项　目	预留长度	说　明
1	各种开关、柜、板	宽+高	盘面尺寸
2	单独安装（无箱、盘）的铁壳开关、闸刀开关、启动器、线槽进出线盒等	0.3m	从安装对象中心算起
3	由地面管子出口引至动力接线箱	1.0m	从管口计算
4	电源与管内导线连接（管内穿线与软、硬母线接点）	1.5m	从管口计算
5	出户线	1.5m	从管口计算

9.3.1.12　照明器具安装

① 普通灯具安装的工程量，应区别灯具的种类、型号、规格以"套"为计量单位计算。普通灯具安装定额使用范围见表9-20。

表9-20 普通灯具安装定额适用范围

定额名称	灯　具　种　类
圆球吸顶灯	材质为玻璃的螺口、卡口圆球独立吸顶灯
半圆球吸顶灯	材质为玻璃的独立的半圆球吸顶灯、扁圆罩吸顶灯、平圆形吸顶灯
方形吸顶灯	材质为玻璃的独立的矩形罩吸顶灯、方形罩吸顶灯、大口方罩吸顶灯
软线吊灯	利用软线为垂吊材料、独立的，材质为玻璃、塑料、搪瓷,形状如碗伞、平盘灯罩组成的各式软线吊灯
吊链灯	利用吊链作辅助悬吊材料、独立的，材质为玻璃、塑料罩的各式吊链灯
防水吊灯	一般防水吊灯
一般弯脖灯	圆球弯脖灯、风雨壁灯
一般墙壁灯	各种材质的一般壁灯、镜前灯
软线吊灯头	一般吊灯头
声光控座灯头	一般声控、光控座灯头
座灯头	一般塑胶、瓷质座灯头

② 吊式艺术装饰灯具的工程量，应根据装饰灯具示意图集，区别不同装饰物以及灯体直径和灯体垂吊长度，以"套"为计量单位计算。灯体直径为装饰物的最大外缘直径，灯体垂吊长度为灯座底部到灯梢之间的总长度。

③ 吸顶式艺术装饰灯具安装的工程量，应根据装饰灯具示意图集，区别不同装饰物、吸盘的几何形状、灯体直径、灯体周长和灯体垂吊长度，以"套"为计量单位计算。灯体直径为吸盘最大外缘直径；灯体半周长为矩形吸盘的半周长；吸顶式艺术装饰灯具的灯体垂吊长度为吸盘到灯梢之间的总长度。

④ 荧光艺术装饰灯具安装的工程量，应根据装饰灯具示意图集，区别不同安装形式和计量单位计算。

a. 组合荧光灯光带安装的工程量，应根据装饰灯具示意图，区别安装形式，灯管数量，以"延长米"为计量单位计算。灯具的设计数量与定额不符时可以按设计量加耗损量调整主材。

b. 内藏组合式灯具安装的工程量，应根据装饰灯具示意图集，区别灯具组合形式，以"延长米"为计量单位计算。灯具的设计数量与定额不符时，可根据设计数量加损耗量调整主材。

c. 发光棚安装的工程量，应根据装饰灯具示意图集所示，以"m²"为计量单位，发光棚灯具按设计用量加损耗量计算。

d. 立体广告灯箱，荧光灯光沿的工程量，应根据装饰灯具示意图集，以延长米为计量单位。灯具设计用量与定额不符时，可根据设计数量加损耗量调整主材。

⑤ 几何形状组合艺术灯具安装的工程量，应根据装饰灯具示意图，区别不同安装形式及灯具的不同形式，以"套"为计量单位计算。

⑥ 标志、诱导装饰灯具安装的工程量，应根据装饰灯具示意图集，区别不同安装形式，以"套"为计量单位计算。

⑦ 水下艺术装饰灯具安装的工程量，应根据装饰灯具示意图集，区别不同安装形式，以"套"为计量单位计算。

⑧ 点光源艺术装饰灯具安装的工程量，应根据装饰灯具示意图集，区别不同安装形式、不同灯具直径，以"套"为计量单位计算。

⑨ 草坪灯具安装的工程量，应根据装饰灯具示意图集，区别不同安装形式，以"套"为计量单位计算。

⑩ 歌舞厅灯具安装的工程量，应根据装饰灯具示意图集，区别不同灯具形式，分别以"套"、"延长米"、"台"为计量单位计算。装饰灯具安装定额使用范围见表 9-21。

表 9-21　装饰灯具安装定额适用范围

定额名称	灯具种类（形式）
吊式艺术装饰灯具	不同材质、不同灯体垂吊长度、不同灯体直径的蜡烛灯、挂片灯、串珠（穗）、串棒灯、吊杆式组合灯、玻璃罩（带装饰）灯
吸顶式艺术装饰灯具	不同材质、不同灯体垂吊长度、不同灯体几何形状的串珠（穗）、串棒灯、挂片、挂碗、挂吊蝶灯、玻璃（带装饰）灯
荧光艺术装饰灯具	不同安装形式、不同灯管数量的组合荧光灯光带，不同几何组合形式的内藏组合式灯，不同几何尺寸、不同灯具形式的发光棚，不同形式的立体广告灯箱、荧光灯光沿
几何形状组合艺术灯具	不同固定形式、不同灯具形式的繁星灯、钻石星灯、礼花灯、玻璃罩钢架组合灯、凸片灯、反射挂灯、筒形钢架灯、U 形组合灯、弧形管组合灯
标志、诱导装饰灯具	不同安装形式的标志灯、诱导灯
水下艺术装饰灯具	简易形彩灯、密封形彩灯、喷水池灯、幻光型灯
点光源艺术装饰灯具	不同安装形式、不同灯体直径的筒灯、牛眼灯、射灯、轨道射灯
草坪灯具	各种立柱式、墙壁式的草坪灯
歌舞厅灯具	各种安装形式的变色转盘灯、雷达射灯、幻影转彩灯、维纳斯旋转彩灯、卫星旋转效果灯、飞蝶旋转效果灯、多头转灯、滚筒灯、频闪灯、太阳灯、雨灯、歌星灯、边界灯、射灯、泡泡发生器、迷你满天星彩灯、迷你单立（盘彩灯）、多头宇宙灯、镜面球灯、蛇光管

⑪ 荧光灯具安装的工程量，应区别灯具的安装形式、灯具种类、灯管数量，以"套"为计量单位计算。荧光灯具安装定额适用范围见表 9-22。

表 9-22　荧光灯具安装定额适用范围

定额名称	灯　具　种　类
组装型荧光灯	单管、双管、三管吊链式、现场组装独立荧光灯
成套型荧光灯	单管、双管、三管、吊链式、吸顶式、成套独立荧光灯

⑫ 工厂灯及防水防尘灯安装的工程量，应区别不同安装形式，以"套"为计量单位计算。工厂灯及防水防尘灯安装定额适用范围见表 9-23。

表 9-23　工厂灯及防水防尘灯安装定额适用范围

定额名称	灯　具　种　类
直杆工厂吊灯	配照（GC1-A）、广照（GC3-A）、深照（GC5-A）、斜照（GC7-A）、圆球（GC17-A）、双罩（GC19-A）
吊链式工厂灯	配照（GC1-B）、深照（GC3-B）、斜照（GC5-C）、圆球（GC7-B）、双罩（GC19-A）、广照（GC19-B）
吸顶式工厂灯	配照（GC1-C）、广照（GC3-C）、深照（GC5-C）、斜照（GC7-C）、双罩（GC19-C）
弯杆式工厂灯	配照（GC1-D/E）、广照（GC3-D/E）、深照（GC5-D/E）、斜照（GC7-D/E）、双罩（GC19-C）、局部深罩（GC26-F/H）
悬挂式工厂灯	配照（GC21-2）、深照配照（GC23-2）
防水防尘灯	广照（GC9-A、B、C）、广照保护网（GC11-A、B、C）、散照（GC15-A、B、C、D、E、F、G）

⑬ 工厂其他灯具安装的工程量，应区别不同灯具类型、安装形式、安装高度，以"套"、"延长米"、"个"为计量单位计算。工厂其他灯具安装定额适用范围见表 9-24。

表 9-24　工厂其他灯具安装定额适用范围

定额名称	灯　具　种　类
防潮灯	扁形防潮灯（GC-31）、防潮灯（GC-33）
腰形舱顶灯	腰形舱顶灯 CCD-1
碘钨灯	DW 型、220V、300～1000W
管形疝气灯	自然冷却式 200V/380V 20kW 内
投光灯	TG 型式外投光灯
高压水银灯镇流器	外附式镇流器具 125～450W
安全灯	（AOB-1、2、3）、（AOC-1、2）型安全灯
防爆灯	CB C-200 型防爆灯
高压水银防爆灯	CB C-125/250 型高压水银防爆灯
防爆荧光灯	CB C-1/2 单/双管防爆型荧光灯

⑭ 开关、按钮安装的工程量，应区别开关、按钮安装形式，开关、按钮种类，开关级数以及单控与双控，以"套"为计量单位计算。

⑮ 插座安装工程量，应区别电源相数、额定电流、插座安装形式、插座插孔个数，以"套"为计量单位计算。

⑯ 安全变压器安装的工程量，应区别安全变压器容量，以"台"为计量单位计算。

⑰ 电铃、电铃号码牌箱安装的工程量，应区别电铃直径、电铃号码牌箱规格（号），以套为计量单位计算。

⑱ 门铃安装的工程量计算，应区别门铃安装的形式，以"个"为计量单位计算。

⑲ 风扇安装的工程量，应区别风扇的种类，以"台"为计量单位计算。

⑳ 盘管风机三速开关、请勿打扰灯、须刨插座安装的工程量，以"套"为计量单位计算。

9.3.1.13　电梯电气装置

① 交流手柄操纵或按钮控制（半自动）电梯电气安装的工程量，应区别电梯层数、站数，以"部"为计量单位计算。

② 交流信号或集选控制（自动）电梯电气安装的工程量，应区别电梯层数、站数，以"部"为计量单位计算。

③ 直流信号或集选控制（自动）快速电梯电气安装的工程量，应区别电梯层数、站数，以"部"为计量单位计算。

④ 直流集选控制（自动）高速电梯电气安装的工程量，应区别电梯层数、站数，以"部"为计量单位计算。

⑤ 小型杂物电梯电气安装的工程量，应区别电梯层数、站数，以"部"为计量单位计算。

⑥ 电厂专用电梯电气安装的工程量，应区别配合锅炉容量，以"部"为计量单位计算。

⑦ 电梯增加厅门、自动轿厢门及提升高度的工程量，应区别电梯的形式、增加自动轿厢门数量、增加提升高度，分别以"个"、"延长米"为计量单位计算。

9.3.2　自动化控制仪表安装工程

9.3.2.1　过程检测与控制装置及仪表安装

① 检测仪表及控制仪表安装及单体调试包括温度、压力、流量、差压、物位、显示仪表、调节仪表、执行仪表，均以"台（块）"为计量单位，放大器、过滤器等与仪表成套的元件、部件或是仪表的一部分，其工程量不得分开计算。

② 仪表在工业设备、管道上的安装孔和一次部件安装，按预留好和安装好考虑，并已合格，定额中包括部件提供、配合开孔和配合安装的工作内容，不得另行计算。

③ 电动或气动调节阀按成套考虑，包括执行结构与阀、手轮或所附件成套，不能分开计算工程量。但是，与之配套的阀门定位器、电磁阀要另行计算。执行结构安装调试不包括风门、挡板或阀。执行结构或调节阀还应另外配置附件，组成不同的控制方式，附件选择依据定额所列项目。

④ 蝶阀、多通电动阀、多通电磁阀、开关阀、O形切断阀、偏心旋转阀、隔膜阀等在工业管道上已安装好的调节阀门，包括现场调试、检查、接线、接管和接地，不得另外计算运输、安装、本体试验工程量。

⑤ 管道上安装节流装置，只计算一次安装工程量并包括一次法兰垫的制作安装。

⑥ 工业管道上安装流量计、调节阀、电磁阀、节流装置等由自控仪表专业配合管道专业安装，其领运、清洗、保管的工作已包括在自控仪表定额的相应项目内。不在工业管道或设备上的仪表系统用法兰焊接和电磁阀安装，属仪表安装范围，应执行相应定额。

⑦ 放射性仪表配合有关专业施工人员安装调试，包括保护管安装、安全防护、模拟安装，以"套"为计量单位。放射源保管和安装特殊措施费，按施工组织设计另行计算。

⑧ 钢带液位计、储罐液位称重仪、重锤探测料位计、浮标液位计现场安装以"套"为计量单位，包括导向管、滑轮、浮子、钢带、钢丝绳、钟罩和台架等。

⑨ 仪表设备支架、支座制作安装执行《电气设备安装工程》金属铁构件制作安装。

⑩ 系统调试项目用于仪表设备组成的回路，除系统静态模拟试验外，还包括回路中管、线、缆检查、排错、绝缘电阻测定及回路中仪表需要再次调试的工作等，但不适用于计算机系统和成套装置的回路调试，应按各有关章说明执行，回路系统调试以"套"为计量单位，并区分检测系统、调节系统和手动调节系统。

⑪ 系统测试项目中，调节系统是具有负反馈的闭环回路。简单回路是指单参数、一个调节器、一个检测元件或变压器组成的基本控制系统，复杂调节回路是指单参数调节或多参数调节、由两个以上回路组成的调节回路，多回路是指两个以上的复杂调节回路。

⑫ 定额过程检测与控制装置及仪表安装中已包括安装、调试、配合单机运转的工作内容，不得另行计算，但不包括无负荷或有负荷联动试车。

⑬ 随机自带校验用专用仪器仪表，建设单位应免费无偿提供给施工单位使用。

9.3.2.2 集中检测和集中监视及控制装置

① 集中检测和集中监视及控制装置及仪表是成套装置，安装调试以"套"为计量单位。

② 顺序控制装置中，继电联锁保护系统由继电器、元件和线路组成，由接线连接；可编程逻辑控制器通过编制程序，实现软件连接；插件式逻辑监控装置和矩阵编程控制装置是一种无触点顺序控制装置，应加以区分，执行相应定额。

③ 顺序控制装置工程量计算，包括线路检查，设备、元件检查调整，程序检查，功能试验，输入输出信号检查、排错等，还包括与其他专业配合安装调试工作。

④ 顺序控制装置的继电联锁保护系统应按事故接点数以"套"为计量单位，插件式逻辑监控装置和矩阵编程逻辑控制器按容量 I/O 点以"套"为计量单位。

⑤ 信号报警装置中的闪光报警器按台件数计算工程量，智能闪光报警装置按组合或扩展的报警回路或报警点计算工程量；继电器箱另计安装工程量，包括检查接线。

⑥ 继电联锁保护系统按事故接点以"套"为计量单位，包括继电线路检查、功能试验、与其他专业配合进行的联锁模拟试验及系统运行。

⑦ 数据采集和巡回报警按采集的过程输入点，以"套"为计量单位。

⑧ 远动装置按过程点 I/O 点的数量以"套"为计量单位，包括计以算机为核心的被控与控制端、操作站、变送器和驱动继电器整套调试。

⑨ 为远动装置、信号报警装置、顺序控制装置、数据采集、巡回报警装置提供输入输出信号的现场仪表安装调试，应按相应定额另行计算。

⑩ 燃烧安全保护装置、火焰监视装置、漏油装置、高阻检漏装置及自动点火装置，包括现场安装和成套调试，以"套"为计量单位。

⑪ 报警盘、点火盘箱安装及检查接线可执行继电器箱盘、组件箱柜、机箱安装及检查接线定额。

⑫ 分析仪表为在线分析装置，分为化学分析仪表和物性分析仪表。成套安装与调试包括探头、预处理装置和显示仪表及样品标定。特殊预处理、分析小屋和分析柜安装，应按相应定额另行计算。

⑬ 校验用标准气样的配制，分析系统需配置的冷却器、水封及其他辅助容器的制作安装，应按相应定额另行计算。

⑭ 分析小屋及分析柜安装以"台"为计量单位，包括组装、安全防护、接地、接地电阻测试，不包括通风、空调、密封、试压、底座和轨道制作安装，开孔、改造、室内支架和台架制作安装，其工程量应按相应定额另行计算。

⑮ 称重仪表按传感器的数量和显示仪表成套考虑，电子皮带秤称量框、传感器与配套的显示仪表一起调试，其他机械量仪表配合机械专业安装，作整套检查与整机调试。

⑯ 电子皮带秤标定中砝码、链码租用、运输、挂码和实物标定的物源准备、堆场，应按相应定额另行计算。

⑰ 气象环保检测仪表包括现场仪表安装固定、校接线、单元检查、系统调试，以"套"为计量单位。立杆、拉线、检修平台等，应按形影定额另行计算。

⑱ 成套装置的计算机硬件、插件箱、柜安装及底座、支架制作安装，应按各章说明另行计算。

⑲ 集中检测和控制装置中，排空管、溢流管、沟槽开挖、水泥盖板制作安装，流入管埋设。应按相应定额另行计算。

9.4　电气设备安装工程清单计量与计价示例

【例 9-1】　某水泵房照明系统如图 9-2 所示。已知该泵房为混凝土结构，层高为 3.5m，楼板厚 0.1m；进户管出墙外 1m；照明系统及平面图的相关设备规格型号等情况见表 9-25，相关主材价格及损耗率按表 9-26 的数据进行计算。项目的人工单价为普工 53 元/工日，技工为 68 元/工日；管理费和利润分别按（人工费＋机械费）的 10％和 12％计；人工费动态调整系数为 42％（取费基数为人工费＋机械费之和）；安全文明施工费费率为 11.9％（取费基数为人工费＋机械费之和）；雨季施工增加费费率为 1％（取费基数为人工费＋机械费之和）。试编写该工程的分部分项工程量清单、措施项目清单及该工程的分部分项工程量清单计价表、措施项目清单计价表及分部分项工程量清单综合单价分析表。

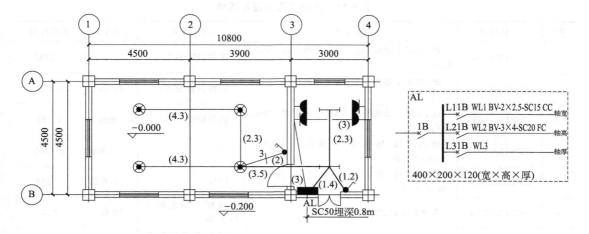

图 9-2　水泵房照明系统及平面图

表 9-25 图例及设备型号相关说明

序号	图例	名称型号规格	备注
1	⊗	防水防尘灯 40W	吸顶
2	⊢———⊣	单管荧光灯 40W	
3	● ●	安全型五孔插座 10A、250V	安装高度 0.5m
4	●	单联单控暗开关 10A、250V	安装高度 1.3m
5	●	双联单控暗开关 10A、250V	
6	▬	照明配电箱 AL400mm×200mm×120mm(宽×高×厚)	箱底高度 1.5m

表 9-26 相关主要材料价格及损耗

序号	项目名称	主材 单价	主材 损耗率
1	镀锌钢管 SC15 暗配	7 元/m	3%
2	镀锌钢管 SC20 暗配	10 元/m	3%
3	镀锌钢管 SC50 暗配	20 元/m	3%
4	暗装接线盒	2 元/个	2%
5	暗装开关盒	2 元/个	2%
6	单管荧光灯 40W	40 元/套	1%
7	防水防尘灯 40W	40 元/套	1%
8	单联单控暗开关	4 元/个	2%
9	双联单控暗开关	5 元/个	2%
10	安全型五孔插座 10A250V	8 元/个	2%
11	配电箱(半周长 1m 以内)	350 元/台	无
12	管内穿铜芯照明线 2.5mm² 以内	1.9 元/m	16%
13	管内穿铜芯照明线 4mm² 以内	2.5 元/m	16%

解 编制的表格见表9-27～表9-34。

表 9-27 分部分项工程量清单

序号	项目编码	项目名称	项目特征	计量单位	工程数量
1	030212001034	砖、混凝土结构暗配;钢管公称口径 15mm 以内	镀锌钢管 SC15	100m	0.2735
2	030212001035	砖、混凝土结构暗配;钢管公称口径 20mm 以内	镀锌钢管 SC20	100m	0.092
3	030212001039	砖、混凝土结构暗配;钢管公称口径 50mm 以内	镀锌钢管 SC50	100m	0.035
4	030212003004	管内穿线;照明线路;铜芯;导线截面 2.5mm² 以内	BV2.5	100m 单线	0.6105
5	030212003005	管内穿线;照明线路;铜芯;导线截面 4mm² 以内	BV4	100m 单线	0.294
6	030213002008	防水防尘灯;吸顶式	吸顶式防水防尘灯 40W	10 套	0.4
7	030213004014	成套型荧光灯;吸顶式;单管	吸顶式单管荧光灯 40W	10 套	0.2

序号	项目编码	项目名称	项目特征	计量单位	工程数量
8	030204031081	扳式暗开关(单控);单联	单联单控暗开关 10A,250V	10套	0.1
9	030204031082	扳式暗开关(单控);双联	双联单控暗开关 10A,250V	10套	0.1
10	030204031114	单相暗插座 15A;5 孔	安全型五孔插座 10A,250V	10套	0.2
11	030212003185	暗装;接线盒	接线盒	10个	0.6
12	030212003186	暗装;开关盒	开关盒	10个	0.4
13	030204018003	成套配电箱安装;悬挂嵌入式;半周长 1m	照明配电箱 AL	台	1
14	030215001005	脚手架搭拆费		项	1

表 9-28　单位工程造价费用汇总表

序号	汇总内容	计算基础	费率/%	金额/元
一	分部分项工程费	分部分项合计		1824.7
1.1	其中:人工费	分部分项人工费		377.85
1.2	其中:机械费	分部分项机械费-燃料动力价差		7.88
二	措施项目费	措施项目合计		49.76
2.1	其中:安全文明施工费	安全文明施工费		45.9
三	其他项目费	其他项目合计		
四	税费前工程造价合计	分部分项工程费+措施项目费+其他项目费		1874.46
五	规费	工程排污费+社会保障费+住房公积金+危险作业意外伤害保险		132.58
六	人工费动态调整	分部分项人工费+机械人工费	42	158.7
七	税金	税费前工程造价合计+规费+人工费动态调整	3.477	75.3
	合计			2241.04

表 9-29　单位工程规费计价表

序号	汇总内容	计算基础	费率/%	金额/元
5.1	工程排污费			
5.2	社会保障费	养老保险+失业保险+医疗保险+生育保险+工伤保险		101.03
5.2.1	养老保险	其中:人工费+其中:机械费	16.36	63.11
5.2.2	失业保险	其中:人工费+其中:机械费	1.64	6.33
5.2.3	医疗保险	其中:人工费+其中:机械费	6.55	25.27
5.2.4	生育保险	其中:人工费+其中:机械费	0.82	3.16
5.2.5	工伤保险	其中:人工费+其中:机械费	0.82	3.16
5.3	住房公积金	其中:人工费+其中:机械费	8.18	31.55
5.4	危险作业意外伤害保险			
	合计			132.58

注:规费取费系数在施工报价时按施工单位取费证上的系数计取,此处按上限计取。

表 9-30　分部分项工程量清单计价表

工程名称：水泵房照明系统

第 1 页　共 1 页

序号	项目编码	项目名称	项目特征	计量单位	工程数量	金额/元							
						综合单价	合价	其中					
								人工费单价	人工费合价	机械费单价	机械费合价	企业管理费单价	企业管理费合价
1	030212001034	砖、混凝土结构暗配钢管公称口径15mm以内	镀锌钢管SC15	100m	0.2735	1172.55	320.69	307.39	84.07	17.88	4.89	32.53	8.9
2	030212001035	砖、混凝土结构暗配钢管公称口径20mm以内	镀锌钢管SC20	100m	0.092	1522.92	140.11	327.93	30.17	17.83	1.64	34.58	3.18
3	030212001039	砖、混凝土结构暗配钢管公称口径50mm以内	镀锌钢管SC50	100m	0.035	3154.63	110.41	724	25.34	38.57	1.35	76.26	2.67
4	030212003004	管内穿线 照明线路 铜芯导线 截面2.5mm²以内	BV2.5	100m单线	0.6105	288.7	176.25	45.55	27.81			4.56	2.78
5	030212003005	管内穿线 照明线路 铜芯导线 截面4mm²以内	BV4	100m单线	0.294	326.8	96.08	31.84	9.36			3.18	0.93
6	030213002008	防水防尘灯吸顶式	吸顶式防水防尘灯40W	10套	0.4	595.44	238.18	127.3	50.92			12.73	5.09
7	030213004014	成套型荧光灯吸顶式单管	吸顶式单管荧光灯40W	10套	0.2	538.08	107.62	93.3	18.66			9.33	1.87
8	030204031081	扳式暗开关(单控)单联	单联单控暗开关10A250V	10套	0.1	92.23	9.22	39.7	3.97			3.97	0.4
9	030204031082	扳式暗开关(单控)双联	双联单控暗开关10A250V	10套	0.1	105.35	10.54	41.6	4.16			4.16	0.42
10	030204031114	单相暗插座15A5孔	安全型五孔插座10A250V	10套	0.2	150.31	30.06	51.4	10.28			5.14	1.03
11	030212003185	暗装接线盒	接线盒	10个	0.6	78.15	46.89	20.47	12.28			2.05	1.23
12	030212003186	暗装开关盒	开关盒	10个	0.4	62.21	24.88	21.85	8.74			2.19	0.88
13	030204018003	成套配电箱安装 悬挂嵌入式半周长1m	照明配电箱AL	台	1	497.99	497.99	88.35	88.35			8.84	8.84
14	030215001005	脚手架搭拆费		项	1	15.78	15.78	3.74	3.74			0.37	0.37
	合　计			—	—		1824.7	1924.42	377.85	74.28	7.88	199.89	38.59

表 9-31　分部分项工程量清单综合单价分析表

工程名称：水泵房照明系统

序号	项目编码	项目名称	项目特征	定额编号	计量单位	综合单价组成/元						综合单价/元
						人工费	材料费	机械费	管理费	利润	风险	
1	030212001034	砖、混凝土结构暗配 钢管公称口径 15mm 以内	镀锌钢管 SC15	2-1109	100m	307.39	775.72	17.88	32.53	39.03		1172.55
2	030212001035	砖、混凝土结构暗配 钢管公称口径 20mm 以内	镀锌钢管 SC20	2-1110	100m	327.93	1101.09	17.83	34.58	41.49		1522.92
3	030212001039	砖、混凝土结构暗配 钢管公称口径 50mm 以内	镀锌钢管 SC50	2-1114	100m	724	2224.29	38.57	76.26	91.51		3154.63
4	030212003004	管内穿线 照明线路 铜芯导线 截面 2.5mm² 以内	BV2.5	2-1297	100m 单线	45.55	233.12		4.56	5.47		288.7
5	030212003005	管内穿线 照明线路 铜芯导线 截面 4mm² 以内	BV4	2-1298	100m 单线	31.84	287.96		3.18	3.82		326.8
6	030213002008	防水防尘灯 吸顶式	吸顶式防水防尘灯 40W	2-1505	10 套	127.3	440.13		12.73	15.28		595.44
7	030213004014	成套型荧光灯 吸顶式单管	吸顶式单管荧光灯 40W	2-1733	10 套	93.3	424.25		9.33	11.2		538.08
8	030204031081	扳式暗开关(单控)单联	单联单控开关 10A250V	2-382	10 套	39.7	43.8		3.97	4.76		92.23
9	030204031082	扳式暗开关(单控)双联	双联单控开关 10A250V	2-383	10 套	41.6	54.6		4.16	4.99		105.35
10	030204031114	单相暗插座 15A5 孔	安全型五孔插座 10A250V	2-415	10 套	51.4	87.6		5.14	6.17		150.31
11	030212003185	暗装 接线盒	接线盒	2-1478	10 个	20.47	53.17		2.05	2.46		78.15
12	030212003186	暗装 开关盒	开关盒	2-1479	10 个	21.85	35.55		2.19	2.62		62.21
13	030204018003	成套配电箱安装 悬挂嵌入式 半周长 1m	照明配电箱 AL	2-264	台	88.35	390.2		8.84	10.6		497.99
14	030215001005	脚手架搭拆费		2-1986	项	3.74	11.22		0.37	0.45		15.78

表 9-32　措施项目清单与计价表

序号	项目名称	计算基数	费率	金额/元
一	措施项目			49.76
1	安全文明施工措施费	分部分项人工费＋分部分项机械费-燃料动力价差	11.9	45.9
2	夜间施工增加费			
3	二次搬运费			
4	已完工程及设备保护费			
5	冬雨季施工费	分部分项人工费＋分部分项机械费-燃料动力价差	1	3.86
6	市政工程干扰费			
7	焦炉施工大棚(C.4 炉窑砌筑工程)			
8	组装平台(C.5 静置设备与工艺金属结构制作安装工程)			
9	格架式抱杆(C.5 静置设备与工艺金属结构制作安装工程)			
10	其他措施项目费			
	合计			49.76

表 9-33　其他项目清单与计价汇总表

序号	项目名称	计量单位	金额/元	备注
1	暂列金额	项		
2	暂估价			
2.1	材料暂估价		—	
2.2	专业工程暂估价	项		
3	计日工			
4	总承包服务费			
5	工程担保费			
	合计			

表 9-34　单位工程主材汇总表

序号	名　称　及　规　格	单位	材料量	市场价/元	合计/元
1	镀锌钢管 SC20	m	9.476	10	94.76
2	镀锌钢管 SC15	m	28.171	7	197.19
3	镀锌钢管 SC50	m	3.605	20	72.1
4	BV2.5	m	70.818	1.9	134.55
5	BV4	m	32.34	2.5	80.85
6	接线盒	个	6.12	2	12.24
7	开关盒	个	4.08	2	8.16
8	安全型五孔插座 10A 250V	套	2.04	8	16.32
9	防水防尘灯	套	4.04	40	161.6
10	吸顶式单管荧光灯	套	2.02	40	80.8
11	单联单控暗开关 10A 250V	只	1.02	4	4.08
12	双联单控暗开关 10A 250V	只	1.02	5	5.1
13	照明配电箱 AL	台	1	350	350
合　计					1217.75

━━━━━━━━━━━━━━━　思考题与练习题　━━━━━━━━━━━━━━━

1. 简述文字符号的组成和用途。
2. 熟悉常见的图形符号和文字符号。
3. 阅读建筑电气工程图的一般方法是什么？
4. 电气工程图的读图注意事项是什么？
5. 电缆工程量如何计算？
6. 怎样计算配管工程量？
7. 怎样计算罐内穿线工程量？
8. 计算预算工程量时，开关、插座处导线的预留是否单独考虑？

第 10 章　刷油、绝热、防腐蚀工程的计量与计价

10.1　刷油、绝热、防腐蚀工程的基础知识

10.1.1　金属材料的腐蚀及防腐

10.1.1.1　金属材料的腐蚀

金属腐蚀，是指金属与外界介质相互作用，在表面发生化学或电化学反应，使之遭到破坏或发生质变的过程。腐蚀会降低金属材料的强度、塑性、韧性等力学性能，破坏金属构件的几何形状，缩短管道或设备的使用寿命，甚至造成经济损失和安全事故。若通风、供热、空调及给排水管道被腐蚀，会发生漏气、漏水现象，浪费能源，甚至污染环境。

根据金属表面锈蚀程度的不同，分为微锈、轻锈、中锈、中锈四个等级，具体情况见表 10-1。

表 10-1　金属表面腐蚀标准

等级	锈蚀程度
微锈	氧化皮完全紧附，仅有少量锈点
轻锈	部分氧化皮开始破裂脱落，产生红锈
中锈	氧化皮部分破裂脱落成粉末状，脱锈后肉眼可见腐蚀小凹点
重锈	氧化皮大部分脱落成片状，脱锈后有麻点或麻坑

10.1.1.2　金属除锈

（1）除锈方法　人工除锈是用砂轮片、砂布、铲刀、钢丝刷和手锤等工具将金属表面的氧化物及铁锈除掉。一般用在刷防锈漆的设备、管道和钢结构的表面除锈和无法使用机械除锈的场合进行弥补除锈。

半机械除锈是指人工使用砂轮、钢丝刷轮等机械进行除锈，适用于小面积或不宜使用机械除锈的场合。

机械除锈是指利用除锈机械去摩擦、敲打金属表面，达到去除金属表面氧化物的作用，适用于对金属表面处理要求较高的大面积除锈。机械除锈可分为干喷砂法、湿喷砂法、密闭喷砂法、抛丸法、滚磨法和高压水流除锈法等，其特点见表 10-2。

表 10-2 机械除锈法分类及特点

机械除锈法分类	特　　　点
干喷砂法	质量好、效率高、设备简单；但操作时灰尘大，影响工人身体健康，且影响周围机械生产和保养
湿喷砂法	灰尘少，劳动条件好，但除锈质量差、效率低，且湿砂不利于回收
密闭喷砂法	加砂、喷砂、集砂过程在密闭系统里连续进行，环境清洁，但设备复杂，投资大，劳动强度低
抛丸法	除锈质量高，但适用于较厚的、不怕碰撞的工作
滚磨法	适用于批量小零件除锈
高压水流除锈法	含砂高压水流高速喷射，一种新的大面积高效除锈方法

化学除锈是指利用一定浓度的无机酸水溶液对金属表面起溶蚀作用，达到去除表面氧化物及油污的目的。化学除锈适用于形状复杂的设备或零部件。酸液包括以下几种：50％硫酸和 50％水混合成稀硫酸溶液；10％～20％硫酸；10％～15％的盐酸；5％～10％硫酸与10％～15％盐酸混合液。

火焰除锈是指将机体表面锈层铲掉后，再利用火焰烘烤，并使用动力钢丝刷清理加热表面。本方法适用于除掉旧的防腐层或油浸过的金属表面，不适用于薄壁金属管道、设备等，也不适用于退火钢和可淬硬钢除锈工程。

（2）除锈等级　不同的除锈方法所对应的除锈等级见表 10-3。

表 10-3 除锈等级

除锈方法	质量等级
手工或机械工具除锈	St_2：金属表面无可见的油脂和污垢，没有铁锈、氧化皮和油漆涂层，可保留黏附于金属表面不能被钝油灰刀削掉的氧化皮和旧涂层 St_3：金属表面无可见的油脂和污垢，没有铁锈、氧化皮和油漆涂层，除锈比 St_2 更彻底，底材显露金属光泽
喷射或抛射除锈	Sa_1：金属表面无可见的油脂和污垢，没有附着不牢的铁锈、氧化皮和油漆涂层 Sa_2：金属表面无可见的油脂和污垢，表面铁锈、氧化皮和油漆涂层基本清除掉 $Sa_{2.5}$：金属表面无可见的油脂、污垢、铁锈、氧化皮和油漆涂层，仅有点状或条纹状轻微色斑 Sa_3：金属表面无任何杂物及痕迹，呈现一定粗糙度的金属光泽
火焰除锈	F_1：金属表面无铁锈、氧化皮和油漆涂层，有不同程度的金属变色
化学除锈	P_i：金属表面无可见的油脂和污垢，铁锈、氧化皮和油脂涂层可以用手工或机械方法除去，显露金属原色

10.1.1.3 金属材料的防腐刷油

刷油是将普通油漆涂料涂刷或喷涂在金属表面，使之与外界空气和水分隔绝，防止被其氧化。另外，在设备、管道上涂上各色油漆涂料，便于识别和操作。

（1）涂料的组成　涂料由主要成膜物质、次要成膜物质、辅助成膜物质三大部分所组成。

① 主要成膜物质。主要成膜物质是构成涂料的基础，有油料和树脂两类。以油为主要成膜物质的涂料称为油性涂料，以树脂为主要成膜物质的涂料称为树脂涂料，油和天然树脂合用为主要成膜物质的涂料称为油基涂料。常用的天然油料包括鱼油、植物油、合成油；常用的树脂包括天然树脂、醇酸树脂、氨基树脂、酚醛树脂、乙烯树脂等。

② 次要成膜物质。次要成膜物质是构成涂膜的组成部分，能够改进涂膜性能，增加涂料品种，满足不同需要，但不能离开主要成膜物质单独构成涂膜。次要成膜物质是不溶于

水、油和溶剂的白色或有色粉状颜料，按化学成分可分为有机颜料和无机颜料，按来源可分为天然颜料和人造颜料；按作用可分为着色颜料、防锈颜料、体质颜料。着色颜料可着色和遮盖物面缺陷，常用有黑、白、红、黄、绿、蓝等；防锈染料有红丹、氧化铁红、锌铬黄、铝粉等；体质颜料有滑石粉、大白粉、重晶粉等。

③ 辅助成膜物质。辅助成膜物质对涂料变成涂膜起一些辅助作用，主要成分是溶剂和辅助材料。溶剂是一些挥发性的液体，具有溶解作用，涂料成膜后全部挥发，不存在于涂膜中，常用的溶剂有萜烯溶剂、煤焦溶剂、石油溶剂、酮类溶剂和醇类溶剂等。辅助材料主要用来改善涂料性能和生产工艺，防止涂膜产生病态。根据其功用可分为催干剂、固化剂、增塑剂、润湿剂、悬浮剂、防结皮剂、稳定剂、紫外光吸收剂等。

（2）油漆涂料分类 油漆涂料可按使用对象、施工方法、作用分类，也可按是否含有颜料分类、按漆膜的外观分类、按成膜物质分类等。按照成膜物质分类是应用最广泛的分类方法，见表10-4。

表 10-4 油漆分类

序号	代号	名称	序号	代号	名称
1	Y	油脂	10	X	乙烯树脂
2	T	天然树脂	11	B	丙烯酸树脂
3	F	酚醛树脂	12	Z	环氧树脂
4	L	沥青	13	H	聚氨酯
5	C	醇酸树脂	14	S	元素有机聚合物
6	A	氨基树脂	15	W	橡胶类
7	Q	硝酸纤维	16	J	其他
8	M	纤维酯及醚	17	E	辅助材料
9	G	过氯乙烯树脂	18		

辅助材料分类见表10-5。

表 10-5 辅助材料分类

序号	代号	名称	序号	代号	名称
1	X	稀释剂	4	T	脱漆剂
2	F	防潮剂	5	H	固化剂
3	G	催干剂			

按作用可分为底漆和面漆两种，底漆不但能增强涂层与金属表面的附着力，而且对防腐蚀也起到一定的作用，几种常见的底漆见表10-6。

表 10-6 底漆特点

序号	名 称	优 点	缺 点
1	生漆	具有耐酸性、耐溶剂性、抗水性、耐油性、耐磨性、附着力强，耐土壤腐蚀	不耐强碱及强氧化剂，干燥时间长，毒性大
2	漆酚树脂漆	优点同生漆，毒性相对较小	干燥固化时间长

续表

序号	名　称	优　点	缺　点
3	酚醛树脂漆	具有良好的电绝缘和耐油性,耐 60%硫酸、盐酸、一定浓度醋酸和磷酸,耐大多数盐和有机溶剂腐蚀	不耐强氧化剂和碱,漆膜较脆,易开裂,与金属附着力差
4	环氧-酚醛漆	具有环氧树脂和酚醛树脂的优点	
5	环氧树脂涂料	具有耐腐蚀性、耐碱性和耐磨性	
6	过氯乙烯漆	耐工业大气、耐海水、耐酸、耐油、耐盐雾、防震、防燃烧	不耐酚类、酮类、酯类和苯类等有机溶剂腐蚀,不耐光、容易老化、不耐磨和机械冲击
7	沥青漆	耐氧化氨、二氧化硫、三氧化硫、氨气、酸雾、氯气、低浓度无机盐和 40%以下的碱、海水、土壤、盐类溶液及酸性气体腐蚀	不耐油类、醇类、酯类、烃类等有机溶剂和强氧化性介质腐蚀
8	呋喃树脂漆	耐酸性、耐碱性、耐有机溶剂、耐水性、耐油性、耐温性,原料广泛价格低廉	不耐强氧化性介质的腐蚀
9	聚氨基甲酸酯漆	耐化学腐蚀,耐油性、耐磨性和附着力,韧性和电绝缘性较好	
10	无机富锌漆	施工简单,价格便宜,耐水性、耐油性、耐溶剂性及耐干湿交替的盐雾	
11	KJ-130 涂料	耐溶剂,耐酸、碱、盐、油类及农药腐蚀,柔韧性大、光泽度高、附着力较好	

（3）油漆命名及编号　油漆全名＝颜料或颜色名称＋成膜物质名称＋基本名称。例如：锌黄酚醛防锈漆、红醇酸磁漆等。

对于某些专业特性和用途的产品，需要在成膜物质后面加以阐明。例如：醇酸导电磁漆，白硝基外用磁漆。

油漆编号分为油漆和辅助材料两种型号。油漆符号由三部分组成，第一部分成膜物质，用汉语拼音字母表示；第二部分基本名称，用二位数字表示；第三部分是序号，表示同类品种间的组成、配比和用途的不同。

例如：

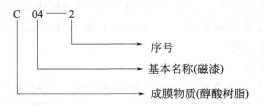

辅助材料型号分两部分，第一部分是辅助材料种类；第二部分是序号。

例：

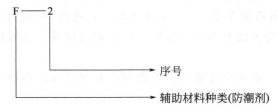

（4）油漆的选用　正确地选用油漆对被涂物的漆膜质量和使用寿命有重要影响，选用油漆时一般考虑以下几方面。

① 油漆的使用范围和环境条件。选用油漆应首先明确油漆的使用范围和环境条件。例如：室外钢结构用漆，主要是防止钢铁腐蚀且保持良好的户外耐久性能；而室内的建筑用漆主要是美观，要色彩柔和。

② 被涂物室外材质。同一种油漆对于不同材质的被涂物有不同的效果。例如：适用于钢铁表面的油性防锈漆若应用在中和处理的新混凝土表面时，混凝土中含有碱性物质会使油漆发生皂化反应，使涂层很快脱落。

③ 油漆的配套性。油漆的配套性是指采用底漆、腻子、面漆和罩光漆作复合漆层时，要注意底漆适应何种面漆，底漆与腻子，腻子与面漆，面漆与罩光漆彼此之间的附着力如何。否则，会发生油漆的分层、析出、脱漆等事故。

④ 经济效果。

（5）涂料施工工艺　涂料施工工艺包括表面处理和涂料施工两道工序。

表面处理的好坏直接影响到涂膜的黏附力，是非常重要的一道工序。去除钢铁金属表面油污的方法是有机溶剂浸泡或用碱洗；去除金属表面锈的方法是酸洗法。

要根据被涂物件和涂料品种来选择适合的施工方法。

① 刷涂：最常用的涂漆方法，用毛刷蘸漆涂刷物件。施工质量取决于操作者熟练程度，功效较低。

② 涂擦：用棉纱或棉球蘸漆擦涂物件，常用于虫胶涂料。

③ 刮涂：用刮刀刮涂，涂腻子时使用。

④ 喷涂：用压缩空气将涂料从喷涂机均匀地喷至物体表面成为涂膜，适用于挥发快的涂料，用于大面积涂饰。功效高、易施工、涂膜分散、平整光滑，但涂料利用率低，施工中须采取良好的通风和安全预防措施。喷涂可分为高压无空气喷涂和静电喷涂。

⑤ 浸涂：将物件浸泡在盛有涂料的容器中，适用于构造复杂的物件涂饰。

⑥ 淋涂：将涂料喷淋在移动的物件表面。

⑦ 电泳涂装法：电泳涂装法适用于水性涂料，以被涂物件的金属表面作为阳极，以盛漆的金属容器作为阴极，将被涂物件沉浸于漆液中，电极上通直流电，两个电极与外电源构成密闭电路，外电源施加电压下，带负电的涂料颗粒趋向阳极沉积于被涂物表面，水分透过沉积的涂膜向与电泳相反的方向扩散，使物面涂上含水分不大的涂膜。此方法涂料利用率高，施工功效高，涂层质量好。

（6）常用涂料涂覆方法

① 生漆：生漆黏度大，不宜喷涂，施工常采用涂刷，一般涂5～8层。为了增加漆膜强度，可采用经漆液浸透过的纱布紧贴在底层漆上，再涂刷面漆。涂覆完的设备在20℃温度放置2～3d。

② 漆酚树脂漆：可采用刷涂和喷涂，含有填料的底漆干燥时间为24～27h，底漆完全硬化后，可涂刷面漆，每道面漆经12～24h干透后，再进行下一道工序。

③ 酚醛树脂漆：涂覆方法有刷涂、喷涂、浸涂和浇涂等。酚醛树脂漆每一层涂层自然干燥后必须进行热处理。

④ 沥青漆：沥青漆一般采用涂刷法。若沥青漆黏度过高，不便施工，可用200号溶剂汽油、二甲苯、松节油、丁醇等稀释后使用。

⑤ 无机富锌漆：在有酸、碱腐蚀的介质中使用时，一般需涂上环氧-酚醛漆、环氧树脂漆和过氯乙烯漆等面漆，面漆层数不得少于 2 层。

⑥ 聚乙烯涂料：聚乙烯涂料的施工方法有火焰喷涂法、沸腾床喷涂法和静电喷涂法。

10.1.2　衬里

衬里是一种高强度耐腐蚀方法，一般金属或混凝土设备上衬高分子材料或非金属材料，在高温高压环境可衬耐腐蚀金属材料。

10.1.2.1　玻璃钢衬里

玻璃钢衬里由底层、腻子层、增强层、面层四部分组成。

玻璃钢衬里常用的施工方法为手工糊衬法，其施工工序如图 10-1 所示。

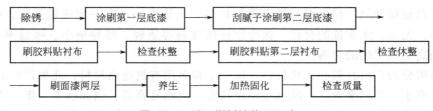

图 10-1　手工糊衬法施工工序

10.1.2.2　橡胶衬里

橡胶衬里的施工工序为：设备表面处理→原材料准备→橡胶板的裁剪→胶浆的配制→涂刷胶浆→橡胶板的融合→硫化→质量检查及修补→成品。

10.1.2.3　衬铅和搪铅衬里

衬铅是用压板、螺栓、搪钉将铅板固定在被衬物表面，用焊条将铅板焊接成一个整体，形成一层防腐层。衬铅施工方法简单、成本低，适用于立面、静荷载和正压下工作。

搪铅是用氢-氧焰将铅条熔融后贴覆于被衬物表面，形成一定厚度的铅层。搪铅层没有间隙、牢固、传热性好，适用于在负压、回转运动和振动下工作。

10.1.2.4　砖、板衬里

砖、板衬里是将砖、板块用胶泥砌衬于设备、管道内壁起到防腐蚀作用的一种手段。施工工序为：除锈→胶泥配制→涂底漆→胶泥配制→衬第一层砖、板→常温养生 1～2d→常温养生→加热固化处理→检查处理→成品。

施工过程中需要注意以下几点：①原材料的质量规格要求；②通过试验来确定胶泥最佳配方；③制定合理的施工方法；④热处理和酸化处理。

10.1.2.5　软聚氯乙烯板衬里

软板接缝不宜采用烙铁烫焊法和焊条焊接法，宜采用热风枪本体熔融加压焊接法，搭接宽度 20～25cm。

10.1.3　管道及设备的保温

绝热和保温是降低能耗的一种措施，能提高系统运行的经济性。绝热（保冷）是为了减少外部热量传入系统和系统热量向外传递（保温）。保温和保冷的区别在于保冷结构在绝热层外必须设置防潮层，以防止冷凝水的产生；而保温结构一般不需设防潮层。

（1）保温的目的 保温的目的主要有以下几个方面。

① 减少热损失，节约热量。

② 改善劳动条件，保证操作人员安全。

③ 防止设备和管道内液体冻结。

④ 防止设备或管道外表面结露。

⑤ 防止介质在输送中温度降低。

⑥ 防止火灾。

⑦ 提高耐火绝缘。

⑧ 防止蒸发损失。

⑨ 防止气体冷凝。

（2）保温材料种类 保温材料是指质量较轻、热导率小，有一定机械强度、吸湿率低、耐热、不燃、无毒、无腐蚀的材料。保冷宜选用材料容重轻、热导率小、吸湿率小的材料；保温宜选用高热稳定性的材料。

按材质可分为有机材料和无机材料。保冷工程多用有机绝热材料，此类材料的优点是容重轻、热导率小、原料来源广；缺点是不耐高温、吸潮易腐烂。例如软木、聚苯乙烯泡沫塑料、聚氨酯泡沫塑料、聚氨基甲酸酯、毛毡等。热力设备及管道保温材料多为无机绝热材料，此类材料具有不腐烂、不燃烧、耐高温等优点。例如硅藻土、珍珠岩、石棉、玻璃纤维、泡沫混凝土和硅酸钙等。

按适用温度可分为高温、中温和低温绝热材料。高温绝热材料可在700℃以上使用，纤维质材料有硅酸铝纤维、硅纤维等；多孔质材料有硅藻土、蛭石加石棉和耐热黏合剂等。中温绝热材料可在100～700℃之间使用，纤维质材料有石棉、矿渣棉和玻璃纤维等；多孔质材料有硅酸钙、膨胀珍珠岩、泡沫混凝土和蛭石等。低温绝热材料可在100℃以下使用。

按材料形状可分为硬质材料、软质材料、半硬质材料和散装材料。

按施工方法可分为湿抹式绝热材料、填充式绝热材料、绑扎式绝热材料、包裹及缠绕式绝热材料和浇灌式绝热材料。湿抹式是将石棉、石棉硅藻土等保温材料与水的混合物涂抹在设备及管道外表面上。填充式是在设备和管道外面做成罩子，内部填充矿渣棉、玻璃棉等材料。绑扎式是将石棉制品、膨胀珍珠岩制品、膨胀蛭石制品和硅酸钙制品放在设备和管道外，用铁丝绑扎。包裹及缠绕式是将绝缘材料包裹或缠绕在设备及管道表面。浇灌式是将发泡材料浇灌入管道及设备的模壳中，现场发泡成保温层结构。

（3）保温结构 保温结构一般由防锈层、保温层、保护层、防腐蚀层及识别标志层组成。将防锈涂料直接涂刷于管道和设备表面构成防锈层；防锈层外用保温材料围在外面构成保温层；对于保冷结构，为了防止凝结水使保温材料受潮需设防潮层，常用材料有沥青、油毡、玻璃丝布、塑料薄膜等；保护层设在保温层或防潮层外，使其不受机械损伤，常用材料有石棉石膏、石棉水泥、金属薄板、玻璃丝布等；防腐层设在保护层外，用不同颜色的油漆标识。

（4）保温工程施工内容 绝热工程施工包括绝热层施工、防潮层施工和保护层施工。

保温层施工方法取决于材料形状和特性。不同保温材料施工方法见表10-7。

表 10-7　保温材料施工

保温材料	施工方法	保温材料	施工方法
石棉粉、硅藻土	涂抹法	卷装软质材料	缠包法
预制的保温瓦或板块	绑扎法、粘贴法	保温筒	套筒式保温法
矩形风管	钉贴法	硬质泡沫塑料	现场发泡

（5）保温工程施工程序保温工程施工程序如下：材料准备→安装绝热层→安装防潮层→安装保护层→涂刷→成品。

10.2　刷油、绝热、防腐蚀工程工程量计算规则

10.2.1　刷油工程计算规则

① 管道刷油以平方米为单位，按设计图示表面积计算；或以米为单位，按设计图示尺寸计算，不扣除附属构筑物、管件及阀门等所占长度。

设备筒体、管道表面积计量公式：

$$S = \pi \times D \times L$$

式中　D——筒体直径，m；

　　　L——筒体长度，m；

② 设备与矩形管道刷油以平方米为单位，按设计图示表面积计算；或以米为单位，按设计图示尺寸计算。设备筒体、管道表面积包括管件、阀门、法兰、人孔、管口凹凸部分。

带平封头的设备面积计量公式：

$$S = \pi \times D \times L + 2\pi \times \left(\frac{D}{2}\right)^2$$

带圆封头的设备面积计量公式：

$$S = \pi \times D \times L + \pi \times \frac{D}{2} \times K \times N$$

式中　D——筒体直径，m；

　　　L——筒体长度，m；

　　　K——1.05；

　　　N——封头个数。

③ 金属结构刷油以平方米为单位，按设计图示表面积计算；或以千克为单位，按金属结构的理论质量计算。

④ 铸铁管、暖气片刷油以平方米为单位，按设计图示表面积计算；或以米为单位，按设计图示尺寸计算。

⑤ 灰面、布面、气柜、玛琋酯刷油、喷漆按设计图示表面积计算。

10.2.2　防腐蚀工程计算规则

① 设备防腐蚀按设计图示表面积计算。

② 管道防腐蚀以平方米为单位，按设计图示表面积计算，或以米为单位，按设计图示尺寸计算。计算设备、管道内壁防腐蚀工程量，当壁厚大于 10mm 时，按其内径计算；当壁厚小于 10mm 时，按其外径计算。

③ 一般钢结构防腐蚀按一般钢结构的理论质量计算。

④ 管廊钢结构防腐蚀按管廊钢结构的理论质量计算。

⑤ 防火涂料按设计图示表面积计算。

⑥ H 型钢制钢结构防腐蚀按设计图示表面积计算。

⑦ 金属油罐内壁防静电按设计图示表面积计算。

⑧ 埋地管道、环氧煤沥青防腐蚀以平方米为单位，按设计图示表面积计算；或以米为单位，按设计图示尺寸计算。

⑨ 涂料聚合一次按设计图示表面积计算。

⑩ 阀门表面积计量公式：

$$S = \pi \times D \times 2.5D \times K \times N$$

式中　K——1.05；

　　　N——阀门个数。

⑪ 弯头表面积计量公式：

$$S = \pi \times D \times 1.5D \times 2\pi \times N/B$$

式中　N——弯头个数；

　　　B——90°弯头 $B=4$，45°弯头 $B=8$。

⑫ 法兰表面积计量公式：

$$S = \pi \times D \times 1.5D \times K \times N$$

式中　K——1.05；

　　　N——法兰个数。

⑬ 设备、管道法兰翻边面积计量公式：

$$S = \pi \times (D+A) \times A$$

式中　A——法兰翻边宽。

⑭ 带封头的设备面积：

$$S = L \times \pi \times D + \left(\frac{D^2}{2}\right) \times \pi \times K \times N$$

式中　K——1.5；

　　　N——封头个数。

10.2.3　手工糊衬玻璃钢工程计算规则

① 碳钢设备糊衬按设计图示表面积计算。

② 塑料管道增强糊衬按设计图示表面积计算。

③ 各种玻璃钢聚合按设计图示表面积计算。

10.2.4　橡胶板及塑料板衬里工程计算规则

① 塔、槽设备衬里按图示表面积计算，带有超过总面积 15％衬里零件的贮槽、塔类设

备需说明。

② 锥形设备衬里按图示表面积计算。

③ 多孔板衬里按图示表面积计算。

④ 管道衬里按图示表面积计算。

⑤ 阀门衬里按图示表面积计算。

⑥ 管件衬里按图示表面积计算。

⑦ 金属表面衬里按图示表面积计算。

10.2.5 衬铅及搪铅工程计算规则

① 设备衬铅按图示表面积计算。

② 型钢及支架包铅按图示表面积计算。

③ 搅拌叶轮、轴类搪铅按图示表面积计算。

10.2.6 喷镀（涂）工程计算规则

① 设备喷镀（涂）以平方米为单位，按设备图示表面积为单位；或以千克为单位，按设备零部件质量计量。

② 管道喷镀（涂）按图示表面积计算。

③ 型钢喷镀（涂）按图示表面积计算。

④ 一般钢结构喷镀（涂）按图示金属结构质量计算。

10.2.7 耐酸砖、板衬里工程计算规则

① 圆形和矩形设备耐酸砖、板衬里按图示表面积计算。

② 锥（塔）形设备耐酸砖、板衬里按图示表面积计算。

③ 供水管内衬按图示表面积计算。

④ 衬石墨管接按图示数量计算。

⑤ 耐酸砖、板衬砌体热处理按图示表面积计算。

10.2.8 绝热工程计算规则

① 设备、管道绝热按图示表面积加绝热层厚度及调整系数计算，适用于立式、卧式或球形。设备筒体、管道绝热工程量计算公式：

$$V = \pi \times (D + 1.033\delta) \times 1.033\delta \times L$$

式中 D——直径；

1.033——调整系数；

δ——绝热层厚度；

L——设备筒体高或管道延长米。

设备封头绝热工程量计算公式：

$$V = [(D + 1.033\delta/2)]^2 \times \pi \times 1.033\delta \times 1.5 \times N$$

式中 N——设备封头个数。

② 通风管道绝热以立方米为单位，按图示表面加绝热层厚度及调整系数计算，或以平

方米为单位，按图示表面积及调整系数计算。

③ 阀门、法兰绝热按图示表面积加绝热厚度及调整系数计算。

④ 喷涂、涂抹按图示表面积计算。

⑤ 防潮层、保护层以平方米为单位，按图示表面积加绝热层厚度及调整系数计算；或以千克为单位，按图示金属结构质量计算。

设备简体、管道防潮层和保护层工程量计量公式：

$$S = \pi \times (D + 2.1\delta + 0.0082) \times L$$

式中　2.1——调整系数；

0.0082——绑扎线直径或钢带厚。

绝热工程第二层（直径）工程量：

$$D = D + 2.1\delta + 0.0082$$

设备封头防潮和保护层工程量计量公式：

$$S = [(D + 2.1\delta/2)]^2 \times \pi \times 1.5 \times N$$

⑥ 保温盒、保温托盘以平方米为单位，按图示表面积为单位；或以千克为单位，按图示金属结构质量计算。

⑦ 单管伴热管、双管伴热管绝热、防潮和保护。单管伴热管、双管伴热管（管径相同，夹角小于90°时）工程量计算式：

$$D' = D_1 + D_2 + (10 \sim 20mm)$$

式中　　　D'——伴热管道综合值；

D_1——主管道直径；

D_2——伴热管道直径；

$(10 \sim 20mm)$——主管道与伴热管道之间的间隙。

双管伴热（管径相同，夹角大于90°时）工程量计算式：

$$D' = D_1 + 1.5D_2 + (10 \sim 20mm)$$

双管伴热（管径不同，夹角小于90°时）工程量计算式：

$$D' = D_1 + D_{伴大} + (10 \sim 20mm)$$

单管伴热管、双管伴热管绝热工程量计算式：

$$V = \pi \times (D' + 1.033\delta) \times 1.033\delta \times L$$

单管伴热管、双管伴热管防潮层和保护层工程量计算式：

$$S = \pi \times (D' + 2.1\delta + 0.0082) \times L$$

⑧ 阀门绝热工程量：

$$V = \pi \times (D + 1.033\delta) \times 2.5D \times 1.033\delta \times 1.05 \times N$$

式中　N——阀门个数。

⑨ 阀门防潮和保护层工程量：

$$S = \pi \times (D + 2.1\delta) \times 2.5D \times 1.05 \times N$$

⑩ 法兰绝热工程量：

$$V = \pi \times (D + 1.033\delta) \times 1.5D \times 1.033\delta \times 1.05 \times N$$

式中　N——法兰个数。

⑪ 法兰防潮和保护层工程量：

$$S = \pi \times (D + 2.1\delta) \times 1.5D \times 1.05 \times N$$

⑫ 弯头绝热工程量：
$$V＝\pi\times(D+1.033\delta)\times1.5D\times2\pi\times1.033\delta\times N/B$$
式中　N——弯头个数；
　　　B——90°弯头 $B＝4$，45°弯头 $B＝8$。

⑬ 弯头防潮和保护层工程量：
$$S＝\pi\times(D+2.1\delta)\times1.5D\times2\pi\times N/B$$

⑭ 拱顶罐封头绝热工程量：
$$V＝2\pi r\times(h+1.033\delta)\times1.033\delta$$

⑮ 拱顶罐封头防潮和保护层工程量：
$$S＝2\pi r\times(h+2.1\delta)$$

10.2.9　管道补口补伤工程

① 刷油、防腐蚀、绝热以平方米为单位，按设计图示表面积计算；或以口为单位，按设计图示数量计算。

② 管道热缩套管按图示表面积计算。

10.2.10　阴极保护及牺牲阳极

阴极保护、阳极保护、牺牲阳极按图示数量计算。

10.3　刷油、绝热、防腐蚀工程清单计量与计价示例

【例 10-1】　某制冷机房设备管道平面图、系统图如图 10-2、图 10-3 所示。根据《通用安装工程计量规范》的规定，分部分项工程的统一项目编码见表 10-8。

表 10-8　《通用安装工程计量规范》项目编码

项目编码	项目名称	项目编码	项目名称
030801001	低压碳钢钢管	030804001	低压碳钢管件
030807003	低压法兰阀门	030810002	低压碳钢焊接法兰
031201001	管道刷油	031208002	管道绝热

表 10-9　图例与材料明细表

图例	材料名称	图例	材料名称	图例	材料名称
⋈ ⩎	法兰闸阀	Ⓜ	法兰电动阀	∿	法兰金属软管
	法兰过滤器		压力表	⊢	法兰盲板
	法兰止回阀	‖‖	温度计	◻	法兰橡胶软接头

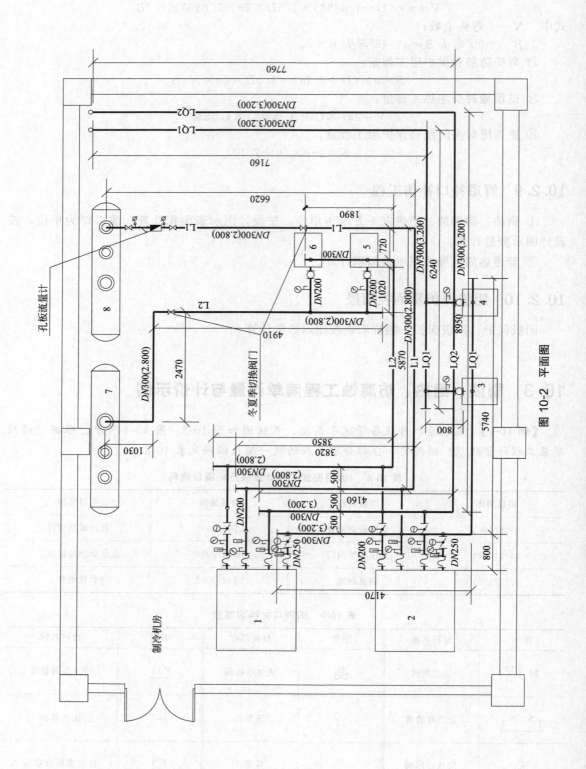

图 10-2 平面图

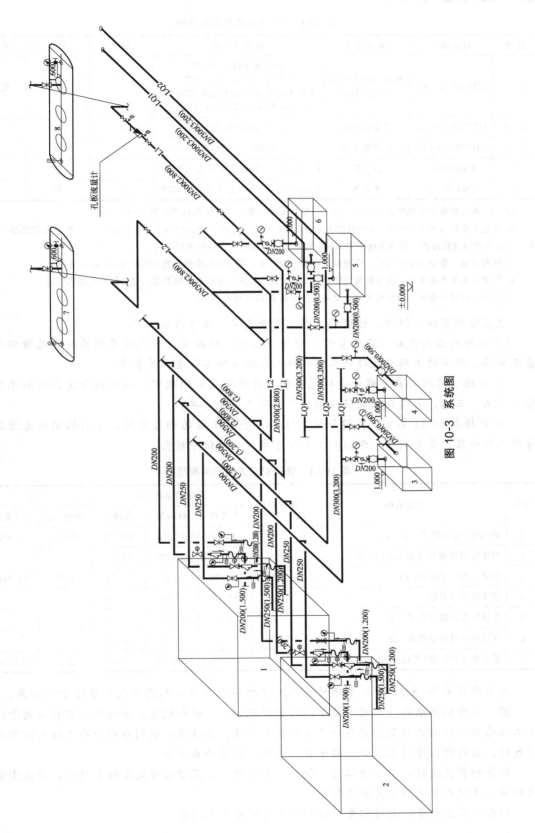

图 10-3　系统图

表 10-10 制冷机房主要设备表

序号	设备编号	设备名称	性能及规格	数量	单位	备注
1 2	CH-B1-01~02	螺杆式冷水机组 WCFX-B-36	额定制冷量 1132kW 冷冻水,195mL/h,7/12℃ 水侧承压 1.0MPa,A 配电 279kW, 冷冻水,230mL/h,32/37℃	2	台	变频
3 4	CTP-B1-01~02	冷却循环泵	AABD150-400	2	台	
5 6	CHP-B1-01~02	冷冻循环泵	AABD150-315A	2	台	
7	FSQ-B1-01	分水器	$DN400,L=2950$,工作压力 1.0MPa	1	台	
8	JSQ-B1-01	集水器	$DN400,L=2950$,工作压力 1.0MPa	1	台	

注:1. 制冷机房室内地坪标高为±0.00,图中标注尺寸除标高单位为 m 外,其余均为 mm。

2. 系统工作压力为 1.0MPa,管道材质为无缝钢管,规格为 $\phi219\times9$、$\phi273\times12$、$\phi325\times14$,弯头采用成品压制弯头,三通为现场挖眼连接。管道系统全部采用电弧焊连接。所有法兰为碳钢平焊法兰。

3. 所有管道、管道支架除锈后,均刷红丹防锈漆两道,管道采用橡塑管壳(厚度为 30mm)保温。

4. 管道支架为普通支架,管道安装完毕进行水压试验和冲洗,需符合规范要求;管道焊口无探伤要求。

5. 图例与材料明细表、制冷机房主要设备表分别见表 10-9 和 10-10。

要求编制刷油、绝热、防腐蚀工程工程量清单,具体内容如下。

① 根据图示内容和《通用安装工程计量规范》的规定,列式计算该系统的无缝钢管安装及刷油、保温的工程量。将计算过程填入分部分项工程量计算表中。

② 根据《通用安装工程计量规范》和《计价规范》的规定,编列该管道系统的无缝钢管、弯头、三通、管道刷油及保温的分部分项工程量清单。

③ 根据表 10-11 给出的无缝钢管 $\phi219\times9$ 安装工程的相关费用,分别编制该无缝钢管分项工程安装、管道刷油、保温的工程量清单综合单价分析表。

表 10-11 管道安装工程相关费用表

序号	项目名称	计量单位	安装费单价/元			主材	
			人工费	材料费	机械费	单价/元	主材消耗量
1	碳钢管(电弧焊)$DN200$ 内	10m	92.11	15.65	158.71	176.49	9.41m
2	低中压管道液压试验 $DN200$ 内	100m	299.98	76.12	32.30		
3	管道水冲洗 $DN200$ 内	100m	180.20	68.19	37.75	3.75	43.74m³
4	手工除管道轻锈	10m²	17.49	3.64	0.00		
5	管道刷红丹防锈漆第一遍	10m²	13.62	13.94	0.00		
6	管道刷红丹防锈漆第二遍	10m²	13.62	12.35	0.00		
7	管道橡塑保温管(板)f325 内	m³	372.59	261.98	0.00	1500.00	1.04m³

人工单价为 50 元/工日,管理费按人工费的 50%计算,利润按人工费的 30%计算。

解 本案例要求按《通用安装工程计量规范》和《计价规范》的规定,掌握编制管道单位工程的分部分项工程量清单与计价表的基本方法。具体是:编制分部分项工程量清单与计价表时,应能列出管道工程的分项子目,掌握工程量计算方法。

计算钢管长度时,不扣除阀门、管件所占长度。计算管道安装工程费用时,应注意管道的刷油、保温应单独列示清单工程量。

列表计算工程量,无缝钢管工程量计算过程见表 10-12。

管道绝热工程量计算公式为 $V=\pi\times(D+1.033\delta)\times1.033\delta\times L$,$\pi$ 为圆周率,D 为直径, 1.033 为调整系数,δ 为绝热层厚度,L 为管道延长米。

表 10-12　分部分项工程量计算表

序号	项目编码	项目名称	项目特征	计量单位	工程数量	计算式
1	030801001001	低压碳钢管	$DN300$ 无缝钢管,电弧焊	m	81.69	$3.85+5.87-0.5-0.72+1.89+3.82+$ $5.87+6.62+4.16+8.95+7.76+4.17+$ $5.74+6.24+7.16+(2.8-1.6)+(2.8-$ $1.6)+1.03+2.47+4.91=81.69$
2	030801001002	低压碳钢管	$DN250$ 无缝钢管,电弧焊	m	11.60	$(0.8+1.3)\times2+(3.2-1.5+3.2-1.2)\times$ $2=11.60$
3	030801001003	低压碳钢管	$DN200$ 无缝钢管,电弧焊	m	35.64	$(1.8+2.3)\times2+(2.8-1.5+2.8-1.2)\times2+$ $0.8\times2+1.02\times2+(3.2-1.0+3.2-0.5)\times2+$ $(2.8-1.0+2.8-0.5)\times2=35.64$
4	031201001001	管道刷油	除锈,刷红丹防锈底漆两道	m²	117.82	$3.14\times(0.325\times81.69+0.273\times11.60+$ $0.219\times35.64)=117.82$
5	031208002001	管道绝热	橡塑管壳(厚度为 30mm)保温	m³	4.04	$3.14\times[(0.325+1.033\times0.03)\times81.69+$ $(0.273+1.033\times0.03)\times11.60+(0.219+$ $1.033\times0.03)\times35.64]\times1.033\times0.03=4.04$

无缝钢管、弯头、三通、管道刷油及保温的分部分项工程量清单的编制见表 10-13。

表 10-13　分部分项工程量清单与计价表

序号	项目编码	项目名称	项目特征描述	计量单位	工程量	金额/元		
						综合单价	合价	其中:暂估价
1	030801001001	低压碳钢管	$DN300$ 无缝钢管,电弧焊	m	81.69			
2	030801001002	低压碳钢管	$DN250$ 无缝钢管,电弧焊	m	11.60			
3	030801001003	低压碳钢管	$DN200$ 无缝钢管,电弧焊	m	35.64			
4	030804001001	低压碳钢管件	$DN300$,碳钢冲压弯头,电弧焊	个	12.00			
5	030804001002	低压碳钢管件	$DN250$,碳钢冲压弯头,电弧焊	个	12.00			
6	030804001003	低压碳钢管件	$DN200$,碳钢冲压弯头,电弧焊	个	16.00			
7	030804001004	低压碳钢管件	$DN300\times250$,挖眼三通,电弧焊	个	4.00			
8	030804001005	低压碳钢管件	$DN300\times200$,挖眼三通,电弧焊	个	12.00			
9	031201001001	管道刷油	除锈,刷红丹防锈底漆两道	m²	117.82			
10	031208002001	管道绝热	橡塑管壳(厚度为 30mm)保温	m³	4.04			

无缝钢管 $DN200$ 分项工程的工程量清单综合单价分析表见表 10-14。

计算综合单价时,应考虑每米管道无缝钢管主材的消耗量 0.941m,综合单价中包括管道水冲洗和液压试验的费用。

表 10-14　DN200 钢管安装综合单价分析表

| 项目编码 | 030801001003 | 项目名称 | | DN200 低压碳钢管 | | 计量单位 | | m |

清单综合单价组成明细

定额编号	定额名称	定额单位	数量	单价/元				合价/元			
				人工费	材料费	机械费	管理费和利润	人工费	材料费	机械费	管理费和利润
	碳钢管(电弧焊)DN200 内	10m	0.1	92.11	15.65	158.71	73.69	9.21	1.57	15.87	7.37
	低中压管道液压试验 DN200 内	100m	0.01	299.98	76.12	32.30	239.98	3.00	0.76	0.32	2.4
	管道水冲洗 DN200 内	100m	0.01	180.20	68.19	37.75	144.16	1.80	0.68	0.38	1.44
人工单价			小计					14.01	3.01	16.57	11.21
50 元/工日			未计价材料费/元					167.72			
	清单项目综合单价/(元/m)							212.52			

材料费明细	主要材料名称、规格、型号			单位	数量	单价/元	合价/元	暂估单价/元	暂估合价/元
	无缝钢管 DN200(主材)			m	0.941	176.49	166.08		
	水(主材)			m³	0.437	3.75	1.64		
	其他材料费/元								
	材料费小计/元						167.72		

　　无缝钢管 DN200 刷油的工程量清单综合单价分析表见表 10-15。计算刷油的综合单价时包括了除锈、刷油的价格。

表 10-15　DN200 钢管刷油综合单价分析表

| 项目编码 | 031201001001 | 项目名称 | | 管道刷油 | | 计量单位 | | m² |

清单综合单价组成明细

定额编号	定额名称	定额单位	数量	单价/元				合价/元			
				人工费	材料费	机械费	管理费和利润	人工费	材料费	机械费	管理费和利润
	手工除管道轻锈	10m²	0.1	17.49	3.64	0.00	13.99	1.75	0.36	0.00	1.40
	管道刷红丹防锈漆第一遍	10m²	0.1	13.62	13.94	0.00	10.90	1.36	1.39	0.00	1.09
	管道刷红丹防锈漆第二遍	10m²	0.1	13.62	12.35	0.00	10.90	1.36	1.24	0.00	1.09
人工单价			小计					4.47	2.99	0.00	3.58
50 元/工日			未计价材料费/元								
	清单项目综合单价/(元/m²)							11.04			

材料费明细	主要材料名称、规格、型号			单位	数量	单价/元	合价/元	暂估单价/元	暂估合价/元
	其他材料费/元								
	材料费小计/元								

无缝钢管 $DN200$ 保温的工程量清单综合单价分析表见表 10-16。计算保温的综合单价时，橡塑保温管（板）主材数量考虑了 4% 的损耗。

表 10-16　DN200 钢管保温综合单价分析表

项目编码	031208002001		项目名称		管道绝热		计量单位		m³	
清单综合单价组成明细										
定额编号	定额名称	定额单位	数量	单价/元				合价/元			

定额编号	定额名称	定额单位	数量	人工费	材料费	机械费	管理费和利润	人工费	材料费	机械费	管理费和利润
	管道橡塑保温管 $\phi325$ 内	m³	1	372.59	261.98	0.00	298.07	372.59	261.98	0.00	298.07
人工单价		小计						372.59	261.98	0.00	298.07
50 元/工日		未计价材料费/元						1560.00			
清单项目综合单价/(元/m³)								2492.64			

材料费明细	主要材料名称、规格、型号		单位	数量	单价/元	合价/元	暂估单价/元	暂估合价/元
	橡塑保温管		m³	1.04	1500.00	1560.00		
	其他材料费/元							
	材料费小计/元							

:::::::::::::::::::::::::::::: 思考题与练习题 ::::::::::::::::::::::::::::::

1. 简述金属表面腐蚀标准。
2. 简述涂料施工方法。
3. 简述刷油工程计算规则。
4. 简述防腐蚀工程计算规则。
5. 简述绝热工程计算规则。

参 考 文 献

[1] 李亚峰主编. 建筑给水排水工程. 第 2 版. 北京：机械工业出版社，2011.

[2] 李亚峰主编. 建筑消防工程. 北京：机械工业出版社，2013.

[3] 李亚峰主编. 建筑设备工程. 北京：机械工业出版社，2009.

[4] 李亚峰主编. 建筑给水排水工程施工图识读. 第 2 版. 北京：化学工业出版社，2012.

[5] 杨光臣主编. 建筑电气工程识图·工艺·预算. 第 2 版. 北京：中国建筑工业出版社，2006.

[6] 标准设计图集 09DX001——建筑电气工程设计常用图形和文字符号. 北京：中国建筑标准设计研究院，2009.

[7] 安装工程预算工程量计算规则（GYDGZ-201-2000）.

[8] 工程工程量计算规范（GB50856-2013）.

[9] 布晓进主编. 安装（管道·电气）工程计量与计价. 北京：化学工业出版社，2012.

[10] 董维岫，吴信平编. 安装工程计量与计价. 第 2 版. 北京：机械工业出版社，2013.

[11] 肖作义编. 水工程概预算与技术经济评价. 北京：机械工业出版社，2010.